ウマはなぜ「計算」できたのか

「りこうなハンス効果」の発見

オスカル・プフングスト＝著　秦 和子＝訳

Oskar Pfungst

Das Pferd der Herrn von Osten (Der Kluge Hans): Ein Beitrag zur experimentellen Tier = und Menschen = Psychologie

現代人文社

ウマはなぜ「計算」できたのか——「りこうなハンス効果」の発見

フォン・オステン氏とハンス

序文

フォン・C・シュトゥンプフ

ウマが掛け算や割り算の問題を与えられると、足で叩いて正しく答えている。世間から絶大な信用と尊敬を受けている人物たちが、そのウマを仕込んだ飼い主がいないときに〔自分や他の人たちが〕質問しても正解が得られるのだから、合図など送られていようはずはないと断言している。それに、ここ数ヵ月の間に何千という見物人たちが押しかけ、そのなかにはウマの専門家や当代きってのトリックの権威もいたのに、その誰一人として、何か合図といえるような規則的に〔つまり質問する都度〕生じるものを一つとて捉えられないでいる。

といったように、事態は謎に包まれていた。ところが、今や謎は解明され、その答えが意図しないのに人がふとしてしまうごく微細な動きであることが明らかになった。

いかにこの答えが単純に見えようとも、そこに至るまでの道筋は紆余曲折に満ち、並大抵のことではなかった。そういった〔ウマに思考力があるのだとか、いやトリックだとか〕様々な説が飛び交い錯綜したなかで、この答えへと導く重大な転機をもたらしたのは、次の3つの出来事である。端緒となったのはアフリカ探検家にして動物学者のシリングス氏の登場であり、次はいわゆるハンス委員会による鑑定で、その結果は1904年9月12日付の鑑定書〔通称「九月鑑定書」、補遺Ⅱ〕として公表された。3つ目が科学的調査で、その結果は1904年12月9日付で公表された私の鑑定書〔「十二月鑑定書」、補遺Ⅳ〕の中に記載されている。

以下に、それらの重要な出来事を踏まえながら解明までの経緯を述べてみよう。1904年2月に私は初めてフォン・オステン氏の中庭を訪れ、問題のウマを短時間だけだったが検査し、その後、7月の初めに再び、助手役のF・シューマン教授を伴って同所に行き、フォン・オステン氏から氏がそのウマを導いた方法を聴取した。そうすれば、質問に答えているかのようなハンスの行動が、どのようなメカニズムの上に成り立っているのかを知る手掛かりが得られるのではないかと思ったのである（その聴取全記録から最も重要な部分を抜き出してまとめ、補遺Ⅰとして収録）。同じ7月の中旬に、シリングス氏が初めてその中庭に現れた。彼もご多分にもれず、どうせペテンだろうと疑っていたのだが、幾度となく彼自身が問題を出して試すうちに度々、正しい答えが返ってくるに及んで、これはトリックによるのではないと確信した。そして毎日、別の人を伴って現れては、ハンスに質問して答えさせることに熱中した。正直なところ当時、われわれはシリングス氏の介入を調査の邪魔だと思っていたのだが、後から考えれば、それは事例解明につながる重要な出来事の1つだったのだ。というのは、以前から時々見られた「ハンスは飼い主がその場にいなくても、他の人の質問に答える」という現象が、彼によって初めてまぎれもない事実だと立証されたからである。それ以来、物事を素直に直視する人々は、あのように著名な学者がいわば全世界を相手に、ウマに意図的に合図を送るなどという詐欺行為をするとはとても思えないから、この事例はいかにサーカスの芸当等の「訓練による技」と似ているように見えようとも、それらとはまったく異なるものなのではないかと考えるようになった。そして、どのようにして長年の間にハンスが現状のようになったにせよ、あるいは最終的に、質問に応じてする行動がどのような性質のものと説明がなされようとも、この事例はいかなる他の事例ともまったく異なる何か奇妙な性質のものに違いないと思ったのである。そして、〔事実が判明した〕今も、奇妙な性質のものであることに変わりはない〔つまり、予想通りだったのだ〕。

もちろん大半の人は、シリングス氏の出来事を耳にしたとき、彼も詐欺師の一味なのだとしか思わなかった。ところが著名な学者たちのなかから特異な性質のものとも詐欺とも思えないと言い出す人たちが現れ、ついにはシリングス氏と共に、このウマには思考力があると公言しさえした。殊に動物学者たちは、フォン・オステン氏の成果を、ダーウィン以来、次第に優勢になっている、人間の心と動物の心が本質的に同じであるという説のなによりの証拠であると主張した。また教育者たちも、フォン・オステン氏がハンスを仕込むのに用いたと語っている方法がこれまでウマ一般に適用されてきた方法とはまるで違っていて、実に洞察に満ち、しかも少しも矛盾したところがないので、本当にウマに思考力が生じたに違いないと言い始めた。ウマへの教授法もさることながら、ウマに思考力があると見なさない限り説明のつかないように思える現象が多々、見受けられたので、この当時は私自身も特殊な教育を施すことで、数概念が形成され、計算するようになるといったこともあり得ないことではないかもしれないと考えるようになっていた。とはいえ、あくまでも、たとえわずかであれ動物に概念思考の萌芽があると推測され得るならばという前提条件付きではあったが。さらに、入念な調査が行われたうえで、ハンスに思考力があると仮定する以外、このウマが示す様々な現象を説明できないということが明らかになれば、すぐにでも動物の心に関するこれまでの見解を改めるつもりになっていた。それは、私が人間の素質を高く評価していて、「数を操る技」を動物と分かちあったからといって、人間固有の領域がなくなってしまうのではないかと恐れたりはしていないからでもある。しかし、私はまずは科学の諸原則に準拠した実験に基づく調査がなされるべきであって、それが終わるまでは、どの説が正しいなどと断言すべきではないと考えていた。そこで当時、そういう趣旨のことを新聞紙上でも述べ、なによりもまずは調査委員会を設置すべきだと提案したのである（1904年9月3日付『ターク』紙）。

その後、9月11日と12日に私を含めて13人が自発的に集まって鑑定した。このいわゆるハンス委員会の鑑定目的がすっかり誤解されたがために、鑑定書（「九月鑑定書」）が公表されると様々な不満の声が上がった。ある人たちは、この事例の謎の完全なる解明を目指しているのだと思っていたのに、委員会は第二審法廷を設置して調べるに値するとしか記していないと怒った。別の人たちは、ハンスが考えて答えているのか否かについての決定的な言葉が述べられるものと信じていたのに、委員会はどちらであるとも書いてはおらず期待外れもいいところだと罵った。それに、フォン・オステン氏とシリングス氏の両名をまったく関与させないことが鑑定の最重要条件のはずなのに、そうしなかったのはなぜなのかといきり立つ人もいた。

しかし、この委員会はそもそも決してどこからか要望されて立ち上げられたわけではないので、自らそう称したりしてはいないのだから、明らかにどういう観点から鑑定するか自ら決める権利を有していた。したがって、委員会は自分たちの鑑定の主要な課題をまず設定し、そのことについて九月鑑定書のその冒頭で慎重に説明している。「署名者たちは、フォン・オステン氏所有のウマの、質問されたときにしてみせる行動が、トリックつまり意図的な扶助あるいは意図的な影響力の行使によってなされているのか否か、その問題に決着をつけるために参集した」。つまり、委員会が解決すべき課題は、このウマが思考しているのか否かではなく、その前段階のトリックが使われているか否かであり、なによりもまずその問題をいうなれば開かれた場で解明することだったのである。委員会は、非難を浴びている2人の紳士に対する一種の名誉(懲戒)法廷の役割を果たそうとしただけなのだ。そうでなければ、この委員会のメンバーの構成に誰も納得がいくまい。だいたいメンバー13名の知識、殊に科学的な知識の基盤がそれぞれ異なるのに、事態を実証的に検証し確認するための**科学**委員会の役目を果たそうとしたなどといったら、お笑い草もいいところだろう。ともあれ、これで、なぜ非難を浴びているこの2人を調査の際に完全には除外しなかったのか納得していただけよう(この点についての不満の声が特に多かった)。この2人、殊にフォン・オステン氏を観察しなければことが始まらないのである。

さて、たしかに委員会は「九月鑑定書」において、トリックという見方を否定した後、一歩踏み込んで「現在知られている類の無意図的な合図」も関わってはいないと付記している。そこから、多くの人々は委員会が「ハンスが自分で考えている」と認めたという、とんでもない誤った結論を引き出したのだろう。だがこの一文は、ウマが独自に思考するという仮定とはまったく異なった、「現在知られていない類の無意図的な合図」による可能性を委員会は念頭に置いていると解釈されるべきだったのである。現に私は、「九月鑑定書」の発表から数日後に取材に来た『フランクフルター・ツァイトゥンク』紙の記者A・ゴルト氏にそう説明している。なればこそ彼は「現在知られていない類の無意図的な合図」という仮説が最も蓋然性があるという記事を書いたのだ[1]。委員会の他の委員たちも似たような見方をしていたことは、委員の一人、サーカス団の支配人ブッシュ氏が、周知のように「決してウマの思考力によるなどとは思ってもいない」と言っていたことからも明らかだろう。彼は独自に「結びつき」という言葉で説明しているのである。

では、なぜ委員会は「意図的な合図」の存在については完全に否定できたのだろうか？　それに対してなぜ「無意図的な合図」については前者の場合とは違って、「現在知られている類のもの」の存在のみしか否定できなかったのだろうか？　まず、委員会が「意図的な合図」の存在を完全に否定できた理由から述べると、鑑定書に明記されているように、その1つは修練を積んだ観察者によってもそれが発見されなかったことであり、もう1つの根拠はウマに応答行動をさせている2人の人柄や調査期間中の2人の振る舞い、さらにはフォン・オステン氏が仕込むために用いたと語っている方法が「意図的な合図」と相容れないものだったことである。それに対して「無意図的な合図」を完全に否定できなかったのは、そのためには生理学や実験心理学の研究者にしか捉えられないような事実を考慮に入れなければならないからである。つまり人間の心の状態の変化が本人の意志とは関係なく、それどころか時には意に反して外面にもたらす変化、それも往々にして精密な、〔キモグラフによる動態記録法などの〕図像法の駆使によってのみ知り得るような変化の有無を検証しなければならないのだ。そのような変化が微細なことは母親なら大抵は知っていよう。なにせ母親たちは自分の子供が嘘を言っているのか、あるいは何を望んでいるのか「目で盗み取っている」のだが、そういった心の変化が外面に現れ、目で見て取れはするものの、それを言葉で正確に述べようとしたって到底できるものではないことを日常的に経験しているのだ。[ii]

〔「知られている類の無意図的な合図」だけを否定したからといって〕決して委員会は〔実際に関与していると思われる〕「無意図的な合図」が一般の人間の感覚の領域を越えた超常的なものだなどとは思いもしなかったし、そう述べてもいない。そのような結論なら、ナゲル教授も私も同意しなかっただろう。問題の一文は、**ウマ一般を訓練するときに意図的に使われる類の**合図は、**無意図的な**合図としても存在していようはずがないということを意味しているに過ぎない。ウマ一般を訓練するときに意図的に使われる類の合図がたとえ無意識のうちにであれ発せられていたら、必ずブッシュ氏の目が捉えていたに違いないのである。というのは彼の目にとって、それが意図的に送られていようと無意図的だろうと違いはないからだ。要するに、彼が観察した結果、ウマを訓練するときに一般に使われる意図的な、ある1つの合図について、それは存在していないと言うのであれば、その合図は無意図的な合図としても存在していようはずはないのである。

さて委員会による調査の時点で私がどう考えていたか白状すると、「無意図的な合図」の介在によるとは思っていたが、それが質問者の動きだとは想像だにせず、デンマークの心理学者A・レーマンが、いわゆるテレパシーの遠隔作用を説明するのに提示した、鼻から不随意に発せられる「囁き」によるのではないかと思っていた。サーカスの支配人の炯眼をもってしても見抜けないような動きを、ウマに知覚できるなどとは予想もしなかったのである。なんと、静止しているものが対象のときには微細過ぎて知覚できなくても、それが動きであれば同じような微細さでも知覚できるらしいのだ。しかし私には、多くのウマの専門家たちが当時ウマの視力は非常弱いといっていたので、そのような視力の弱い動物にごく微細な動きを知覚して応答行動ができるとは思いもよらなかった。そのうえ、ハンスが叩いて答えている間に、フォン・オステン氏もシリングス氏も歩いたり身を揺すったりしてやたら不規則な動きをするので、ますますごく微細な動きを知覚するのが難しいことのように思われたのである。

それに、当時「りこうなハンス」のライバルという評判の雌ウマ「りこうなローザ」がベルリンの演芸場に登場していたので見に行ったところ、その応答行動の「終わりの合図」が比較的大きな動きだったので、いよいよもって微細な動きによるとは思えなかったのである。そのローザへの合図はそれまで真っ直ぐにしていた身体を前傾させるというもので、この姿勢の変化は正面からではわかりにくいため大方の人は気づかないのだが、たまたま横の方に座っていた私にはその都度、捉えることができたのだ。委員会の一員であるミースナー博士もその同じ合図に気づいていたと言っている（282頁参照）。といって先に見にいった博士に前もって詳しく聞きはしなかったのだから、決して前もって知っていなければ捉えられないといった微細な動きではなかったのである。後になってTh・W・エンゲルマン教授に聞いた話によれば、ずっと以前にユトレヒトで見世物にされていたイヌの場合も、ローザの場合とそっくり同じような動きが合図になっていたということだ。実際、この動きは金儲けを目的とする見世物にとっては、なんともおあつらえ向きなのだ。観衆は前から見た方が合図を見抜きやすいと思って動物やその使い手の正面に座りたがるのだが、そうすると却って上体を前傾させる動きは感知されにくいからだ。

さて、この委員会が行った観察や実験の個々の結果については、フォン・ホルンボステル博士によって書き留められた記録から私が抜粋し、さらに本書刊行にあたってそれを要約したもの（補遺Ⅲ）に詳細に述べてあるので、そちらを参照していただきたい。9月12日の2、3日後に、少数のしかるべき人物にだけはその抜粋を回覧したけれども、当時は鑑定書［「九月鑑定書」］として発表した以上の詳しいことは何も公表しなかった。それはまず、観察された諸事象を実証的に説明できるまで待ちたいと思ったからである。また、様々な分野からの信望ある一群の人々が最終的に当人たちにとって何の利益にもならないことに、その名を賭けてまでして公表すべきことは、この事例は徹底的に調査するに値するということだけしかないと考えたからでもある。

私は9月17日から公用で出張し10月3日にベルリンに帰り調査を開始した。その間もシリングス氏はあれこれ研究を続行し、その一部はベルリン大学（現フンボルト大学）付属心理学研究所の私の若き同僚オスカル・プフングスト氏と共になされた。そのとき初めて、完全な「知らない試験法」、当事例に則していえば「質問者のみならずその場に居合わせる全員が正答を知らない状態でハンスに質問してみる」という実験方法によるテストも繰り返し大量に行われた。これこそが実証的調査の第一歩にほかならない。この実験の結果、シリングス氏はハンスが自分で考えて答えているのではないと思うようになり、さらに「明らかにハンスに答えられるはずのないことを質問しても、ハンスは正しく答える」ということに気がついたためか、暗示のようなものが影響を与えているのではないかと考えるようになった。この後、われわれが本格的に取り組んだ調査でも、彼は頼めばいつでも進んで実験等に協力してくれた。

1904年10月13日に、私はホルンボステル博士とプフングスト氏と共にまさしく科学的な調査を開始し、11月29日まで続行した。われわれは調査期間中、平均して週に4回フォン・オステン氏の中庭を訪れ、毎回5、6時間にわたって調査にあたった。この場を借りて、この2人の功労を讃えておきたい。

両氏は天候の如何にかかわらず、また私が参加できないときにも中庭に出かけていっては常に忍耐強く実験を行い、そして実験の計画やその結果を私を交えて徹底的に検討したのである。そのうえホルンボステル博士は記録係という重責を担った。他方プフングスト氏は、ハンスを使っての実験を実施する役目を引き受けた。ハンスに目隠し革を装着しての実験によって視覚的な合図の存在が不可欠であることが明らかになった直後に、プフングスト氏がそれらの視覚的合図は〔実験者の頭や上体さらには眼が動くその〕痕跡・軌跡に基づく特異な性質を持つものだということをその目で突き止めたのだ。もし彼がいなくても、ハンスが自分で考えて答えているのではないことや、何かしら視覚的扶助が関与しているのだろうぐらいは明らかにできただろうが、〔そこまで特定し、かつ〕膨大な実証的データを得ることはできなかったに違いない。それゆえ〔つまり実証的に特定できたから〕この事例は人間心理学にとっても重要なのである。こういった彼の〔視覚の〕鋭敏さや忍耐強さは称賛に値しよう。が、その勇気も讃えられてしかるべきだ。なぜならハンスは決して「柔順な動物」ではないからである。ハンスを手綱で繋がずにテストしているときに偶然何かの加減で攪乱されて〔合図が捉えられないといったことが起こると〕興奮し、たちまち狭い中庭は危険な場所と化してしまったのだ。実際、プフングスト氏もシリングス氏も一度ならずハンスに咬まれている。さらにこの機会に、オットー・ツー・カステル・リューデンハウゼン伯爵に感謝の意を表しておきたい。調査自体に劣らぬほど難しいフォン・オステン氏との交渉にあたって下さったばかりか、何くれとなく援助を惜しまれなかったのである。

この調査の結果が「〔十二月〕鑑定書」（補遺IV）として公表された後も時々、各種の団体や新聞がハンス事例についてあれこれ述べているが、これまでのところ本質に関わるような反論は一つとてない。ある馬学者が語っていることは、自分たちウマの専門家が招聘されるべきだったというに過ぎないし、あるテレパシーの研究者の反論も、自分たちこそ呼ばれてしかるべきだったといっているだけなのである。また、この事例は暗示によるとか、あるいは転意術による、いや読心術だ、果ては心霊術だと言ったり記したりしている人もいるが、いずれの場合もそれらの言葉の定義すらも明確にしないまま論じているのだから何をか言わんやだ。さらに、相変わらずこの事例を〈ペテン〉だと見なして、今やプフングスト氏も詐欺の片棒を担いでいるのだと語っている人もいる。ともあれ大半は、以前から自分たちは「無意図的な合図」だと考えていたとして優先権を主張するもので、まるで私が彼らの見解を支持すると〈告白した〉かのように満足気に述べているのだ。あたかも「〔十二月〕鑑定書」が科学に新たな知識と洞察をもたらしたのではなく、告白をもたらしたかのようではないか。そのうえ、単に「無意図的な合図」だと主張すれば、それだけで価値があると考えてもいるらしい。そもそも、この事例について「〔十二月〕鑑定書」が公表される以前すでに、様々な見解が飛び交っていたというのに、そのことを知らずに、自分たちの主張は金庫にしまっておいたとでもいうのだろうか。確かな証拠を持っていたのなら、どうしてこれほど長い間われわれの発表を待っていたのだろうか？

それに聞くところによると、進化論者たちは「〔十二月〕鑑定書」における、〔ハンス事例についての調査結果に基づいての〕動物一般の心について類推結果に失望し、それがキリスト教会や保守反動主義者の見解への有利な材料となるのではないかと恐れているそうだ。なんたるバカげた恐れ！　真実を愛する人なら、真実が誰の見解に合致していようと、それがアリストテレスの見解だろうとヘッケルの見解だろうと関係あるまい〔第1章初め参照〕。

しかし、フォン・オステン氏は真実がどうであれ、「〔十二月〕鑑定書」が公表された後もハンスに芸当をさせ続けていたということだし、おそらく今も続けていよう（果たして氏が今もハンスに思考力があると思って芸当をさせているのか、それとも今では合図だと承知しながらなのか、もう私はあえて判断を下そうなどと思いもしないが）。今や見物人たちは以前よりもはるかに注意深くフォン・オステン氏のあれこれの動きを見つめ、しかも彼らの多くはあらかじめシリングス氏から飼い主のどのような動きに特に注目すべきか教わって秘密を知っているにもかかわらず、見て帰ってくると必ず「そのような動きは一つだに目に留まらなかった。どんな扶助でもいい見つけようとしたが、皆目、察知できなかった」と言っている。このことからも、この事例の解明がどれほど困難であったか、そしてこの事例がいかに徹底した証拠に基づく説明を要するものなのかお察しいただけよう。そういったことをご理解いただくには、本書の第1章に始まるプフングスト氏の論文を読んでいただくのが一番だ。

本書の出版がこのように遅くなったのは、ハンスを使っての実験だけではなく実験室での実験（実験室実験）も行ったからだが、その実験室実験の結果こそが本書に後世に残るような価値を与えていると、われわれは確信している。殊に次の2点は、実験心理学の専門家たちの興味を引くことだろう。1つは、思考作用に伴って起こるごく微細な不随意運動を図像法によって記録した点。2つ目は、「任意の観念」と「任意の無意図的な運動」との間に人為的な連合を作ることができることを証明した点である。また、ウマの感覚的〔感覚器官を通しての〕知覚についての定説を根本的に覆した実験、および動物一般の同じような芸当についての参考文献の記述内容の見直しなども注目に値すると思う。

この稿を終えるにあたり、フォン・オステン氏の人柄の問題の扱いについて、少し述べておこう。早晩お気づきになろうが、「委員会鑑定書〔九月鑑定書　補遺II〕」では最初に同氏がトリックを行使したのか否かの判断を記しているのに対して、「われわれの鑑定書〔本書の本文〕」では、その問題を最後に検討している。それは、質疑の重点が変わったがためである。ハンス委員会で検討されたのは「トリックか否かという問題」であったが、今や主題は「ハンスの応答行動はどのようなメカニズムによってなされているのか」ということに移っているのだ。つまり「委員会鑑定書〔九月鑑定書〕」での関心の対象はフォン・オステン氏とシリングス氏であり、「われわれの鑑定書〔本書の本文〕」ではウマが関心の対象なのである。後者で再度、飼い主が人を欺そうとしたのか否かの問題を取り上げたのは、われわれの科学的調査の結果あらたに種々の事実が明らかになったために、かつて何の根拠もなく起こった飼い主に対する疑惑が再び呼び覚まされはしないかと恐れたからに過ぎない。だがこの問題を最後に持ってくることによって、「われわれの鑑定書」に記されている事実のすべてが、フォン・オステン氏の人柄に対する見方がどうであれ、ただただ観察や実験の結果、判明したものだということが明確になったのではないかと思う。たとえフォン・オステン氏がわれわれの見解とは違って、意図的にハンスをこの種の合図に反応するように練習させて覚え込ませたのだとしてもなお、この事例は科学年代記に記載されるだけの価値がある。なぜなら、氏が考案してウマに習得させた視覚的な合図が、人間の目よりもウマの目に捉えやすいように工夫されているものだったというだけではなく、考案者がどういうものかをわざわざ他の人に教えなくても、ひとりでに伝わるようになっていたということになるからである。それだけで非常に重大な出来事だろうし、氏はペテン師ではあるが極めて優秀な頭脳の持ち主でもあるということになろう。

実際は、フォン・オステン氏はそのどちらでもないようだ。しかし、この点に関して「私の鑑定書（十二月鑑定書、補遺Ⅳ）」では、私はごく簡単にしか触れてはいない。必要以上に踏み込み過ぎるのではないかと懸念したからだ。ともかく人間に対して判決を下すのは、ウマに対して判決を下すのとはわけが違うのである。ハンスについてほんの数回試しただけで、確信ありげにあれこれ主張するのはまったく非科学的であるにしてもそれだけのことだ。だが、さしたる根拠もなしに人間を道義的に有罪だと決めつけるのは不法ともいうべき許されざる行為である。裁判官の役割を果たそうという人には、こう言いたい。われわれは氏の人柄に関する資料も手元に、これまでに提示された百倍以上も持っていて、単独で取り上げれば氏を不利な立場に追い込んでしまいかねないものも少なくはないが、そういった判断材料を互いに比較考量しなければならないのである、と。フォン・オステン氏は元中学校の数学教師にして同時に熱狂的な馬術と狩猟の愛好家であり、非常に忍耐強い一方で極めて怒りっぽい。ハンスを何日間も氏のいない状態でも自由に使わせてくれるのに一方では、時々バカげた条件を横柄に強要する。また、ハンスの指導方法に関しては洞察力を発揮していたのに、科学的な調査については初歩的な要求に対しても理解がない。こういった矛盾した性癖を有し、そういった行動をとるだけではない。氏の心の中には種々な思い込みや信念が一緒くたに同居しているのだ。ガルの骨相学に始まり、果ては「ハンスは心の中では人間の言葉を話すことができ、足で叩いている間それに合わせて静かに（つまり人には聞こえずとも）数詞を唱えているのだ」といった理論で心が溢れかえっているのである。奇人というほかない。しかも何事であれ一度信じたら狂信的にのめり込んでしまうのだ。ともかく、そういった理論や、ウマにも様々な情緒があるという思い込みをもとに「知らない試験法」や「目隠し革」実験でのハンスの誤答や叩き始めようとさえしないことについても整然と説明するのだ。しかも時には、そういった理論や思い込みから、われわれの実験によって誤った結論が導き出されかねないと言い立てて幾度となくテストを妨害したりやめさせたりした。それどころか、大きな目隠し革を用いた実験での最初の一連のテストが氏の期待を裏切る惨憺たる結果に終わると、われわれには氏が必ずやその見解を変えるだろうと思われたほど氏はひどく驚き、悲喜劇的としかいいようのない様でハンスに怒りをぶつけた挙げ句、しょんぼりと「それでも皆さんは、私が懸命に仕込んだ末にウマがやってのけられるようになったことを見て、それがウマに独自の思考力が備わった結果だと解釈したのも無理からぬことと認めて下さろう」と言いさえしたのに、翌日になると相変わらずハンスには理性があると主張する始末だった。

ついに隠しきれなくなって、私がフォン・オステン氏に調査結果を説明すると、氏はただちに、これ以上の中庭への立ち入りは少なくとも当分の間は断りたいという趣旨の書状を送ってきた。氏によれば、われわれの調査目的は氏の理論を立証することにあったはずだというのである。だから残念ながら、もっとテストを続行したい実験もあったが、中止せざるを得なかった。だが幸いにも重要な問題点についての調査はすでに終了していた。

目次

第3章　著者の内観　95

訳者による注意書き

●本書に登場する人物および固有名詞について――

ハンス　この調査報告書のいわば主人公である雄ウマの名前。「りこうな」つまり「文字が読め、算数を解き、色を識別できる」＝（概念）思考力を有すると大評判になっている。実は原著で"Hans"「ハンス」と書かれているのはわずかで「りこうなハンス」つまり「思考力があるかに見えるこのウマ」という意味合いの箇所だけである。他はほぼすべて「このウマ」「この雄ウマ」「この獣」といったように擬人化を避け、客観性を保つ書き方がなされている。だが定冠詞や不定冠詞がなく名詞の単複が明確でない日本文でそのように訳すと、ウマ一般についてのことか、それともこの特定のウマのことかがわかりにくくなるので、本文ではいずれもハンスと訳している。

フォン・オステン氏　ハンスの飼い主にして「考えるウマ」へと導いた師匠・教師。元公立中学の数学の教師。一部の人々共々、今やハンスには思考力が備わったのだと思っているが、世間ではトリックを駆使する詐欺師という見方をする人も少なくはない。

プフングスト　本文の執筆者。当科学的調査の実質的な調査責任者（実験計画をたて調査全体を推進し統括する人）にして主要な実験者（実験計画に従って実際にハンスに問題を与える質問者役等を務める人）。当時、ベルリン大学（現フンボルト大学）の哲学および医学博士候補生（博士論文提出資格保持者）で、瞬間的に生ずる視覚印象について実験室で種々の実験を行っていた。それが当事例を成立させている重要な事実の発見につながった。後記のハンス委員会の一員ではなく、委員会が開かれた数日後の1904年9月17日から左記のシリングス氏さらにはシュトゥンプフ教授らと共に調査を行った。略歴については巻末を参照されたい。

シリングス氏　アフリカ探検で有名な動物学者。未だハンス委員会（後記）も開かれず、もちろんプフングストも関与していない時分に、「飼い主の不在のときでもハンスから正しい答えが得られる」ということを明確に示し、一部の人々にではあれトリックや理性によるという見方に対して疑問を抱かせる転機をもたらした。しかし、そのため、今や世間の少なからぬ人々からフォン・オステン氏の詐欺の片棒を担いでいると見なされている。当調査が開始された今、彼自身は、少なからぬ他の科学者共々、ハンスには思考力が備わっていると公言している。

フォン・C・シュトゥンプフ教授　ベルリン大学（現フンボルト大学）教授。19世紀後半にドイツを中心に起こった実験心理学の、ライプチッヒ大学そしてゲッチンゲン大学に続いてドイツでは3番目に開設された（１８８６年）研究施設である同大付属心理学研究所の創設者にして所長。実験心理学の初めての組織者である生理学出身のヴントではなく、哲学出身のブレンターノの薫陶を受け共に作用心理学を唱えており、後のゲシュタルト心理学者たちの恩師である。プフングストの指導教授。おそらくハンス委員会の中心人物にして補遺編すべての筆者であろう。本文における調査でも実験者の一人として登場する。

フォン・ホルンボステル博士　ハンス委員会の調査および本文および補遺Ⅳに記されている科学的調査の際の記録係。ベルリン大学心理学研究所の研究者。

ハンス委員会　１９０４年9月11日と12日に、ハンスの謎の調査のために自発的に集まった13人の、サーカスの支配人や退役軍人、馬学者、動物学者、生理学者等からなる集団。自らハンス委員会と名乗ったわけではなく、結局は1度しか集まらなかったらしい。その際の調査はシュトゥンプフ教授が立案し中心となって行われたものと思われるが、トリックについての当代随一の権威であるサーカスの支配人、ブッシュ氏の観察眼に大いに頼ってなされている。なお、ハンス事例の調査自体はこの委員会以前にも、かなり多くの人が個々に行っていたようだ。

「九月鑑定書」　前記の、ハンス委員会の調査のその結果をもとにして書かれ、9月12日付で公表された報告書。補遺Ⅱとして本文の後に収録されている。シュトゥンプフ教授は「ハンス委員会鑑定書」と呼んでいる。（この調査の際の、詳細な調査記録の抜粋をさらに要約したものが補遺Ⅲ）。13名の署名が付されているが、実際の執筆者はシュトゥンプフ教授であろう。

「十二月鑑定書」　1904年9月17日から11月29日まで、実質的にはプフングストを中心として行われた、ハンスを使っての科学的調査の結果をシュトゥンプフ教授が手短にまとめ、そこに教授の見解や所感を付して同年12月9日付で公表した報告書（補遺Ⅳ。教授は「私の鑑定書」と記している。それに対してプフングストは本文で、これを「われわれの鑑定書」と呼んでいる）。そのハンスを使っての調査（実験や観察）内容を詳細に記しているのが本文の第2章である。ちなみに本書の原著は、上記の結果を確認するための、内観（第3章）と実験室実験（第4章）、そしてそれらすべての結果をもとにしての当該事例の呈する諸現象の説明（第5章）、さらに事例の起因の推察（第6章）と結論（第7章）からなる本文に、「補遺Ⅰ　フォン・オステン氏の算数の教授法」と「補遺Ⅱ　九月鑑定書」そして「補遺Ⅲ　9月の委員会における調査記録」や「補遺Ⅳ　十二月鑑定書」を収録し、さらにシュトゥンプフ教授の「序文」を巻頭に掲載して、「十二月鑑定書」公表の3年後の1907年（明治40年）に上梓されたものである。

「われわれ」　本文および補遺Ⅳと序文での「われわれ」は、プフングストとフォン・C・シュトゥンプフ教授そしてフォン・ホルンボステル博士の3人を意味する。フォン・オステン氏を含まないことは当然ながら、時々、実験に参加するシリングス氏やカステル伯さらにはハンス委員会の面々も含まれてはいない。ちなみにシュトゥンプフ教授は、本文を「われわれの鑑定書」と呼んでいる（ただし序文註のフランクフルター紙で教授が語っている中でのそれは委員会の人々を意味する）。

●凡例——

・〔 〕内は、すべて訳者が加えた語あるいは文である。読みやすさを犠牲にしてそうしたのは、万が一訳者の解釈が間違っている場合に、読者が直訳文をもとにして著者の論を正しく読み取り前進して下さることを願ってのことである。
・( )は、原著にもともと付されている場合と、日本文では原独文通りに前文に続けて記すと次の文の論とうまくつながらなくなる場合に付した。
・〈 〉内は、原著で、いわゆる何々という意味でダブルクォーテーションで括られていることを示している。
・「 」は、ドイツ語であればすぐにこの著書に固有の用語であることが見て取れるが、日本語では文中に埋没しがちな言葉を示すために用いられている場合(例えば「知らない」テストとか「九月鑑定書」)と、daß(英語の that や which といった関係詞に相当する)以下に記述されていることが著者や飼い主等が言っていることであることが把握しにくいために使用している場合に付した。
・本文中の小見出しは、第2章の「A　先決条件」と「B　実験結果」は原著のままだが、他は読者の便宜を考え、訳者が付したものである。
・本文の脇に付した( )付きの数字は註釈が付されていることを示す(註釈は本書294頁以下にまとめて掲載)。なお、註釈は〔訳註〕と表示のないものはすべて原註。
・本文および註釈中の人名等の後に付したゴシック体の数字は本書364頁以下に掲載の参考文献の番号。引用した事柄について、参考文献に詳細な情報が登載されていることを示している。

第1章　動物の心に関する問題と「りこうなハンス」

1　動物の心についての3つの見解

ここ数年（1904年：明治37年前後）というもの、「計算する」ウマが出現したとの話でドイツ国内はもとより、今や諸外国でも熱狂的な関心を呼んでいる。なぜ誰も彼もがこれほどまでに興味をかき立てられるのか。そのわけを理解するためには、多少なりと動物の心に関する見解の変遷と現況についての知識が必要だと思うので、以下に簡単に説明しておく。[1]

（動物の心のありようを探る）動物心理学は他の研究分野とは違って、研究対象を直接観察して事実を究明することができない。だから、まずは動物のその身体（表面の変化や歩く走るといった行動として現れる）表出を観察し、その結果を人間心理学から借用してきた概念をもとに解釈することによって動物の心的生活を推測するほかないのである。このように動物心理学は不確かな土台の上に立っているので、基本的な事柄についてすら今なお種々様々な見方がなされている。最も重要な「そもそも動物にも心[2]はあるのか？　それは人間の心に似ているのか？」という問題に対する見解すらも、以下に記すように大別して3つに分かれているのである。

その1つは、動物にも心があることを認めはするが、動物の心と人間の心の間には画然たる違いがあるとする見解である。動物にも感覚[3]と感覚の記憶像[4]があって、それらが種々の組み合わせ方で連合して働いている。そして両者いずれにも快あるいは不快（いわゆる感覚感情〔すなわち感覚から直接呼び覚まされる感情〕）が伴い、それら快不快が欲求の動因となっているとする。また、記憶力があることを認めているのだから当然、経験を通じて学習する力を持っていることも容認している。しかし、以上をもって動物の心の内容目録は尽き、概念[5]を形成し概念の助けを借りて判断を下し結論を引き出す能力、つまり思考力は動物には備わっていないし、またより高度なつまり知的、美的そして道徳的な感情もなく、人間なら様々なことが動機となって生ずるはずの意志も有していない、としている。この見解は、古代においてはアリストテレスやその後のストア学派の人々によって支持され、引き続きキリスト教会の教義にも取り入れられた。さらに中世哲学でも、それがキリスト教会の教義とアリストテレス哲学とが統合されて生まれたものであるから当然、この見解は保持され、さらに現在でも、中世哲学が新トマス説として受け継がれ君臨しているカトリック世界では支配的な見解であり続けている。

2つ目は、動物をもっと徹底的に人間とは異なる存在と見なし、抽象思考はおろかいかなる心的活動も認めず、動物は外部からの刺激に自動的に反応して動く機械のようなものに過ぎないとする見解である。この大胆な見解は17世紀に「近代哲学の父」デカルトによって提唱され、一時は他の見解を圧するほど広く浸透した。しかし強い反発を招き、そのため動物の心の研究が大いに促進されはしたものの、早々に下火となった。というのは、次世代の偉大な哲学者の多く、例えばロックやライプニッツ、カント、ショーペンハウエルらは、哲学上の他の点では各々いかに見解を異にしていようとも、動物の内面についてはみな例外なく、アリストテレス的な見解をよしとしたからである。

3つ目は、人間の心と動物の心の間には程度の差こそあれ、本質的に異なる点は何もないとする見解である。ここ百年程の間にフランスやイギリスで台頭してきた連合主義に立つ人々、例えばコンディアックやミル親子などによって声高に唱えられるようになった。彼らは、いわゆる概念思考そのものを感覚と感覚的単独観念[6]のなせる業に過ぎないと見なしているので、必然的にこのような見解を抱くに至ったわけである。さらに彼らは、人間が他の動物より優れているのは、本質的には、より複雑な観念連合体を形成する能力を持っているからに過ぎないとも考えている。こういった見解を抱いているのはなにも連合主義者ばかりではない。そもそも唯物論者たち（紀元前4世紀から3世紀にかけて快楽主義を唱えたエピキュロスから、（19世紀中葉に活躍したドイツの生物学者たちである）C・フォークトやビュッヒナーに至る）は、動物も人間と同じように理性を持つと見なしてきたのだから、連合主義者たちが声高に唱え出す前から人間の心と動物の心は本質的には同じだと思っていたのである。また最近では、進化論者たちも、そのうちの唯物論を認めない者も含めてみな、同じ見解に立っている。それは、彼らが実際に自然を観察・研究した結果、「最下等の原生動物から人間に至るまで、それらの心的生活は一連の鎖のようにつながっている」と確信するに至り、今では彼らの間でほぼ定説となっているその見方が連合主義者たちの見解と合致しているからである。殊に〔19世紀後半に活躍したドイツの生物学者・哲学者でダーウィンの進化論の支持者となった〕ヘッケルは、この見解の熱心な唱導者だった。そして周知のように彼は、人間の心と動物の心との間をつなげようと、その間のギャップを越えさせる段梯子の役目を果たすものをあれこれ考案した〔例えば、「生命樹」という進化の系統図を作成したり、「固体発生は系統発生の短縮した繰り返しであるという」生物発生原則を唱えたりした〕ものの、あまり成功したとはいいがたい。

要するに、動物の心についての見解には、歴史的に見て2つの流れがあるのだ。1つは動物を人間とはできるだけ離れた存在と見なそうとする流れであり、もう1つは両者をなんとかして近づけようとするものである。動物の行動の多くが、理性つまり概念思考力があることを示すとはとてもいえないものであることは否定しようもない。それでいて、理性の存在を窺わせるかのような行動をすることがあるのも否定はできない。後者のような行動が果たして理性によるものなのか否か、その解釈をめぐって見解は分かれるのだ。もし概念思考力があるといえる要件のすべてを満たす確固たる例が1つでも見つかったなら、動物にも理性があるとする見解に軍配が上がって、この問題は一挙に片がつこう。

2 「りこうなハンス」の登場とその行動

さて今、いにしえから延々と探し求められてきた、真に理性を備えた動物が現れたとのことだ。ウマが算数の問題を解いてみせているのだという。そのウマは長年にわたって学校教育のようなことを施されてきたので、ごく初歩的な抽象思考力を要する問題だけではなく、動物にも理性があると主張する人々すらも期待しなかったほど高度な問題さえ解いてみせているらしい。

では実際に、その不思議なウマは観衆たちの前で、どのようなことをやってのけているのだろうか？

読者をこのウマのいるところにお連れしよう。場所はベルリン市北部の、高いアパートに囲まれた石畳の中庭で、毎日、正午頃から公開されている。中庭に入るには飼い主の許可がいるものの、料金を要求されることは決してない。見物人たちは中庭を自由に歩き回ることもできるし、そのウマや飼い主の間近に行くこともできる。飼い主は65歳前後の白髪の男性で、つばが広くて柔らかなソフト帽を被っている。その左側に、威風堂々たる黒毛の雄馬が立っている。8歳ぐらいで、繋駕速歩レース（1人乗りの二輪車を引かせる競走）用のロシア産オーロフ（・ロストプチン）種だという。手綱で繋がれていないのに、従順な生徒のように飼い主のそばを離れようともしない。飼い主はムチを振ってではなく、優しい物言いで質問してはウマに答えさせている。ウマが正しく答えると、その都度といっていいぐらい頻繁にパンやニンジンといった褒美を与えてもいる。時には答えが間違っていることもあるが、そのときとてムチで叩いたりはせず、ただパンやニンジンを与えないというだけのことだ。

この、ハンスと呼ばれるウマは、特に強い調子で言わなくても、彼の方を向いてドイツ語で言えば、ほとんどの質問に正しく答える。質問が理解できたときはすぐに頷き（頭を縦に振る）、質問の意味が飲み込めなかったときには首を横に振って、その旨伝える。ただし、飼い主であるフォン・オステン氏の話によれば、質問は一定の語彙を使ってなされる必要があるとのことだ。そうはいっても、ハンスの語彙の数は相当に豊富で、今でもなお周囲の見物人と関わるだけで、特に覚えさせようとしなくても日に日に語彙の数はいや増している。もちろん、他の人が質問するとき、大抵はフォン・オステン氏はその場にいる。だが次第に、少なからぬ数の人たちが、その場に当人とハンス以外誰もいないときにも難なくハンスから正しく答えが得られるようになっている。そのようなハンスも、慣れない質問者に答えるときには、飼い主に答えるときのように積極的で自信たっぷりには見えない。それは、質問する側に威厳が不足していたり、ハンスが好意を抱いていなかったりするせいだと安易に説明されているが、ハンスがここ4年間というもの飼い主以外ほとんど誰とも接触しないで過ごしてきたためかもしれない。

いうまでもないが、りこうなハンスと呼ばれていようとも、口で答えを言えるわけではない。それに代わる答えの表現方法として、主に右前足で軽く叩く方法を用いている。また、頭を動かす方法でも様々なことを表現できる。例えば、「はい」は首を縦に振って表し、「いいえ」はゆっくりと首を横に振る。「上」「下」「右」「左」などは、頭をそれらの方向に振って示す。「右」「左」に関する質問の際には、驚いたことにハンスは、自分に質問する人の立場に置き換えて答える。例えば、ハンスの真向かいにいる男性が右手を挙げているときに「どちらの手を挙げているか」と訊かれたら、ハンスの方からは左に見えたはずなのに、即座に右の方向に頭を振ったのである。また、質問の対象となっている人物や物のところへ行ったり、一列に並んだ色布列から言われた色の布を口にくわえて持ってくるという方法も使われている。ともあれ、ハンスにできる答えの表現方法はこれぐらいしかないので、フォン・オステン氏は多くの概念を数に置き換え、叩いて示させるようにしている。例えばドイツ・アルファベットの文字、音階、トランプのカードの名前など、すべてに番号を振り、それがトランプのエースなら1打、キングなら2打、クイーンなら3打叩いて示すようになっているのだ。

では、これから具体的に、ハンスがどのような質問にどのように答えているのか、つぶさに見てみよう。まず、数を数える問題について。明らかにハンスは1から100までの基数〔つまり、ものの個数を示す、正の整数からなる自然数：例えば、ウマの足の数は4本〕と、少なくとも10までの序数〔つまり、ものの順序を示す自然数：例えば、アルファベットにおいてDは4番目の文字〕を驚くほど正確に意のままに操れる。数える対象が何であれ、求められた通りに数えてみせているのである。例えば、その場にいる人の総数はもちろんのこと、男女別々に数え分けることもできるし、その人たちが身につけている帽子や傘、眼鏡などの数もそれぞれ別々に数えて答えられる。足で叩くという機械的な行動にも、ハンスの知性の一端が窺える。というのは、小さい数のときはゆっくりと叩くのに、大きな数のときには大抵、足をほんの少ししか上げずに初めから速い速度で叩くのである。いかにも、叩かなければならない回数の多さを知っていて、早くその単調な作業を終えたがっているかのようだ。そして叩き終わると、叩くために前に出していた右前足をゆっくり元の位置に戻す。ときには、まるでこれで終わりだと強調するかのように、最後の数〔例えば対象の数が6ならば6打目〕のときに左前足で特に強く叩く。「ゼロ」は首を左右に振って示す。

数を数えるだけでなく、計算することもできる。基本的な加減乗除などは何でもできるし、分数を小数に変換することもやってのけ、その逆もしてみせる。それどころか、比例法あるいは三数法〔つまり3つの既知数より第4の未知数を算出する解法〕の問題にさえ答える。しかも、こういった問題をどれもあまりにも簡単にやってのけるので、この方面に疎い者にはついていくのが大変なほどだ。例[7]を2、3挙げてみよう。「5分の2足す2分の1でいくつか?」という質問に対して、10分の9〔分数の場合、ハンスは最初に分子、次いで分母の数値を叩いて示す。したがってこの場合は、初めに9打叩いた後に10打叩く〕と答えた。また「私はある数を思っている。その数から9を引くと3残る。私の思っている数は何か?」と尋ねられると12打叩いた。そして「どのような数なら28を割り切ることができるか?」には2、4、7、14、28と順々に叩いて示した。さらに「365287149の、8の後ろに小数点を打った。そうすると百の位の数は何になるか?」に対して5、「では、1万分の1の位の数は?」に9と答えた。だから、ハンスが100をはるかに越えた数でも操れることは明らかだ。実際、〔36528.7149の〕6が何の位なのかまでも正しく答えたのである。しかし誰かが言っているように、このようなことは厳密な意味での計算ではなく、ハンスは十の位と百の位から類推して、千の位は小数点から前方へ向かって数えて4番目の位置で、万の位は5番目の位置であることを知っているだけなのかもしれない。計算結果を叩いて示すときに間違ってしまうこともある。そういう場合は「いくつ叩き間違ったかな?」と言ってやると大抵、即座に訂正する。

さらにハンスは、ドイツ文字なら筆記体だろうと活字体だろうと、すらすら読むことができる。ただしフォン・オステン氏は小文字だけしか覚えさせていない。ハンスの目の前に単語を書いた厚紙[8]を幾枚か一列に吊り下げておき、その中の単語を1つ読み上げると、ハンスはその単語が書かれた厚紙のところに行って鼻で触る。

ハンスは単語を綴ることもできる。それは、ハンスの前に置かれた黒板に記されている、フォン・オステン氏が考案した特別な表を使ってなされる〔口絵参照のこと〕。そこには、ドイツ・アルファベットの筆記体の全小文字と多くの連字〔ch、sch、tz など〕が書かれ、それぞれに一対の数字が振ってある。ハンスが各文字を一対の数を使って表せるように工夫されているのだ。その配置は、例えば横5列目なら、最初の場所には s[9]、2番目には sch が、3番目は ss(=β)が書かれているといった具合である。だからハンスが s を示すには、まず5打、ついで1打叩けばいい。同じようにして、sch は5打と2打、ss は5打と3打叩いて示す。「この女性は手に何を持っているか?」と訊かれたら、ハンスは迷うことなく5打と2打、4打と6打、3打と7打叩いて"schirm"「パラソル」と〔ドイツ語では、本来なら名詞の初めの文字は大文字であるべきだが〕小文字だけで正しく綴った。また、飼い葉桶のそばに立っているウマ（横向きで50㎝程の大きさに描かれている）の絵を見せて、「これは何を表しているか？」と質問すると、まず"pferd"「ウマ」、次に"krippe"「飼い葉桶」と答えた。

またハンスは、驚くべき記憶力があるその証拠と見なせるようなことをいろいろやってのける。いくらのドイツ貨幣でもいい、見せるとただちにその価値を叩いて示すし、トランプの強弱もすぐに比べて答える。それどころか、暦（カレンダー）や時計についての記憶や知識となると、もう呆れかえるしかない。まず暦だが、質問している年の月日と曜日をすべて覚えていて、即座に答えるのである。それはなにも、その朝あらためて復習させられたのかもしれない当日の日付や曜日だけではなく、ずっと以前の日付や曜日だろうと、何週間後のそれだろうと同じことだ。しかも、「ある月の8日が火曜日だとすると、同じ週の金曜日は何日になるか？」といった問題にも答えられる。そのうえ時計が読め、どのような懐中時計であれ、見せると分単位まで正確な時刻を叩いて示す。しかも次のような問題でさえ、時計も見ずに答える。「8時半を5分過ぎたときの短針はどの数字と数字の間にあるか？」とか「15分を7分過ぎたところにある長針が、同じ時間の45分まで行くには何分かかるか？」。また、一度聞いたことは必ず間違いなく復唱できる。例えば、フォン・オステン氏がある日「橋も道路も敵に占領されている」という文章を聞かせておいたら、翌日、正しく復唱した。その文章を表すのに必要な、合計58種類の数を連続して正しく叩いたのである。また、かなり前にたった1度会っただけの人間を識別することもできた。それどころか、10年も前に撮影された、現在の姿とはあまり似ていない写真を1度見ただけで、後日その人物を見分けもした。

こういった記憶力や理性に基づくらしい驚くべき応答も、ハンスに非常に鋭い感覚が備わっていればこそのようだ。ウマは一般に視力が弱いとされているのに、ハンスは遠くにある家の窓の数や、近所の家の屋根に登っている腕白小僧の人数を正しく数えたのである。また、人の話し声の微妙な差異も聞き分けられるような耳の持ち主らしい。実際どんなに小さな声で話しても、一言も聞き漏らさなかった。だから数m離れたところであろうと、答えをつぶやきさえしてもいけない。それはフォン・オステン氏が言っているように、ハンスに前もって答えを教えるのと同じことのようだ。

この才知長けているかのような動物は、音楽の才能にも恵まれているらしい。人間にもあまりいない絶対音感を有しているのか、ハ長調の1点音ハから2点音ハまで（C1〜C2（つまりハ長調の下のドから上のドまでの8音））の1オクターブの音域内なら、子供用アコーディオン[10]の音であれ人間の声であれ何の音か聞き分けられるらしく、ド、レ、ミといったように言い当てるのである。そればかりか、同時にであれ別々にであれ2つの音が鳴らされると、それらの音の高さの間隔つまり音程についても3度だとか、5度とかほぼ毎回、正しく答える。さらに2つ以上の音の和音（重音）についても、苦もなく構成要素に分解してみせる。そして、その和音が快適か耳障りかを感じとって区別し、耳障りな不協和音なら協和音にするために除くべき音も示せる。例えばド、レ、ミの3音を同時に聞かせて、「今鳴らした和音は快く聞こえるか?」と訊ねると、首を横に振った。「では、これを快い和音にするには、どの音をとったらいいか?」との問いには、2打叩いてレと答えた。また「7度の和音」レ、ファ、ラ、ドを鳴らすと、クラシックを好み現代音楽を嫌っているらしく、拒否するように強く首を横に振り7度のドをとるようにと叩いた。そうすれば「7度の和音」は「短3和音」になるので快く響くと知っているようなのだ。そして第4と第6の音と一緒に使ってはならない音を訊くと、3、5、7と答えた。けれども第1音が加えられても、よしとした。さらに13曲ものメロディーとそれぞれの曲の拍子記号まで正しく答える。

すぐれた感覚や知性だけではなく、ハンスには豊かな感情や強い意志まで備わっているかのようで、はっきりとした個性の持ち主のように見受けられる。とても神経質そうであり、そのときの気分次第なのか、非常に好意的だったり憎悪の念をあらわにしたりすることがある。それに、フォン・オステン氏がことあるごとに力説するように、残念ながら非常に意固地のようだ。そのように振る舞ってもムチ打たれることはない。そのせいか度々、ごく簡単な問題に答えなかったり、しつこく間違った答えを出し続けたりしたあげく、次の瞬間には非常に難しい問題をいとも簡単に解いてみせたりする。また、質問者自身が答えを知らない問題を出すと、すぐに質問者をからかい始め、ああだこうだと次々と間違った答えを出す。試験官の無知を敏感にも即座に見抜いて、信頼も尊敬もしなくなるからだとのことだ。しかし、質問者が答えを知らない問題にも幾度となく正しく答えたという報告もなされている。それはもちろん非常に実証的で説得力のある実験に基づいてのものだ。時々、ある1つの問題に対して、質問者には間違いと思われる答えを出し続け、後で、実はそのハンスの答えのほうが正しいと判明する場合もある。それでいて、これまで学習したことのない事柄について質問すると、決して答えない。例えば、フランス語やラテン語で問いかけると無視したり、酔っぱらいのように右足で叩いたかと思えば、次は左足で叩くといったようにふらふらし始めたりする。そのような制約があることこそが、これまで述べてきた質問に応答するハンスの行動〔応答行動〕が本当に理性によるものであることを明示しているかのかもしれない。反対に、一度学習したことはよく覚えていて、どんなに惑わすような仕方で質問されても、決してそれに乗せられて間違ったりしない。要するにハンスは、一部の人たちが賛嘆して言ってるように、口で話せないという以外、本質的に人間と少しも違わないようであり、しかも経験豊かな教育者たちさえもが認めているように、人間の13、14歳の子供に匹敵する発展段階に達しているかのようなのだ。

3 「りこうな」ウマなのか、それともトリックなのか——世間の反応や解釈

今や、この不思議なウマは全世界のといっても過言でないほど多くの人々の注目の的となり、新聞や

雑誌はハンス関連の記事で溢れかえっている。すでに専門的な研究論文さえ2編[11-1・2]も発表されている（ただし、これらの実証的調査に基づくとされる説明はいずれも間違いだろう）。そして時事小唄の主人公としてもてはやされ、演芸場の舞台ではハンス、ハンスとその名が響きわたり、その姿が描かれたたくさんの絵葉書も売り出され、とうとう酒のラベルやおもちゃのキャラクターとしてマーケットに登場しさえしている。こういったことからも、その関心の凄まじさのほどが窺えよう。

　ともあれ、このウマには理性があると固く信じきっている人たちは「これこそは、動物の思考力に関する昔から延々と続いてきた疑問に対する肯定的な結論をもたらす存在であり、現今の世界観を根底から覆すものだ」と言ってはばからない。多くの名士たちも、実際に氏が応答させているところを見たり、おそらく彼ら自身ハンスに質問して試してみたに違いないのだが、そのように考えるようになり、なかには新聞、雑誌等で「このウマには思考力があるのだ」と公言する人さえ現れた。例えば、シリングス氏をはじめとする著名な博物学者たち、すなわちアフリカ探検で有名なG・シュヴァインフルト教授、ハインロト博士、ハノーヴァー動物園園長シェフ博士。またツォーベル少将のようにウマ愛好家として名の通った人たち、さらには馬学者としても有名なR・シェーンベック少佐もそうである。そして著名な動物学者、K・メビウスも『ナツィォナール・ツァイトゥンク』紙上で、「このウマには数を数えたり計算する能力が備わっている」と明言し、さらに「その能力の根底をなすのは感覚的識別力と記憶力にほかならない」と述べている。

他方では、毎日の新聞からハンスについてあれこれ知るだけで、公開の場に出かけて行って確かようともせず、どういうことかと首を振りつつ成り行きを見守るだけという人もいれば、有閑紳士の悪ふざけと見なして、それにひっかかる大衆の馬鹿さ加減に憤慨したりしている人もいる。

けれども、大多数の人たちは、この新しい出来事に熱狂的な興味を示すだけではなく、なんとかして周知の事実をもとに説明がつかないものかとああだこうだと論じている。様々な説が飛び交っているが、大別すると次の2つに分けられる。

1つは、すべては単なる機械的な記憶力のみに基づくという説。つまり、このウマは「学習させられた、すなわち覚え込まされたハンス」なのであり、決して「りこうな、すなわち思考するハンス」などではないというのである。例えば、3音が同時に鳴らされたときに、そこに含まれる音を答えられるのは、和音を分析できるからではなく、小さなアコーディオンの鍵盤を見て、ある鍵が押されたらその都度、1打叩くというように習慣づけられているからだとする。また、時計を見て時刻を答えることができるのも、時計から読み取るのではなく、いつも同じ時刻に訊かれる(むろん事実ではない)ので、その時刻を示すのに必要な叩く回数を覚えてしまったからだという。さらに、種々の算数の問題に答えているのも、とても信じられないような膨大な数の、算数の問題の答えが記憶させられていて、それが表出してきているに過ぎないと見なしている。というのは、動物の脳には何世紀にもわたって休息している部分があり、そこには莫大なエネルギーが蓄積されていて、それがここに至って突然、解き放たれて膨大なことを記憶したのだと考えているのである。そして、未開人の驚くべき記憶力を引き合いに出してこの説を正当化している。先に述べた2編の研究論文の執筆者ツェルとフロイントは、明らかにこのような記憶説に立ち、殊にフロイントは、ハンスを「四つ脚の計算〔問題・解答表示〕マシーン」と呼び、それでこの事例は決着がついたとしている。

2つ目は、飼い主から送られる特定の合図ないしは扶助〔馬術用語。註(16)参照〕に全面的に頼っているのだと見なす説。記憶術の達人という栄誉さえ認めようとせず、このウマはまったく何も知ってはいない、むしろ「愚かなハンス」と呼ぶべきであると見なしているのである。そういう見方をする人達のうちごく少数は、合図が無意図的に与えられている、すなわち飼い主が知らず知らずのうちに合図を送ってしまうのだろうと述べている。もちろん彼らとて、合図の実体について何も確たることがわかっているわけではなく、ただただそう推測しているだけであるが。他方、ハンスには思考力が備わっているのだという考え方に批判的な人たちの大多数は、何ら躊躇せずに随意な〔故意に送られる〕合図によるる、すなわちトリックだと断言している。〔キリスト教の〕あらゆる宗派の正統派の人々はそう固く信じきっていて、「考えるウマなどとんでもない、身の毛がよだつ話だ」と言っている。また、啓蒙され迷信や偏見にとらわれないはずの人たちも、「いわゆる健全なる人間の理性が受け入れがたいことは、すべて尋常ならざることから生じているのだ」としてトリックと見なしている。彼らはハンス問題を心霊術と同レベルのものと捉え、もしベールが取り払われれば、見え透いたペテンであることが明らかになろうとも語っている。さらには、ウマについてその長い付き合いから充分な専門的知識を持つと自認するプロの調教師たちの大多数も、ハンスをよく観察もせず、それどころか見に来たこともない者までもがトリック説を唱えている。

そういったトリックと見なす人々はためらいもせず、合図はあれだこれだと述べたてている。そのうちの視覚的な合図によるという人達の主張をまず記してみよう。1人目はフォン・オステン氏が被っている、広い縁付きの灰色のソフト帽が「主な目印」なのだと言い、だからシリングス氏が「このウマに質問して調べるときにソフト帽を被る」のも決して偶然のことではなく「そうしなければならないのだ」と語っている。それに対しては、シリングス氏は飼い主と同程度に正しい答えを得ているのに、ハンスに質問するとき大抵は無帽か、被っても縁なし帽であることを指摘するだけで充分だろう。2人目は、前者と似たようなもので、フォン・オステン氏が着ている長いコートが問題だとする。3人目は、「幾度かハンスを観察する機会があり、フォン・オステン氏がしばしばニンジンのいっぱい詰まったポケットに手を突っ込むのを見た。その動きが合図なのだ」と述べている。また、わがドイツにおける一流のサーカスの大物の一人は、質問者の眼の動きが扶助として働いているのだと言い切り、別の一人は手の動きだとこれまた自信たっぷりに断言している。6人目は、扶助は「多種多様」だと言い、「見つかったとき代わりがないと困惑してしまうから、ハンスの調教師（訓練者）は当然いろいろな扶助を用意していよう」と付け加えた。「多種多様」だ、では却って世の中の人を困惑させるばかりだ。

このように、様々な視覚的合図が声高に語られている一方では、当代一流の観察眼を誇る多くの人々が、ハンスに叩かせたりしている際のフォン・オステン氏を繰り返し検分しては、「規則的に繰り返される動きはどんな種類のものであれ1つとて見つからない」と言っている。そういう専門家たちのなかで唯一のプロのウマの調教師は、観察しただけでなく自ら質問しながら、あれこれ根気よく視覚的な扶助を探したが、ついにあきらめて「私は、この事例は視覚的合図ひいてはトリックということで説明できるものと確信していたが、間違っていた」と語っている。それどころか、国際サーカス・曲芸・奇術芸人組合の組合長で一般的なトリックのことなら何でも熟知している人物でさえも、初めはトリックかと疑っていたのに、フォン・オステン氏を観察した結果あっけなく見方を変えてしまった。

他方、聴覚的合図による〈トリック〉と見なす人たちは、なんとかしてハンスから首尾よく答えを得ようとあれこれ声をかけて試した。ある人はその結果「飼い主の声の音域が問題なのであって、それと異なった音域の声で質問すると、ハンスは『2足す3はいくつか』といったごく簡単な問題にも答えられない」と言い、他の人は「声の抑揚の変化がポイントなのだ」と語っている。そうかと思えば、「極度に鋭敏な聴力」によって何かしら〈の合図を〉聞き取っているということで説明がつくと述べている人もいる。

少数ながら嗅覚も関与していると言う人もいる。「ハンスは臭いを嗅ぎ分けて、自分の周りにいる人々のなかから写真に写っている人物を選び出しているのだ。当人がその写真を身につけていたので、いつのまにか体臭が染み込んだのだろう」。その他、質問者の身体から発散される熱によるとする人や、地面に埋め込まれた導線を伝ってハンスの蹄に電気刺激が与えられるのだと主張する人もいる。

さらには、ひと頃盛んに唱えられたものの〈当時すでに、その存在自体が否定されている〉、例えば人間の脳が活動しているとき、そこから放射されたりするといわれたN線を持ち出す人もいる。それと似たようなものと思われるのが、われわれの「十二月鑑定書」（補遺Ⅳ）が公表された後になってもまだ大衆娯楽紙を賑わせている、かの「自然哲学者」の見方だ。彼は「入念な調査の結果、私はこのウマの脳は飼い主の脳から放射される思考波を受信しているとの結論に達した。自然科学的見地に立てば、知的労働はすなわち物理作用にほかならないのである」と語っている。また、ハンスの応答は「人間が出す磁気の作用による」という説を公表する人もいれば、「催眠作用」によると公言する人もいる。後者の催眠説を唱える人たちは、〈飼い主の不在の状態でも正しく答えるという〉まぎれもない事実を無視して、「このウマは自分とラポール（交感）状態にある飼い主がウマは従うだろうとか、知っていることだからやってのけるだろうと思うときのみ、飼い主以外の者の命令に従うのだ」と説く。この類のもう1つの解釈としては、暗示によるという見方がある。暗示という言葉自体が曖昧であるにもかかわらず、この説を支持する人も決して少なくはない。彼らは暗示の概念を明確に定義することもせず、それどころかこの言葉特有の定義することの難しささえわかっていないようだ。まったくL・レーンヴェルトがその有名な著書『催眠術の手引き』（ヴィースバーデン社・1901年。35頁以下）の中で「暗示」について20人が20通りの定義を下しているとするとのことを述べ、それらを列挙しているというのにである。例えば、ハンス自体の思考力説に反対する人たちの一人は、「この驚くべき、動物も人間同様に思考することができるかのような現象は、暗示にのみ基づいて生じているのだ」と記し、しかも、この〈洞察力〉に富む筆者は見世物用に特訓されたイヌに言及し、「りこうなハンスもこのイヌも神経が単純で、暗示にかかりやすい動物なのだ」と結論づけているが、まったく粗雑で無意味な主張というほかない。

このように、不思議なウマの謎について、様々に説明がなされているものの、どの説明もただ混沌としていて、このままではいずれが妥当なのか判断のしようもないのではないか？　ただただ人々はああだこうだと互いに主張をぶつけあい、自分の見解が正しいと言いつのっているだけなのだ。それでは自分と見解を異にする人を説得できようはずもない。人を納得させるために重要なのは、この場合も主張するだけではなく、証拠を提示することなのである。

第2章 — ハンスを使っての実験と観察

A 先決（前提）条件

フォン・オステン氏のウマ、ハンスの謎の正体についての多様な説明のうちいったいいずれが妥当なのだろうか。それを明らかにしようと、フォン・オステン氏の質問に応答しているときのハンスをどんなに観察してみても、たとえ一般観衆のいないときであっても、それだけでは到底、決着などつけられようはずもない。そのためには、どうしても実験してみる必要がある〔といっても、すでに私が行った、第3章の初めに記すような実験ではいけない。たしかに本質に迫るような結果を得てはいても、それだけでは証拠として提示して人を納得などさせられはしないのだ〕。実験の結果が確かな証拠と見なされるためには、特定の先決条件を守ってなされた実験でなければならないのである。まず、それらについて当事例に則して記しておこう。

先決条件の1つは、実験を行う**場所**の問題で、〔いかなる人にも〕錯覚を抱かせたり〔テストの遂行が〕妨害されたりすることが決して起こらないところでなければならない。けれども、そのような、より実験に適した場所にハンスを移すのは種々の理由から極めて難しいので、〔これまでハンスが飼われ仕込まれてきた〕フォン・オステン氏が所有するアパートの中庭に大きなテントを張った。この中はウマの自由な動きを妨げない程度に広く、周囲から完全に隔離された状態になっていた。まず初めはそのテントの中で、〔ハンスが質問や命令に応じてする、おおよそ3種に分けられる（後記）〕応答行動のいずれについても、その本質を見極めるための実験を行い大筋において解決をみた。その後はテントの外でもしばしば実験し、ときには馬小屋の、ハンスの飼われている単独馬房でもテストした。

2つ目は、ハンスに質問する役目を務める**実験者**に誰を選ぶかという問題で、特に注意を払う必要があった。〔第1章の記述からわかる通り、かなり多くの人が言っているように、また先述の、第3章の初めの不充分な条件下での実験の結果が示唆するように〕ハンスではなく質問者を観察することが重要だという観点に立てば、〔それが、どのような実験であれ〕当然、フォン・オステン氏の参加は不可欠である。しかし、実験結果に対する反論を完全に封じるためには、どの実験の場合も、その大半のテストをフォン・オステン氏以外の誰かが実験者となって行わねばならない。といってシリングス氏〔XXV頁の人物紹介および「序文」参照〕というわけにもいかない。したがって、以下のような現状では、両者以外の誰かがハンスを扱う術を習得しなければならないということになる。これまでは、ハンスはある程度ウマを扱い慣れている人が試験官なら、それが誰であっても答えると思われていたらしいのだが、実はそうではなく、大半の人に対してはまったく答えようともせず、たとえ答えたとしても最初の1、2

回だけで後は少しも反応しないという場合が多いのである。また、正しい答えが幾度か得られた（もちろん誤った答えのほうが多い）という人の数は、われわれの知る限りこれまでに40人程に上るにしても、かなりの割合で正しい答えの得られる人となると、フォン・オステン氏とシリングス氏以外誰もいないのだ。そんな状況だったが、（第3章の初めに記すように、すでに多少は正しい答えが得られていることもあって）私は思い切って実験者の役目を引き受けた。なんとかハンスとうまく折り合うべく試すうちに程なく、幸い偶然にも2人と同程度の割合で正答が得られるようになった。また、カステル伯やマトゥシュカ伯、シリングス氏にもたまにではあるが、質問者役を担ってもらった。後記の、実験の結果の記述において質問者役の名が明記されていないテストは、すべて私自身が質問者役を務めたものである。

3つ目は、**各実験におけるテストの回数や配置**の問題。これらの点についても幾つか基本原則を定めておかなければならない。まず（いかなる実験の際も、テスト条件が少しでも変わったならばその都度）必ず充分な回数のテストを行うこと。そうすることによってのみ、例えば、これまで誤答が生じると必ず偶然だとされてきたのだが、そう見なせるのか否かといったことを的確に判断できるのである。また、ある実験を行うとき初めから、（同種のテストだけを連続して施行するのではなく）適切なテスト配置を講じること。そうすることによってのみ反論を封じ込めることができるのである。なにせハンスが答えなかったり誤答が出たりすると、（ハンスには思考力が間違いなくあるのだが）「ハンスはたまたま疲れていたのだ」とか「そのとき、やる気がなかったのだ」あるいは「初めての質問者なので、勝手が違って混乱したのだ」といった、まるで人間の子供が間違った際に人々がよく口にするようなことを〔フォン・オステン氏やその賛同者たちは〕言うのだ。例えば、〔こういった事例の解明に〕必要不可欠な「知らない試験法」[12]、当該事例に則していえば「ハンスにある1つの質問を出して答えが返ってくるまでの間は、実験者（質問者役）だけではなく実験の場に居合わせる全員がその答えを知らない」という条件の下で質問してみる実験法であるが、これを実施する場合には、1回「実験者（質問者役）および全員が答えを知らない状態」でテストしたら、必ず次は他の条件を同一に保ったまま1回「実験者（質問者役）が答えを知っている状態」でテストをするといったように、常に両者を交互に行わなければならないのだ。この事例の、これまでに他の人たちが行った調査ではいずれも、そういった予防措置が何も講じられずに実験がなされているので、否定的な結果〔つまりハンスが独自に考えて答えているのではない、としか思えない結果〕が出ていても、しかも質問した当人たちもそのように感じたらしくても、そのいずれもがたった1回だけしかなされなかったテストの〔当然、反対の条件でのテストを欠いている〕結果なので、客観的な証拠たり得なかったのである。

4つ目は**調査の進め方**についてで、この事例の性質から自ずと決まる。最初に決着をつけるべき課題は、「ハンスは独自に考えて答えているのか否か」である。その課題は、ハンスに、今述べた意味で〔つまり「知らない試験法」の正しい運用法に則って〕「知らない」問題を与えるという非常に簡単な方法で解決できる。これらの〔つまりテントで囲い周囲から完全に隔離された状態で、しかも質問者が「答えを知らない」という〕条件下で、いうなれば孤絶状態で、もしハンスが〔大半のテストで〕正しく答えたならば、それはハンスの思考〔つまり概念を形成し、それによって判断し結論を出すこと（第1章参照）〕のなせる業以外の何物でもないから、ハンスは理性を備えているということになる。したがってフォン・オステン氏がハンスに関して主張していることはすべて正しいことになり、調査はここで終了することになる。けれども、もしハンスが〔ほとんど〕正しく答えなかったら、ハンスが思考するなどという話は論外だということになる。そうなったら、〔テントで隔離された〕ハンスが質問に相応する数だけ叩くといったことができるためには、質問者役側つまり外界からの、特定の扶助ないしは合図〔つまりは刺激〕が必要なのだということになる。

その場合には、刺激の正体の探究が次の課題となる。その課題を解決するためにまずすべきことは、〔刺激の受け手である〕ハンスがどの感覚器官（1つの感覚器官だけではなく複数のそれが関与し協調して働いているのかもしれない）を介して刺激を受容しているのかを明確に知ることである。それには、ハンスの感覚器官を順々に関与しているか否か調べていき、関与の可能性を一つ一つ消去していく消去法を適用することが大事だ。〔聴覚器官の関与を直接的な刺激遮断という方策で調べることは難しいから〕視覚の検証から始めるほうがいい。視覚器官への刺激はハンスの両目に充分に大きな目隠し革を装着するだけで容易に、この事例の調査に必要な程度には遮断できるのである。もし視覚の検査ではかばかしい結果が得られなかったら、聴覚を調べてみるしかない。けれども、実に困ったことに、ウマの聴覚器官に刺激が与えられているか否かを調べるのは容易ではないのだ。なにしろ一般に使われているような作りの耳キャップを被せてみても、それで確実に音波を遮断できているのかどうか疑わしいし、そうかといって耳栓や綿を詰めてみても、たとえウマがそのようなものをおとなしく着けさせたとしても、それで完全に外耳道を塞ぐことができているのかどうか判断のしようがないのである〔だから、何か別の方策を講じて関与しているか否かを調べてみなければならない〕。ともかく、それらの結果次第では、嗅覚や皮膚感覚も検証してみる必要がある。それでもまだ確かなことがわからなければ、下等動物には備わっているといわれてはいても、まだ何もよく知られてはいない類の感覚が問題になろう。といったように、どの感覚によるのか可能性は多岐にわたっていたから、調査者はあらゆる場合を想定して準備しておかねばならなかったし、調査が長期にわたることも覚悟しなければならなかった。

5つ目は実験結果の**記録**の問題。1回テストするたびに、すべての本質的な条件を確認しつつ、即座にその場で結果を必ず記録した。

6つ目は実験結果の**活用**の問題。当然ながら、他の大多数のテスト結果とかけ離れたものであろうと他と矛盾していようと、すべての結果を事例解明の資料として用いるという条件を遵守した。

B　実験結果

以下に述べる諸実験の際、ハンスには通常通り腹帯や軽易な面繋（おもがい）、轡（くつわ）といった馬具を装着しておいた。手綱は質問者役（たまに馬丁）が軽く持っていたこともあれば、誰も持ったり繋いだりしなかった場合もあった（その場合は、手綱を胴部分に巻きつけられているベルト状の腹帯の背部分にゆるく括りつけておいた）。質問するときは誰も（特殊な実験をする場合以外は）、フォン・オステン氏がいつもそうしているように、ハンスの右側に立った（**図1**参照）。ハンスが正しく答えたときには、実験者[13]のみがパンやニンジン、ときには角砂糖を褒美として与えた。一度たりとも（ムチや何かで）叩いたことはない。ハンスの運動のために中庭で時々、人が騎乗して走らせたり、あるいは手綱を解いて自由に駆け回らせたりした。実験の場には、私のほかに大抵、シュトゥンプフ教授と記録係のホルンボ

【図1】ハンスと質問者の立ち位置

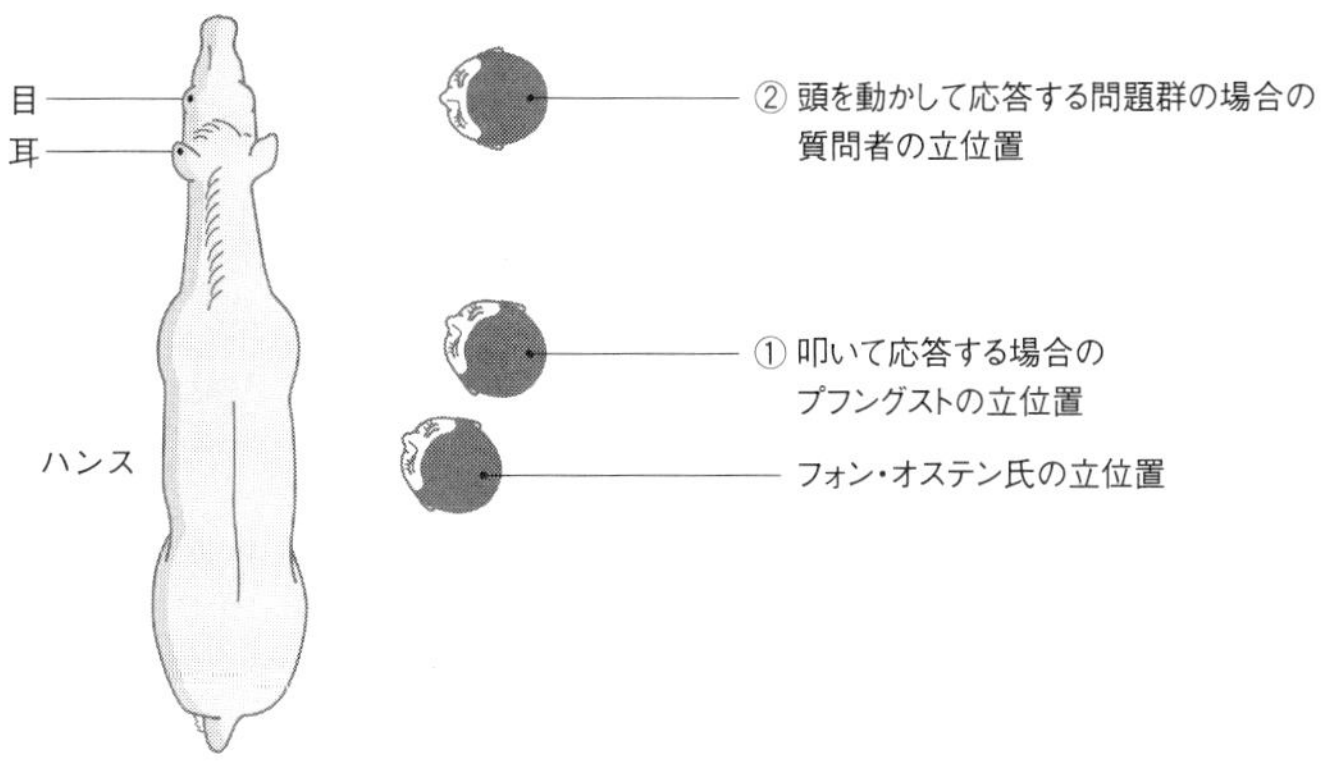

ステル博士がいた。フォン・オステン氏にもしばしば参加してもらった。幾度かは私1人の状態でテストしたこともある。馬小屋でなされたテストの結果は、〔テント内外いずれであれ〕中庭で行われたテストの結果とまったく差がなかった。ハンスの叩いた数に疑問が生じたとき（滅多に起こりはしなかった）には、その問題によるテストをただちに繰り返した。

これから記す実験の結果の報告を読まれるにあたっては、この場合のような実験〔つまり野外で動物を使ってのいわば現場実験〕では、心理学の、実験室で行う実験（実験室実験）とは違って、各実験のテストの順序や配置を完全に規則通りに守って行うことなど到底できるものではないということをあらかじめご了解いただきたい。なにしろ絶え間なく起こる下記のような、様々な外的な障害を乗り越えながらテストを続けなければならなかったのである。例えば、続々と押し寄せる好奇心に満ちた見物人たち、悪天候、ハンスに特有の癖（例えば、テントが風にはためくたびに驚いて横飛びする）、そしてフォン・オステン氏の特異な性格（最後に挙げたからとて決して生やさしい障害ではなく、始終、実験に口を挟んでテストを妨げようとした）等々、枚挙にいとまがない。

見ているとすぐにわかることなのだが、ハンスは問題に応じて、①前足で叩く、②頭を動かす〔首を振る〕、③〔問題あるいは命令の〕対象のところへ行く、というまったく異なった過程を経て答えを示している。だから、実験の結果も応答過程に従って3通りの問題群に分けて記すことにする。

1　前足で叩いて応答する問題群の場合

(1) ハンスには思考力が備わっているのか?——「知らない試験法」による実験

以下のような種々のかたちの**知らない試験法**を用いて、つまり様々な方策を講じて実験の場に居合わせる人たち全員、わけても実験者（質問者）自身が問題の答えを知ってしまわないようにして、実験者にハンスに向かって質問させ、どのような答えが出るかを調べる方法によって、果たしてハンスは叩いて応答する問題に対して、自分で考えて答えているのか否かを検証した。

まず、ハンスが数字を読めるのか否かを判定するための「知らない試験」。1枚に1つの数字だけしか記されていない厚紙のカードを質問者にもその場にいる他の誰にも数字が見えないようにしてハンスだけに見せ、次に読み取った数だけ叩いてみせるようハンスに命令するという方法がとられた。そのような「質問者だけではなく実験の場に居合わせる全員が答えを知らない」テストを全部で49回行ったが、その際、1回ごとに交互に「質問者が答えを知っている」テストも全部で42回行った。その結果は、「質問者側全員が答えを知らない」テストでの正答率は8%で、「質問者が答えを知っている」テストの正答率は98%だった。その一例として、ほかならぬフォン・オステン氏が質問者となった一連のテストの最初の部分の結果を掲げておこう（**表1**）。

要するに、質問者が答えを知っているときは、ほとんどハンスは正しく答え、質問者側全員が答えを

【表1】

	カードの数字	叩いた数	
答えを知らないテスト	8	14	
答えを知っているテスト	8	8	
答えを知らないテスト	4	8	
答えを知っているテスト	4	4	
答えを知らないテスト	7	9	
答えを知っているテスト	7	7	
答えを知らないテスト	10	17	
答えを知っているテスト	10	10	
答えを知らないテスト	3	9	
答えを知っているテスト	3	3	等々

知らないときは、大抵間違っているのだ。後者のような〔テントで隔離したうえに、質問者が答えを知らないという〕条件下で、ごく稀に正答が出ても、それは偶然と見なされるべきだろう。したがって、ハンスは他からの何らかの助けがなければ、**数字を読むことなどまったくできない**というほかないのだ。

次に、ハンスが単語つまり一般の文字を読めるか否かを調べるための「知らない試験」は、以下のようにして行った。「ハンス」とか「馬小屋」、種々の色の名前といったハンスがよく知っているはずの単語を黒い厚紙[14]のカードの上に、第1章に記したようにハンスはドイツ・アルファベットの小文字しか知らないということなので、小文字（註（9）参照）だけで"hans"「ハンス」や"stall"「馬小屋」といったように書き、それらのカードを数枚ハンスの前に1列にぶら下げた。質問者には、どのような単語が取り上げられているのかは見てとれたとしても、個々の単語がカード列の何番目のカードに書かれているかまでは、とっさには見分けられはしないのである。まず、そういう「質問者が正答を知らない」状態で、ハンスに「『ハンス』と書かれているのは何番目（フォン・オステン氏の決めた規則に従い、左から右へ数える）のカードか？」とか「『馬小屋』と書かれているのは何番目のカードか？」などと訊ねた。正確を期するために、同じ問題をもう一度ハンスに訊ねたのだが、そのときは質問者はカード列をよく見て位置を確認し「質問者が正答を知っている状態」で行った。そのようにして「知らない」テストを12回、「知っている」テストを14回、両者を交互に行った。「知らない」テストの正答率は0％で、「知っている」テストの正答率は100％だった。要するにハンスは、**一般の文字つまりドイツ・アルファベットの文字も1字たりとも読めないのである。**

ならば、単語を綴れるという話はどうなのかと思い、ハンスに向かって3つの言葉を言って試してみた。その方法はすでに9頁に記したように（フォン・オステン氏が作成した）文字・記号一覧表を使って行われる（口絵写真参照）。1つの文字を表すためには、その文字のところに振ってある数字をもとに、例えばkならまず3列目にあり、次にその列の5番目にある字であることを順に叩いて示すことになっているから、都合2回答えなければならない。まず私（実験者）は、質問する単語の各文字が文字・記号一覧表上のどの位置にあるのかを「知らない状態」でテストした。ただし、aはドイツ・アルファベットの最初の文字だから当然、表の最初に書かれていると知っているし、もう1つsの位置だけはわざと前もって確認しておいたからわかっていた。ハンスに綴るように言ったのは、文字・記号一覧表上の文字に従えば、"arm"「腕」や"rom"「ローマ」、"hans"「ハンス」となる単語である。結果は、私が位置を知らない文字についてはことごとく間違う、つまり各文字ごとに2度とも誤った数だけ叩き、それに対してaとsはどの単語でも正しく答えるというものだった。例えば「4・6、4・2、3・7」で表されるべき"rom"を「3・4、3・4、5・4」つまり"ij st"〔口絵写真の表を見るとstを連文字として一文字のように扱っているのがわかる〕と答えたのである。次に別の単語を3つ選び、今度は前もって各文字の表上の位置を丹念に確認して正答となる数を合計32個メモしてから質問すると、1つも間違わずに答えた。要するにハンスは、質問者の協力なしには**単語を綴ることはできない**のである。

計算能力については、次のような方策を講じての「知らない試験法」で検証した。初めにフォン・オステン氏が、ハンス以外の誰にも聞こえないように気をつけながら数を1つハンスの耳元で囁き、続いて私が同じようにして数を1つハンスに囁いて、ハンスにその2つの数を足せと命じたのである。当然フォン・オステン氏も私も自分が囁いた数しか知らず、合計した数を知る者がいるとすれば、それはハンスだけだ。ハンスが答えを出すと、その後すぐに互いに自分の囁いた数を教え合い、「質問者が正答を知っている状態」でテストした。62回のテストのうち、31回の「質問者が正答を知らない」テストでは3回正答が出、「正答を知っている」テストでは31回のうち正答が29回出た。この「正答を知らない」テストの3回の正答はまったく偶然に出たとしか考えられないから、これらのテスト結果はハンスは計

算することもできないということを示している。

では、ハンスは数を数えることくらいはできるのか。それを調べるには、ハンスに数を覚えさせるのに用いたという小学校用ロシア式計数器つまり百玉計数器（よく知られた教材で、10本の横棒のそれぞれに玉が10個ずつ通してある。**図2**参照）を使ってテストした。この計数器をハンスの前に置き、質問者はそれに背を向けて立つ。毎回、テストの前に質問者以外の者が玉を幾つか片側に寄せ、それから質問者がその数をハンスに訊ねる。その都度すぐに「質問者が正答を知っている」状態でテストする。このようにして8問試してみたが、そのうちの「正答を知っている」テストではハンスは毎回正しく答えたのに、「正答を知らない」テストでは1回も当たらなかった。例えば7個玉が寄せられているのに、最初は9、次は14と答えた。また玉が6個のときは、初めは12打、2回目は10打叩いた。単なる数え間違いとはとても思えない。ハンスが**数を数えられない**ことは火を見るよりも明らかである。

【図2】百玉計算器

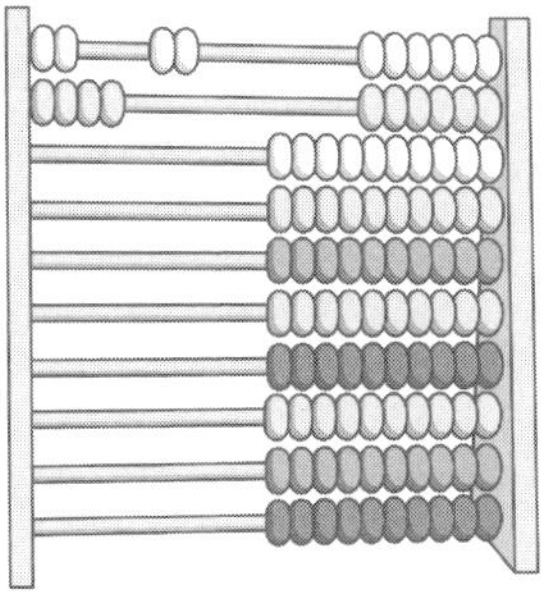

さらに記憶力も次のような方策で「知らない試験法」を施行して確かめた。それには、まず実験者が実験の場からちょっと離れ、その間に別の人がある1つの数とか曜日とかを念を押すように繰り返しハンスに言っておき、戻って来た実験者がハンスからその数なり曜日なりを聞き出したのである。告げられたことを復

唱できるといわれていたのに、10回テストして正答は2回しかなく、残り8回は誤答だった。しかも正答の出た2回のうち1回の答えは3だった。3という答えについては後に詳述するが、あらゆる状況下においてハンスから返ってきがちな数なので、3が正答として出ても、あまり意味がない。一方、誤答のほうを見ると、別の人から2と告げられていたのに、実験者がその数を訊ねるとまず7と答え、順次9、5、3と答えている。また8に対しては、5、6、4、6と叩いた。そして、水曜日と言われたときには、なんと週の第14番目の日と言われたと答えた。そこで、記憶力に基づく知識のうち特に賞賛されている暦のそれについて子細に調べようと思い、例えば2月29日とか11月12日といった日が、何曜日にあたるか質問してみた。ちなみに日曜日は1打、月曜日は2打叩いて示すように決められている。結果は、14問中10問が誤答で、4問が正答だった。ところが、この4問の正答が出た際に、極めて注目すべきことが起こっていた。それらのテストが終わった後、これまで実験の場にいたことがないのにその日に限って居合わせた馬丁が、4問の答えの曜日を知っていたと自分から言い出したのである。実は4問で取り上げた日はどれも、この実験をした日からせいぜい1週間程度しか離れていない日なので、たとえ頭の良くない者でも答えの曜日が簡単に見当がついて当然だから、馬丁の話は本当と思っていい。その一連のテストの際、もっとずっと離れた日の曜日の問題に移ったときには答えがわからなかったと馬丁は言い、〈調査記録によれば〉ハンスも間違っている。要するに、ハンスは暦についても何も知ってはいないのである。もはやトランプや硬貨についての知識など言及するまでもあるまい。**記憶力に基づくと称**

賛されてきた事柄は一つとて、検証に耐え得ず確認できなかったのである。

最後に音感についても次のようにして調べた。馬小屋に隣接する飼い葉置き場で、フォン・オステン氏がハンスの音感を養うのに用いてきたという1オクターブの音域〔第1章参照〕しかない小さなアコーディオンを誰かが鳴らし、隣の馬小屋にいるハンスに実験者が「今鳴った音の名前は何か」といった質問をして答えさせたのである。まず1音ずつ鳴らして絶対音感を検証した。「実験者が正答を知らない〔実験者は前もって鳴らす音を知らされてもいないし、絶対音感もない〕」状態で20回テストして、当たったのは1回だけで、それはともすれば出がちな3打で示されるミの音だった。19回の誤答のうち例えば、シ（7打）の音が鳴らされたときに11打叩いたが、そもそもハンスは1オクターブの音階しか習っていないのだから、9打以上叩いて示すべき音など知っていようはずがないのだ。「実験者が正答を知っている」テストでは、今度も全問正解だった。順々に2つ以上の音を鳴らして音程を訊ねたり、同時に2つ以上の音を鳴らしてその和音を分析するといったテストでも、同じような結果が出た。「正答を知らない」テスト（この場合にはもちろん実験者には正答がわかったが、意図的に正答の数を思い浮かべないようにした）では9問テストして1問たりとも当たらず、それに対して「正答を知っている」テストでは1問を除いてすべて正しく答えたのである。例えば、このような具合だった。3つの音が同時に鳴らされたとき、答えの数を思い浮かべないようにして、ハンスに「今いくつ音が鳴ったか？」と質問したら、最初は4と答え、もう1回テストすると1打叩いた。またド・ミ・ソ・ラ（1、3、5、6）が同時に鳴らされたとき、「快く響くようにするには、どの音をとらねばならないか？」と訊ねたら、これまでは必ず正しく答えていたということなのに、3度テストして3度とも間違った。最初は13（ハンスにとって存在するはずのない音）、次は2（質問の4つの音の中にない音）、3度目は3と答えたのである。要するに**音感があるというのも、錯覚**に過ぎないのである。

以上の実験結果を要約すると、こういえよう。どの場合も「実験者（質問者）が正答を知っている」テストのハンスの正答率が90〜100％であるのに対して、「実験者（質問者）側全員が正答を知らない」テストの正答率はせいぜい10％程度である。この10％という数値も、テスト条件から考えて、偶然によるものと見なされるべきだ。ただしフォン・オステン氏の〔「ハンスには思考力がある」という見解に対する〕熱烈な支持者である視学官グラボー氏は「質問者側が完全に（と彼は思った）答えを知らない」テストを数多く実施してみたところ、彼やフォン・オステン氏の眼前で、ハンスはほとんど正しく答えたと報告している。特に「4足す7」とか「12から6を引く」といった問題は、書いて示したとき正答率が高かったという（『教育・心理・病理・衛生学事報』ベルリン・1904年、6巻6号470頁）。この実験結果を詳細に分析してみようと思っても、テストの際の条件等がほとんど記されていないから分析のしようがない。だが、私はグラボー氏の得た素晴らしい結果は、〔質問者側全員が完全に正答を知り得ないようにするための〕適切な予防措置がとられていなかったために生じたに過ぎないと確信している。私も適切な予防措置を講じないでテストしたときに、ハンスからかなり多くの正答を得たことがあるのだ。もう一度、言っておこう。ハンスは文字を読むことも数を数えることも、計算することもできない。それに硬貨やトランプ、暦、時計などについても何も知らないし、ほんの一瞬前に言われた数でさえ、復唱することもできない。また、音感もその片鱗だに窺えない。

要するに、ハンスは明らかに自分で問題を解いたり音を感知し理解することなどできず、外界からの特定の刺激[15]〔つまり質問者からの、その人が「答えを知っている」がために生じる興奮によって発せられる刺激〕を受け取って動いているだけなのだ。

(2) いかなる刺激が関与しているのか?——「目隠し革装着」実験

そうとわかったとき、まず誰しもが抱くのは、こういう疑問だろう。「その刺激が発せられるのは、質問を言っているときなのか、それともその後の、ハンスが叩いて答えているときなのか?」

もしフォン・オステン氏の次のような主張が正しいのなら、ハンスから正答を得るためには、質問するという行為が決定的な役割を果たしているはずだ。「質問は声を大にして言わなくてもよく、私が心の中で質問を言えば、それで充分聞きとれている(いやはや著者ならずとも誰しも驚こう)。それはハンスが非常に鋭敏な聴力を持っているからである。だが、特別な策を講じてまったく聞こえないようにしてしまったら、ハンスは決して答えられない」。なんと不合理な突拍子もないことを言うのかと思うだろうが、よく考えてみると、まったく根拠のない話ともいいきれない。氏の根拠らしいことの1つは、ハンスにあれこれ覚えさせ始める少し前頃（1895年）にハンセンとレーマン3が、非常に耳のいい人の場合にはごく微かな囁き声でも、あるいは口を堅く閉じた状態で鼻息だけで囁くようにする、いわゆるネイザル・ウィスパーでさえも聞き取ることができることを立証し、それによって「思考移転（テレパシー、精神感応）」とされる多くの事例を説明しようとしていたこと（序文x頁参照）。もう1つは、ウマの専門家たちがみな一致して「ウマには極めて鋭敏な聴力が備わっている」と言っていることだ。そういった研究結果や専門家たちの見解を氏なりに取り入れ咀嚼して、ハンスの示す特異な現象を解釈しているに違いない。そして氏は、その奇妙な主張を裏づけるために、心の中で質問を言うことで生じる（と氏は考えている）音波がハンスの耳に届かないように、まず口からも鼻からも息が漏れないようにする、次は自分の口の前に厚紙を掲げて音がハンスの背・腰部の方へ流れてしまうようにする、そして裏付きの耳キャップを着けるといった方策を講じて試してみたのだという。結果は氏の予想通りで、ハンスは一度たりとも答えられなかったそうだ。逆に、鼻で息をしないようにはしても口は閉ざさなかったり、厚紙や手をかざして音がハンスの頭部の方にいくようにしたり、また耳キャップを着けたにしても薄い網目状の材質でできたものを使ったりしてテストしたら、人間には聞こえないのに、ハンスはそれを聞き取って答えたと語っている。それらの実験をすべて、フォン・オステン氏は私たちの面前で再現して見せてくれ、実際、結果は氏の言う通りで、聴覚刺激が遮断されたとおぼしき方法での20

回のテストでは95％が誤答（ハンスはいつも多く叩き過ぎた）で、反対に音が届くとされた方法での28回のテストでは、ハンスは1回も間違わなかった。

しかし、私が質問者となって聴覚刺激の遮断の方策を講じた場合とそうでない場合に分けて実験してみると、音が遮断されているはずの状態でも必ず正答が返ってきてフォン・オステン氏を驚かした。それどころか質問を心の中で囁きすらしないときでも正しく答えた。だから、口で言おうと言うまいと**質問するという行為自体は何の役割も果たしていない**と見なして間違いない。それにしても、質問を心の中で言うのであれば音波など生じていようはずもないのだから、氏の実験は物理学的な必要条件を真っ向から否定するものなのに、その結果が今述べた結論と反対のものだったのは、（ハンスは心で質問を囁くだけでも聞き取って答えるはずという）強い自己暗示が働いたためだとしか解釈のしようがない（これについては第5章で詳しく述べる）。

要するに、ハンスへの作用は、質問を言うなり思うなりしているときではなく、叩いている最中になされているのである。では、その作用はハンスのどの感覚器官を介してなされているのだろうか？

まず**視覚を介しているのか否かを調べる**ことから始めた。その方法は以下のようである。まずハンスの両目に一対の目隠し革を取りつける（実はフォン・オステン氏は、ハンスは嫌がると断定するように言っていたのだが、ハンスは少しも抵抗しなかった）。こうしておけば、質問者がハンスの右脇に立っても、質問者がそばにいる気配を感じとれ、声も聞きとれはするものの、その姿は見えない。その状態で叩いて応答する問題を出してみる。次は、質問者がハンスの正面寄りの位置に出て行って、ハンスからその姿が見えるようにしてもう一度、前と同じ質問をしてみる。

前者の姿を見せない方法でのテストの場合には、ハンスは必ずなんとかして実験者を見ようとし、実験者が目隠し革のせいで見えない視野領域へどんどん後退さりしていくと常に、ハンスも後退さりしてきた。また、手綱で繋いだまま姿を見せないテストをすると、これまで繋がれても抗ったりしたことなどないのに、すぐに手綱を引きちぎらんばかりに暴れ始めた。だから、ハンスが叩いて答えている間に質問者の姿を見たのか否か、はっきり断定できない場合がかなりあった。それで私はテスト結果を、ハンスが実験者を「見なかった」場合、「見た」場合のほかに、「どちらかわからない」場合という第3の項目を設けて分類することにした。

大きな目隠し革（15㎝×15㎝）を用いて合計102回テストしたときは、ハンスが質問者を「見なかった」場合が35回、「見た」場合は56回、残り11回が「どちらかわからない」場合で、それぞれの場合の正答率は「見なかった」場合が6％（これはわずか2問が正答ということ）、「見た」場合が89％、「どちらかわからない」場合が18％だった。ということは、ハンスは目隠し革によって妨げられて質問者が見えないときは答え始めさえせず、反対に質問者が見えるときは必ずといえるほど正しく答えられるということである。と同時に、誤答の原因が視覚刺激の遮断にのみあるのであって、決して目隠し革装着による煩わしさのせいでないことをも立証している。このテスト結果から要するに、ハンスは**視覚的合図**[16]**を必要**

としていると結論づけざるを得ない。

ただし、このような明確な結論は、前記の充分な大きさの目隠し革を用いて初めて得られたのだ。最初フォン・オステン氏は前述のように、目隠し革、特に大きなものはハンスが嫌がるからと言って着けさせてくれず、他の方法を提案してきた。まず試したのは、小さな厚紙を質問者の顔の前に掲げるという方法で、繰り返しテストして誤答が出たり正答が返ってきたり、反応がなかったりしているうちに、私自身が厚紙を持って質問する限りは正答が返ってくるが、誰か他の人が厚紙を持って私の顔を隠すようにすると正答がまったく出ないということがわかった。次に氏は、筒型のクッションのようなものを持って来て、それをハンスの顔の右側つまり質問者が立っている側に垂直にたらした。この方法でも、はっきりした結果は得られなかった。そこでやっと氏は目隠し革を着けることを承諾したのだが、持ってきたのはとても小さい目隠し革で、そのうえ氏がハンスが煩わしがるだろうからと言って、左右の目隠し革を繋いでいる額部分のベルトを切ってしまったので左右にぐっと開く恰好になり、ハンスの視野は通常と大差なく真後ろに近い部分の四分円程つまり90度位が遮られているだけになってしまった。したがって前述のように、あらゆる手段を尽くして質問者を見ようとするハンスが、目隠し革の縁越しに見なかったか否か断定するのが難しく、「どちらかわからない」場合が非常に多かった。合計108回のテストのうち、25回のみが「見なかった」と認め得る場合で、「見た」場合は44回、そして39回つまり全体の3分の1が「どちらかわからない」場合と判定せざるを得なかった。それぞれの場合の正答率は順に

24％、82％、72％。つまり、小さな目隠し革を用いた場合も、大きな目隠し革のとき同様、「見た」場合の正答率が「見なかった」場合のそれに比べて圧倒的に高く、「どちらかわからない」場合の正答率だけが大きな目隠しの場合と非常に違っているに過ぎないのである。

もし、われわれのように「どちらかわからない」場合という分類項目（決して私はこの項目に入れ過ぎてはおらず、むしろ少な過ぎるぐらいだ）を設けずに、それらを「見なかった」場合に数えてしまったら当然、フォン・オステン氏が言っているように、ハンスは視覚的な合図を必要としないと結論づけたくなっただろう。実際、少なからぬ人が実験結果の分類が不適切だったがために惑わされてしまっている。例えば、ツォーベル少将は『ナツィオナール・ツァイトゥング』紙（１９０４年8月28日付）でこう述べている。「私（少将）の要請に従ってフォン・オステン氏は、ハンスの右目を目隠しで覆ったので、ハンスには教師である氏の姿を見ることができなかったが、それでも正しく答えた」。だが、そのとき用いられた右目の目隠しというのは間違いなく、例の当てにならない筒型のクッションなのだ。また、シリングス氏も前記の小さな目隠し革を用いて一連のテストを行い、ハンスの正答率は50％以上だったと報告している。さらに「十二月鑑定書」が公表された数日後に数種の新聞（例えば『ベルリーナ・ターゲブラット』紙、１９０４年12月12日付）に掲載された実験報告によると、「ハンスに目隠し革を装着してテストしてみたが、それでもハンスは正しく答えた」ということだが、これも小さな目隠し革を使ってのもののようだ。補遺Ⅲ（284頁）に記された実験にしても、そのときフォン・オステン氏は質問者の背後に身を隠していて、時々声をかけてハンスを励ましただけだったとしているが、実際に氏がどの程度ハンスの視界から消えていたか定かではないのである。

以上の目隠し革実験の結果のほかに、次の3つの事実も明らかになっている。1つは、ハンスは決して数えるべき人や物、読むべき文字の方を一瞥もしていない（確信を持ってそう判断できる場合がかなり頻繁にあった）のに正しく答え、そのとき懸命になって見ようとしていたのは決まって**質問者**の姿だったということ（40頁参照）。2つ目は、フォン・オステン氏とハンスをテントの外と内に離し、ハンスからは氏の姿がテント布に遮られて見えないようにしてテストしたときには、ハンスは1問も正しく答えられなかったのに、氏が飼い葉置き場にいて馬小屋に通ずる戸を少し、ハンスから氏の姿が見えるくらい開けておいたら、全問正解したこと。3つ目は、夕方、暗くなるにつれて必ず叩く数を間違えがちになること。

これらの実験結果や観察結果を考えあわせると、ハンスが質問に応じて答えの数だけ叩くその行動〔叩く応答行動〕には視覚刺激が決定的な役割を果たしていると結論づけても、もはや疑問の余地はあるまい。

もちろん、視覚が他の感覚と協調して働いている可能性も否定はできないが、叩く応答行動の場合には少なくとも**聴覚**は関与してはいない。その根拠の1つは、ハンスが叩いている間中ずっと、質問を与えるときと同様に、黙っていても期待した数だけ叩いてやめたということ。２つ目は、ハンスが叩いている間に試しに聴覚刺激を与えてみても大抵、平然と叩き続けたことである。つまり、どのような問題でもいい、ハンスが叩いて答えている最中に実験者あるいは実験の場にいつも居合わせる者の一人があらかじめ取り決めておいた瞬間に、「やめ！」とか「間違い！」などと大声でかけ声をかけてみても、ほとんどの場合、効果がなかったのである。たしかに居合わせた者のときは21回テストして7回効果があったが、実験者（プフングスト）がひょっとしたら微細な動きが関与しているのかもしれないと考えて、どこも自分の身体が動かないようにして掛け声をかけてみたら、もし聴覚が関与しているのなら他の人の場合よりはるかに効果があってもいいはずなのに、有効だったのは14回のテストのうちわずか2回だけで、最後には大声で叫んでもみたが、10回のうち1度たりとも叩くのを中断しなかったのだ。おそらく叩きやめたのは、かけ声をかけると大抵、当人にそのつもりがなくても身体[17]のどこかが、ほんのかすかながら動いてしまい、〔後述するように〕その微細な動きにハンスが異常な素早さで反応したからだろう。この実験結果は、いつ質問されてもハンスはまったくといっていいほど耳を動かさないという、かのアマチュア競馬の花形騎手ヘンリー・ズェルモント氏がお墨付きを与えている事実と符合している。極めて注意深く、しかも決して元気がないというわけでもないウマなのに、声がしても耳を動かさないのはなんとも奇妙なことだが、実際、私にもハンスがテスト中に1度であれ私の方に耳を向けたという記憶がないのである。

最後に実験者の**呼吸・息づかい**の関与についていうと、実験者がテスト中に息を止めたり、答えの数だけ叩いた瞬間にハンスの脚や体に息を吹きかけたりしてみたが、何の影響も見られなかった。

(3) 合図の発見と確認

ここまで調査を進めてきたところで、もうこれ以上どの感覚を介しているのか調べる必要がなくなった。というのは、フォン・オステン氏を観察するうちに、**真に有効な**〔つまりキーポイントというべき〕**合図**を発見できたからだ。それは実験者の**頭のごく微細な動き**なのである。

実験者は質問を言い終わると、その頭と上体をわずかに前方に傾ける。するとハンスは右前足を前に出して叩き始める。だが、叩くたびに右足を引っ込めて元の位置に戻したりはしない。ハンスの叩く打数が期待する数に達すると、質問者はその頭を極めて微細ながら一度ピクッと上方へ動かす。するとハンスはただちに右足を大きく弧を描くように動かして、元の〔叩き始める前の〕位置に戻す(以下では、この動きを「**右足を戻す動き**」と記し、これはハンスの答えの数には含めない)。そのようにしてハンスが叩くのをやめると、今や遅しとばかりに、質問者はその頭と上体を正常時の〔すなわちテストを行っていないときの〕高さまで上げる。だから、この2番目のかなり大きな動きは、右足を戻す動きをせよという信号[18]ではない。必ず右足を戻す動きの後で起こっているのである。しかし、この2番目の動きが起こらないと、左足でもう1打叩く。左足を使うのは、元の位置にすでに戻してしまった右足ではとっさには叩き始められないからだ。

実際に、質問者の、これらの動き〔つまり質問する都度といっていいほど繰り返し見られる、質問者の上方への微細な頭の動き[19]〕が、ハンスが足で叩いている際に、〔それを中断して元の位置に戻すのか、それとも続けるかを〕左右しているのだといえるためには、次の4つの要件が満たされていなければならないのであるが、検証の結果、間違いなくこれらを満たしていることが確認された。

以下に要件と、それらに対する検証の過程と結果について述べておこう。

第1の要件は、フォン・オステン氏がハンスから正答を得たときは毎回必ず、〔ピクッとする上方への微細な頭の〕動きが認められること。

第2は、ハンスから正答を得たときはそれが誰であれ必ず、人によって多少の大きさ等の違いはあるにしても、同じように〔ピクッと上方への頭の〕動きが起こっていること。逆にハンスから誤答しか返ってこないときは、〔上方へ〕動いたとしても早すぎたり遅すぎたりして、タイミングがずれてしまっていること。

第3は、正答を得たすべての場合において、質問者の〔上方への微細な頭の〕動きがそれに対応するハンスの動きに必ず先んじて起こっていること。

第4は、質問者がその合図を意図的に抑えれば必ず、しかるべきときにハンスに〔右足を戻すことを〕させないようにできる、しかし随意に合図を送れば[20]、まるで手品のように望む通りに、どんな成果でも得ることができる〔つまりどんな数でも、どんな叩き方でもさせることができる〕こと。すなわち〔頭を上方に動かす〕合図を習得しさえすれば、誰でもがハンスを自由自在に操れること。

まず第1の要件、つまり正答を得たときに、フォン・オステン氏に期待する〔つまりピクッとする頭の上方への〕動きが規則的に反復して起きているか否かについていうと、それらは間違いなく毎回、認められた。何回か観察するうちに、私はその動きの起こり方〔第4章参照のこと〕や大きさまで毎回、正確に捉えられるようにさえなった。もちろん、それはたやすいことではなかった。それは、氏のその動きが途方もなく微細であるためばかりではない。なにしろ氏はもともと多動な人で、絶えず身を揺するような動きをし、しかも始終、振り子のようにウマの頭部と尻尾の間を往ったり来たりしているのである。それら諸々の動きの中から、キーポイントというべき〔頭の上方への〕動きを見つけ出すのは至難を極めた。氏の〔頭のピクッとする〕動きについての私の知覚結果が正しいことは、シュトゥンプフ教授とホルンボステル博士によって確認された。

〔第2の要件について〕シリングス氏の場合には、その〔頭のピクッとする〕動きがかなり大きく、かつ随伴する余分な動きが非常に少ないから、フォン・オステン氏の場合よりも、ずっと容易に見つけることができた。しかも大抵の場合、〔頭が上方へ動くと〕同時に上体全体も少しではあるが上がるので、背中を見ていてさえわかった。また、カステル伯やハーン教諭、マトゥシュカ伯たちの場合も、前両氏と同じように〔頭がピクッと上方へ〕動くのが見て取れた。これら3人のその動きはシリングス氏のそれよりもやや微細だが、フォン・オステン氏の動き[21]ほど微細ではない。また、マトゥシュカ伯とシリングス氏は大抵の場合、ハンスが叩くのに合わせて、自分の頭をかすかに頷くように動かしていて「最後の1打」〔つまり質問者が期待している数からいって最後となるべき1打〕が強く叩かれると、ピクッと上へ頭を上げる。ハンスが叩くのに拍子を合わせているのである。また、この3人の場合には、フォン・オステン氏やシリングス氏に比べるとハンスから誤答が返ってきがちなのだが、そういうときは必ずといっていいほど、彼らのピクッとする頭の動きが遅すぎたり早すぎたりしてタイミングがずれていた。他の、どんなに懸命に試してみても一度たりともハンスから正答を引き出せない幾人かの場合には、そのタイミングのずれがいっそう甚だしかったり、ときにはその〔上方への〕動きがまったく起こっていなかった。私も〔頭をピクッと上方へ〕動かしていることがシュトゥンプフ教授とフォン・ホルンボステル博士そしてF・シューマン教授によって確認された。同じ3人によって、シリングス氏の〔上方へのピクッとする頭の〕動きに対する私の知覚の正しさも裏づけられた。

それにしても、フォン・オステン氏の〔上方への頭の〕動きは他の誰よりも微細だとシュトゥンプフ教授たちも認めており、私の〔上方への〕動きも「ごく微細で、しばしば見落としそうになるほどだ」とのことだ。実際、上記の両教授と博士の3人を含めて、これまで幾度となく私がハンスから正答を得ているところを見たことのある人たちの誰も、私が合図について説明しないままだと、いくら目を凝らしてよく私を観察してもらっても、一度たりとも〔頭の上方へのピクッとする動きを〕見て取れはしなかったのである。

さて、〔第3の要件である〕質問者の頭の上方への動きがハンスの右足を元に戻す動きに先行して起こっていることという点について、実際にそうであるのか否か疑義が呈せられた。質問者の頭の動きはハンスの右足を元に戻す動きが起こり始めた直後に生じているのではないか、つまり両者の時間的な関係を私が誤認しているのではないか、というのである。そこで次のような方法で**測定**して時間的な関係を確認することにした。

まず、質問者が通常通りのやり方で5から20まで（たまに、それ以上の数のときもあった）の、いずれかの数をハンスに叩かせる。だがその際、質問者はわざと叩かせたい数を声に出して言わずに、テストが終わってから他の人に知らせる。それは、質問者が数を声に出して言おうが言うまいが、ハンスにとってはどうでもいいことであり（39頁参照）、時間を測定する者にとっては、前もって知ってしまった答えによって測定を左右されずに済むからである。毎回、測定者は2人で、1人は質問者を担当してその頭の動きを注視し、もう1人はウマを担当してその足の動きに注意を向ける。2人とも最小単位時間の目盛りが0・2（＝1／5）秒のストップウォッチを持つ。そのストップウォッチの大きいほうの文字盤には0・2秒の目盛が刻まれていて〔長い〕秒針が回り、〔その片隅の〕小さな文字盤では〔短い〕分針が回るようになっている。龍頭（ボタン）を押すと即座に両針が動きだし、もう1度押せばただちに両針とも止まる。動き出してから止まるまでの時間の経過は、両文字盤上に表れるわけである。さらにもう1度押せば針はゼロに戻り、次のテストができる状態になる。2人の測定者はあらかじめ決められた瞬間、大抵はハンスが3打叩いた瞬間に、同時にストップウォッチをスタートさせる。実際に、この実験に必要な範囲の正確さで同時にスタートさせられることは、予備テストによって確認されている。質問者の担当者は、質問者の〔上方への〕頭の動きを認めたらすぐストップウォッチを止め、ウマの担当者は右足を戻す動きに気づいたらただちに止める。右足を戻す動きは、瞬間的に起こる上方への頭の動きと違って、かなり大きな叩く動作のうちのある時点で開始されるから、果たしてその時点をうまく捉えてストップウォッチを止められるかどうかが問題だったが、とにかく測定者が右足を戻す動きだと認識したら、その瞬間に反応してストップウォッチを止めることにした。すなわち、ハンスが足を上げてすでに蹄が地面から離れたその瞬間ではなく（この段階では足を上げたのが、叩き始める前の元の位置に戻すためなのか、それとも、もう1打叩くためなのか、判然としない）、といって完全に元の位置に戻してしまってからでもなく、間違いなく元の位置に戻すつもりだと感じた瞬間に龍頭を押すのである。誰が測定者になっても、この瞬間の認識にずれがなく一致していることは、予備実験の結果から明らかだった。右足を元に戻した後、左足で1打叩こうが叩くまいが、それはここでは問題にしない。2つのストップウォッチが示す時間の差が、質問者の頭の上方への動きが起きた瞬間とハンスの右足を戻す動きが確実に始まった瞬間との時間差[22]である。もし本当に右足を戻す動きが質問者の頭の上方への動きに基づいて起こる反応であるならば、ハンスの足を戻す動きの測定値のほうが、質問者の動きの測定

【表2】

質問者＼測定者	ホルンボステル		プフングスト		シューマン		シュトンプフ	
	I	II	I	II	I	II	I	II
フォン・オステン	9	15	34	17	—	—	8	27
プフングスト	6	13	—	—	—	—	9	—
シリングス	—	—	19	17	6	16	—	—

値よりも大きくて時間的に後だといえる数値になるはずだ。

測定は、フォン・オステン氏、シリングス氏それに私を質問者として行われた。前二者はまったく「知らない状態」で、つまり実験の本当の目的を知らないまま質問者役を務め、少しも彼ら自身が観察対象になっていることに気づきはしなかった。彼らには「ハンスの叩く速度を測定するため」と言っておいた。私については、ことの成り行き上、「知った状態」でしか測定しようがなかったのであるが、知っていることによる影響を極力排除して実験できたと確信している（97頁および166頁参照）。シリングス氏が質問者である場合の測定結果と、私が質問者の場合の結果がほぼ同じであることからしても、私の結果が客観的に見て2人のそれと同等の価値を持つことは明らかだろう。

この測定実験のテスト回数は**表2**の通りである。左欄の名前はハンスに質問した者を示し、上欄の名前は質問者がピクッと動く時間を測定した者を示している。ハンスの動く時間を測定した者の名前は省いた。測定が難しいのは、質問者の動きのほうだったからだ。Ⅰは1度目の実験を、Ⅱは2度目の実験を表す。実験Ⅰと実験Ⅱは日時をずらして行われ

【表3】

質問者＼測定者		ホルンボステル I	ホルンボステル II	プフングスト I	プフングスト II	シューマン I	シューマン II	シュトゥンプフ I	シュトゥンプフ II
フォン・オステン	正	44%	60%	62%	88%	−	−	0%	48%
	誤	56%	20%	12%	0%	−	−	100%	22%
プフングスト	正	100%	92%	−	−	−	−	100%	−
	誤	0%	0%	−	−	−	−	0%	−
シリングス	正	−	−	74%	100%	83%	100%	−	−
	誤	−	−	5%	0%	17%	0%	−	−

た。この表では、無言で命令された数だけハンスが叩き終わったにもかかわらず、測定者が質問者のピクッとする動きを捉えることができなくてストップウォッチを止められなかった場合は、テスト回数から除いてある。そういう場合の回数は、ホルンボステル博士が測定者のときに4回、プフングストのときに2回、シューマン教授のときに2回、そしてシュトゥンプフ教授のときに5回だった。私の場合には2回とも、すでにハンスが50打などという異常に多い回数叩き、測定者である私がもう20秒以上も注意を集中した末に（測定に最も適しているのは2秒間位だ！）、注意の動揺をきたしていたときに、フォン・オステン氏の頭がピクッと動いたので、私はそれに気づかなかったのである。

実験の結果は、**表3**に示す通りである。表の書き方は表2に準ずる。テストの回数は少ないが、全体像をつかみやすいように、すべてパーセンテージで表示した。「正」というのは、私の予想通りに、質問者の頭の上方への動きのほうがハンスの右足を戻す動きより早く起きた場合を示す。「誤」は、予想とは逆の測定結果が出て、私の主張が間違っているかもしれない場合。正誤を合わせて100％になっていない場合のその差は、ここに特に記しはしなかったが、問題の2つの動きが「同時に起こった場合」のパーセンテージである。

この表から次のようなことがいえる。私プフングストとシリングス氏が質問者になった場合の測定結果はかなり一致していて、質問者のピクッとする頭の動きとハンスの右足を戻す動きが起こる順序が予想通りであることを示している。少しではあるが、シリングス氏が質問者のときの実験Ⅰで逆の結果が出ているのは、このとき初めて彼が観察の対象になったからだろう。それに対して私の場合には、測定者たちが予備実験ですでに何回となく観察しているので、実験Ⅰのときすでに私の動きにかなり慣れていたのである。

フォン・オステン氏の場合には、予想に反する結果が相当出ている。もしある一連のテストの結果が50％以上「正」であれば、それは予想通りであることの証拠であるということにして、氏の場合について判断しようにも、そのようなテスト結果は6連のうち半分の3連しかないから、その尺度ではどちらとも判定しようがない。そもそも氏のテスト結果では、2つの動きが同時に起きた場合が6連のテストのうち4連で相当数（その％ひいてはその数は「正」「誤」の％とテスト回数から容易に算出できる）出ているから、上述の50％尺度を適用したら不適切な結論に至ってしまう。だから、「正」「誤」いずれもが50％を越えていなくても、例えば「正」の％が「誤」の％よりも多ければ予想通りと判断することにしたほうがより正確だろう。それに実験Ⅰと実験Ⅱを比べてみると、「正」「誤」の割合が、どの測定者の場合も（特にシュトゥンプフ教授の場合には）質問者が誰であっても大きく違っていて、例外なく実験Ⅱでは「正」の割合が圧倒的に多くなっている。ということは、測定には練習が大事であり、いわばぶっつけ本番だった実験Ⅰの結果よりも、〔実験Ⅰで〕練習を積んだ後の実験Ⅱの結果のほうが決定的に重要だということになるだろう。測定対象がフォン・オステン氏のときとて、同じように練習が大事だったに違いない。だからこの表は、予想通りの時間関係を立証していると解釈して間違いない。では、なぜフォン・オステン氏の場合、他の人の場合に比べて「誤」の割合が高かったのか。それは決定的な動き（つまり上方への頭の動き）が他の2人の質問者よりも、ずっと微細で知覚しにくいためである（47頁参照）。もし氏に断られず計画通りに3度目の実験が行われたならば、シリングス氏や私の場合と同じような結果が得られたはずだ。

そうこうしているうちに、次の4で述べる別の決定的な証拠によって、〔質問者の上方への動きが先であることが〕明確に立証され、あらゆる疑念が完全に払拭された。

その証拠について述べる前に、ハンスが反応に要する時間、すなわち質問者が「終わりの合図」（つまり期待する数まで叩かれたからこれで終わりだと思って、われ知らず表してしまう徴候ひいては合図。第3章参照）を実際に（本当に）発した瞬間からハンスの反応（右足を戻す動き）が生じる瞬間までの時間について手短に記しておく。この時間は残念ながら直接測定することはできない。私たちが測定で知ることができるのは、一方の測定者が質問者の頭が上方へと動いたと感じて竜頭を押した瞬間から、他方の測定者がハンスの反応が確実に始まったと認識し得る瞬間（50頁）までの間の時間でしかない。その時間は、127回の測定値[23]の平均から0・45秒とわかる。さて、ハンスが実際に反応し始めた時間と測定者が反応が間違いなく始まったと認識するまでの不可避の誤差は0・15秒〔第4章の「実験室における実験」での実験結果を〕綿密に検討した結果得たのであるが、ここでは、その経緯については述べない）である。それにより先の0・45秒という測定値を補正すれば、ハンスの実際の反応時間[24]は約0・3秒ということになる。

(4) 合図の随意な操作による決定的な確認

さて、ハンスの叩く応答行動〔つまり叩き始めたり右足を戻して完全に叩きやめたりする行動〕——そして他のどの応答行動等も——が、質問者から発せられる特定の幾つかの視覚刺激に対する反応、すなわち刺激が発せられた後に起こる行動にほかならないことが、以下のようにして疑問の余地なく立証された。すなわち質問者のピクッする上方への頭の動きや、（この後すぐに述べる）他の動きを**随意に**〔**故意に**〕**起こすこと**によって、いつでもハンスを自在に操って、どんな数でも叩かせられたのである〔よって第4の要件も満たされた〕。要するに分析的な調査結果の正否が、〔その分析によって判明した要素を〕人為的に合成したものを試金石として立証されたのだ。

随意な操作による検証の過程と結果を順々に手短に述べておこう。まず、質問者が直立したままでいると、何をどう訊ねても一度たりとも答えが得られなかった。ところが、質問者がわずかに身体を前に傾けてみたら、質問しようとしまいとハンスは即座に叩き始めたのである。残念なことに、このことに調査開始後なかなか気がつかなかったのだが、考えてみれば、質問者が質問を言い終わるとその都度、ハンスの足を見ようとして、それがたとえほんのわずかではあれ、身体を傾けるのは当然なことだ。なにしろハンスからの答えはその「言語器官」である前足から発せられるほかないのである。ハンスは、私がその傍らでテスト結果をメモしようとしてわずかに身を屈めただけでも、必ず叩き始める始末だった。実は胴体は真っ直ぐのままでも、頭を少し下げさえすれば、それだけで充分なのだ。頭だけを下げるようにして30回テストし、29回叩き始めさせることができたのである。

このようにして一度叩き始めると、ハンスは質問者が姿勢を真っ直ぐにするまで叩き続けた。例えば私が「13まで叩け」と命じてから、身体を前傾させ20打になるまで意図的にじっとしていたら、ハンスは20打までひたすら叩いたのである。「3足す4でいくつか？」と質問しておいて14打叩いたときに初めて動いたら、14打でやめた。この種のテストを26回行い、毎回同じような結果を得た。

この種の〔つまり上方へ頭をピクッと動かす〕「終わりの合図」を随意に送ってみたら、ハンスはそれに反応して「右足を戻す動き」をした。けれども、「最後の1打」に引き続いて起こる「右足を戻す動き」の起き方は一様ではなく、その時々によって幾分違っていた。この微妙な違いは、これまではハンスの知性の表れと賛美されてきたのだが、実は「最後の1打」と「終わりの合図」との時間差〔すなわち「終わりの合図」が発せられたときにハンスの右前足、より正確にいうなら右前蹄が、期待する数からいって「最後の1打」となるはずの1打を形成する一連の動きの流れの中で、どの位置にあるか〕によって生じているのだ。4種類に分けられるが、図式化して（**図3～図6**）具体的に説明しよう。すべての図において、点線cdは地面の水平面を表す。d点は叩き始める前にハンスの右前足の蹄がある位置。a点およびc点は共に、叩く動作を続けている際に足が下ろされ蹄が着地する位置を示す（実際はaとcは同一地点なのだが、図ではわかりやすいように別の2点として表記）。実線が「右足を戻す動き」の像〔つまり質問者の上方へのピクッとする動きを知覚した瞬間から右足を弧を描くようにして元の位置に戻すまでの右蹄の移動の軌跡〕を表している。

今ハンスが引き続き叩こうとして右前足の蹄をa点からb点へ上げ（**図3**）、c点に下ろして**叩いた瞬間あるいはその直前に**「終わりの信号」を受け取ると、ハンスはただちに足を弧を描くようにしてc点からd点へと戻す。こういった「右足を戻す動き」方が一般的なパターンである。

もし「終わりの合図」の起こるのが、「最後の1打」が叩かれた**少し後**（**図4**）、つまり〔質問者にとっては余分な〕もう1打を叩こうとして足を上げかけたときであれば、その場合の「右足を戻す動き」方はabdというパターンとなる。すなわち、ハンスが「終わりの合図」を知覚した瞬間に、変化したインパルス"Impuls"（神経衝撃）[25]が足に送られるのである。その「右足を戻す動き」が、いかにも答えに自信がなくてハンスがためらっているかのように見えるのだ。

【図3】

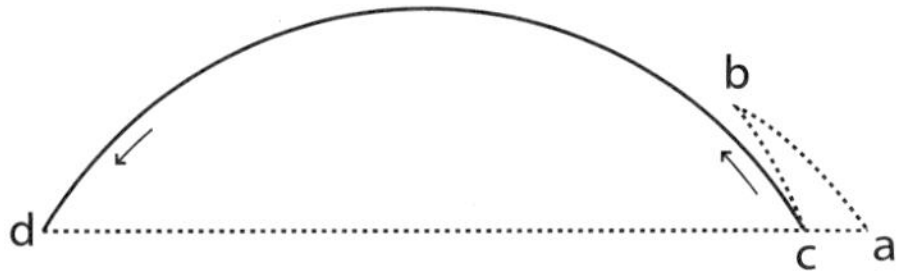

【図4】

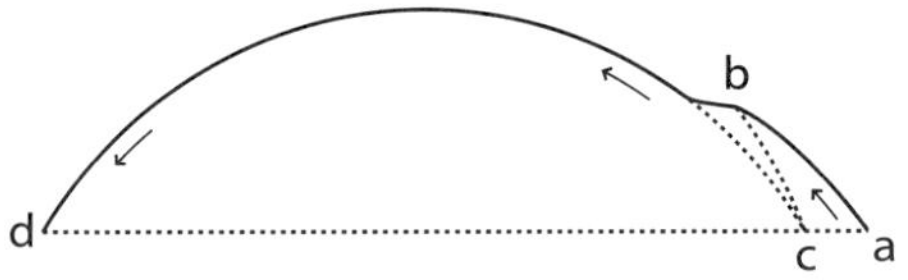

【図5】

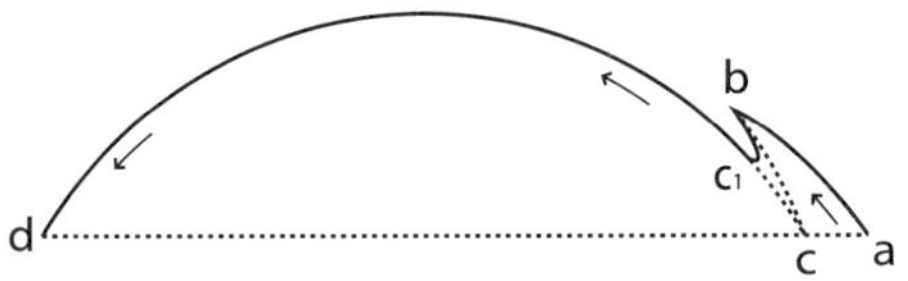

【図6】

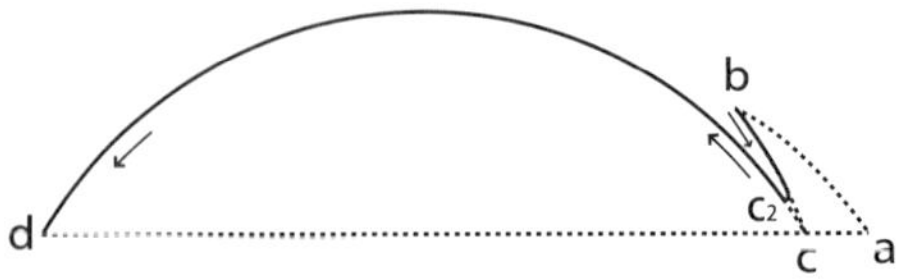

「終わりの合図」が**もっと遅く**（図5）、ハンスが新たに〔余分に〕もう1打叩こうとすでに足の蹄をc_1まで下げたときに与えられたときにはまだ、ハンスは足を上げ蹄を地面に触れさせることなくd点に戻

すことができる。これが、うっかりもう1打叩きそうになって寸前にハンスがそれに気づいたかのような印象を与えるのだ。

「終わりの合図」が**さらに遅い**時点で送られると、もはや1打余分にならざるを得ない。「右足を戻す動き」自体は図3と同じパターンであるが、この場合は1打多く叩き過ぎつまり「+1」という〈間違いを犯す〉ことになる。

逆に、頭のピクッとする動きが**早く起こり過ぎる**と、すなわちハンスが「最後の1打」を叩こうと足を上げ蹄がまさに頂点bに至った瞬間に「終わりの合図」が発せられると（**図6**）、ハンスは蹄を地面c点に触れさせることなく、bc_2dという曲線を描いて足を元の位置に戻す。つまり「最後の1打」は完結せず、ハンスは1打少な過ぎてしまい、今度は「−1」という〈間違いを犯す〉ことになる。

このように「右足を戻す動き」に様々なパターンがあるということは、どの1打が「最後の1打」となるのか、ハンスが前もって知ってはいないということの一つの証拠といえよう。どのパターンの「右足を戻す動き」も、質問者は意図しないのに、それぞれ幾度となく起こっている。けれども、随意にある一つのパターンで右足を戻させるには、1打を叩くに要する時間が短いので、かなりの技術を要した。

今述べたどのタイミングであれ、「終わりの信号」を送った直後に、質問者が頭（と上体）を完全に真っ直ぐな状態にしたら、ハンスは叩くのをまったくやめた。ところが完全に真っ直ぐな状態に戻さないままにしてみたら、それどころかより深く前傾してみたら、ハンスは右前足を元に戻した後すぐにもう1

打、それも毎回、左前足で叩いた。この現象はフォン・オステン氏が質問者のときも起きており、さらにカテル伯やシリングス氏のときも見られた。この左足での1打は、右足でのいつもの叩き方とは違って、ハンスは足を前に出さずにその場で叩く。だから、通常の右足での叩き方よりも力を入れて叩くことができるので、文字通り足を踏み鳴らすということになる。それが、まるでハンスが確信ありげに「これこそが正しい答えなのだ、誰が何と言おうと変えるものか」と言っているかのように見える。だが、そのエネルギーに溢れ断固たるさまにもかかわらず、誤答である場合が少なくない。この左足の1打を右足叩きの途中で実験者の思うがままに何度も繰り返えさせ、それによってふらふらエネルギー不足のように見せることもできた。念を押すまでもないが、ハンスに全部右前足で叩かせるか、「最後の1打」を左前足で叩かせるかはまったく実験者の心理の問題であって、今までいわれていたようにハンスの気持ち次第などではないのである。

左前足で「最後の1打」を叩いた後もなお、質問者が自分の姿勢を完全に真っ直ぐにしないでいたら、ハンスはすぐに(再び叩き始められるようになった)右前足で叩き始めた。そこでまた質問者が頭をピクッと上方に動かしてみたら、先程と同様に右足を元に戻し再度、左足で1打叩いた。姿勢を完全に真っ直ぐにしない限り、こういった現象を何度でも繰り返し起こすことができた。かって私が100打叩かせようとしたときにも、私の意思に反して、つまり意図しないのに、一度このような現象が生じたことがある。「右足で39打」+「左足で1打」+「右足で24打」+「左足で1打」+「右で35打」+「左で1打」

と叩いたのだ。後には、随意に合図を送ってたやすく、「右足で1打」＋「左足で1打」＋「右足で1打」＋「左足で1打」というように左右交互に叩かせることすらできた。しかもハンスの慣れた右側ではなく、ハンスの左側に立って全部左足だけで叩かせることもできた。そういった左足での叩き方は、右足のいとも優雅な叩き方とは違って、非常にぎごちなく、いかにも身構えてしているようであり、エネルギーも余計に使うようだ。要するに、ハンスは長年の習慣から「右利きのウマ」になっているのである。

そこで〈質問者の不随意な、ピクッとする動きがキーポイントとなる合図であることの検証の一環として〉今度は、実験者からハンスまでの**距離**を変えて、どの程度までなら〈質問するだけで〉ハンスを操作できるのかを調べた。フォン・オステン氏が従来通りに中庭で質問する場合だけではなく、これまで述べてきた実験の際の誰のどのテストのときも、距離は25㎝から50㎝[26]以内だった。まず、距離を変えて70回テストしてみた結果はこうだった。これらのテストの際、質問者はほぼ例外なく、ハンスの右後方へ後退って距離を変えた[27]。3・5mまでは実験者の成功率〈謎の正体が不明なときのハンスの正答率に相当〉は極めて高く、3・5mから4mの間になると成功率は急に60〜70%に落ちた。さらに4mから4・5mの間となると成功率はいっそう落ちて3分の1程度になり、4・5m以上ではもはや正答は1つとてなかった。この70回のテストの一部は、フォン・オステン氏を質問者として、われわれの面前で行われたのであるが、〈氏は心の中で質問するときも音波が生じると〉間違って思い込んでいるから、どの程度までの距離なら声に出さない質問を〈つまり質問者の心の声を〉ハンスが聞き取れるのかを調べているのだと思っていたようだ。実際はハンスの動きを視知覚する能力つまり動態知覚力（動態視力あるいは動体視力、運動視力）の鋭敏度を調べていたのである。

〔さらなる検証の一つとして〕ハンスの傍らでの、実験者の立つ**位置**を様々に変えて試してみた結果はこうだった。質問者がハンスの右側つまり右横に立ってピクッと動く限り、常にハンスは正常な反応を示した。実験者がハンスの真っ正面の、顔と顔が向かい合うような位置に立ったときは、成功率は右横の場合と同程度ではあったが、必ずハンスは、たとえ手綱をどんなに短く持って押さえつけていても、あらん限りの力をふりしぼって首をねじって頭を脇腹の方へ向けようとした。そうしないと質問者を見ることができないからである。ハンスの真後ろに立って（ちなみに、この位置に立つのは、ハンスがすぐに後ろ脚で蹴り上げ始めるから注意を要する）質問してみると、その最中に質問者の姿を見ようとして身体全体をぐっと曲げ始め、見えるまで答えようとはしなかった。曲げられないようにしてみたら、首だけでも曲げようとし、それも常に右へめぐらそうとした。質問者がハンスに背を向けて立ってテストしても成功率は変わらなかった。まさしく「終わりの合図」は顔にではなく、頭に表れるということである。ともかくハンスは、各質問者がそれぞれに固有の、その人にとって通常の位置に立つ姿にすっかり馴染んでいる。ある日、私が長い間、質問するときにはほぼ例外なく立ってきたハンスの右肩の真横の位置ではなく、もっと後方の〔尻尾寄りの〕フォン・オステン氏の定位置に立って質問してみたら、なんとハンスはすぐさま、そんなことは大目に見るわけにはいかんといわんばかりに、私を見慣れた姿で見られる位置までずるずると後ずさりしてきてから答えたのだ。

〔検証を〕終えるにあたって、ハンスが叩くのを中断させられるのが質問者の〔頭の上方への、つまり上への垂直的な動きと水平的な動きとの2つから合成された〕動きであることが明らかになったにしても、実際に有効なのは**どういう種類の**〔いずれの〕**動き**なのかについて、さらに詳しく調べてみた。上へ上げる〔上へ垂直的に向かう〕動きが、「終わりの合図」として働くのだということがわかった。最も効果があったのは、頭を上へ持ち上げる動きだった。なんと眉を上げるだけでも、あるいは鼻にしわを寄せて〔鼻翼を上げるようにして〕も反応したのだが、そのとき一緒に頭が不随意にかすかながら上へ上がってしまうせいなのかどうかは、どんなに注意深く観察してみても見極めがつかなかった。また、フォン・オステン氏がごく稀にしてしまうように、頭を途方もなく微細に上へ上げてみたり、頭を〔俯いた状態から縦に〕弧を描くかのように持ち上げてすぐに下げたりしてみたときは効果がなかった。さらに、左右いずれであれ腕を上へ持ち上げるのも、ハンスに面した側の肘や身体全体を上へ上げるのも有効だったのである。それどころか、質問者が顔を隠すようにして手に持った厚紙を上へ上げる〔あるいは、その厚紙の後ろで質問者が身体を少し上げる〕だけでも、ハンスは右足を戻し始めた。

それに対して、頭を左や右へ、あるいは前や後へつまり水平方向へ動かしてみてもまったく効果がなかったのだ。手の動きとて同じことで、例の「ニンジンのいっぱい詰まったポケットに手を突っ込む」

動きをしてみても、平然と叩き続けた。また、叩いている間にハンスに近づいたり遠ざかったり、あるいは頭部や尻尾の方へ行ったり来たりして尾の後方にまで行っても、さらには身体を独楽のようにぐるっと回してみても同じことだった。

すなわち、どんなに様々な動きがなされようと、そこに真の「終わりの信号」が含まれていなければ決して「右足を戻す動き」は起こらないのである。そういうことがわかってみると、シリングス氏が以前、自分の動きによってハンスを攪乱させて叩きやめさせたりできないかどうか、あれこれ試してことごとく不首尾に終わり、その結果「ハンスは視覚的な徴候・合図によっては影響を受けない」と結論づけたのも致し方ないように思える。質問者の動きのわずかな違いによって叩くのを中断したりしなかったりするのだから、そういう操作実験をしてみる前に決定的な動きを発見できていなければ、どう動いて試すべきか見当すらつくはずもないのである。

要するに、ハンスが叩いているときにそれを中断させているのは、質問した後で〈ハンスの〉足を見ようとして下げてしまった質問者の頭がその位置・水準**より上へ**上がるその動きにほかならないのである。

ならば、その水準**より下へ**動かしたら、逆の効果が生じるのか。試してみたら、まさにそうなった。ハンスが期待する数にたどり着く前に叩きやめそうになった瞬間に、実験者がより深く身を屈めてみたら必ず叩き続けたのである。しかし同時に常に、叩く**速度**が速くなった。つまり、ハンスの叩く速度と質問者の前傾角度との間には、角度が小さければ小さいほど遅く、逆に角度が大きければ大きいほど速くなるという、いわば法則が成り立っているのだ。明らかにフォン・オステン氏も、比較的大きな数の答えを期待したときは常に、小さな数の場合に比べてより深く身を屈めており、それに対してハンスは即座に速い速度で叩き始めている。

こういった単なる観察の結果だけでは不充分なので、次のようにして測定してみた。例えば私が今20打叩くように求め、その間1打目から10打目が叩かれるまでは自分の前傾角度を一定に保ったままにし、10打目が叩かれたら即座にいっそう深く前傾し、20打目までその姿勢を保つことにして、前傾角度の違う前半と後半の所要時間を測るのである。もし前傾角度と叩く速度の間に前述したような相関関係があるなら、後半の10打を叩くのに要する時間は、前半の10打を叩く時間より短いはずである。このようなテストを34回行ったところ、実に31回で予想通りの結果が得られた。証拠として、そういった測定実験のうち、条件を少し変えて行った2例を挙げて説明しておこう。

1例目は、前傾角度をより細かく区分して、10回行ったテストごとに角度を変え、それら異なった角度による叩く速度の違いを調べたもの。どの角度のときも15打ずつ叩かせることにし、その間の3打目から13打目までの10打を叩くに要する時間をそれぞれ測定した。私は頭を常に胴体軸から30度前傾させた状態に保ち、毎回胴体の前傾角度だけを変えた。これらの角度をその都度、素早く正確に測定して行うことは不可能だが、最小の角度（約20度）をグレードⅠ、最大の角度（約100度）をグレードⅦと定めて、

【表4】

前傾角度のグレード	Ⅰ	Ⅵ	Ⅱ	Ⅱ	Ⅳ	Ⅴ	Ⅵ	Ⅶ
10打に要した時間（秒）	5.2	4.6	5.0	5.0	4.8	4.8	4.6	4.4

その間をグレードⅡ、Ⅲ、Ⅳ、Ⅴ、Ⅵに分け、各グレードごとに周囲に〔目安となる〕基準点を定めておくことで、毎回ほぼ正確な角度で前傾することができた。時間の測定はすべてシュトゥンプフ教授が最小目盛り0・2秒のストップウォッチを用いて行った。**表4**はテストがなされた順に記してある。

この表から、同じ前傾角度（グレードⅡとグレードⅥは2回行ったが、グレードⅢは行わなかった）なら、叩く速さも同じであることが見て取れよう。また、〔この表には10回テストしたうちの8回の結果しか記載されていないが、残りの〕2回のテストでは、ハンスが15打叩く間に胴体の前傾角度をだんだんと大きくしてみた。その結果は、ハンスの叩く速度は必ず前傾角度の増大につれて速くなるというものだった。

2例目は、テストの前半と後半で前傾角度を変えると共に、時間の測定者も変えて行ったもの。5回とも14打叩かせることにして、その2打目から7打目までに要する時間の測定は質問者である私自身が、8打目から13打目まではシュトゥンプフ教授が測ったのであるが、いずれの場合も最小目盛り0・2秒のストップウォッチを用いた。私は8打目が叩かれたら即座に胴体をより深く前傾させ、13打目が叩かれるまでじっとそのままの姿勢を保った。結果は**表5**の通りである。

しかし、これらの表のように実験の趣旨に沿った結果は初めから得られたのではな

【表5】

	回数 / 測定者	1	2	3	4	5
2打目から7打目までの所要時間(秒)	プフングスト	3.2	2.2〜2.4	2.4	2.2〜2.4	2.4
8打目から13打目までの所要時間(秒)	シュトゥンプフ	2.6	2.0	2.0	2.2	2.2

く、幾度かテストした後でやっと得られるようになったのだ。というのは、実に困ったことに、おそらく私が気づかずにしかるべき動きをしてしまったのだろうが、ハンスはテストの最中にともすると叩くのをやめがちだったのである。そういうときは、65頁で述べたように、身体をより深く前傾しさえすれば叩き続けさせられるのだが、そうすると今度は必ず叩く速度が増大してしまう。そうなってしまったらもちろん、その測定結果は正しいとはいえないのである。

この前傾角度の大小とは違って、ハンスの叩く数を確認するために私が数を唱えるその速度によって、ハンスの叩く速度が左右されることは決してない。試しに、私が叩かれる数に関係なく(声に出して)速く数を言ってみても、わずかしか前傾させていないとハンスの叩き方はゆっくりで、その叩く数は次第次第に私が唱える数にいうなれば取り残されていったのである。反対に私がゆっくり数えても、深く身を屈めているとハンスは速く叩き、その叩く数は私が唱える数の先に行ってしまった。ということは、ハンスは常に、私の前傾角度によって叩く速度を調節するが、数える速度には合わせてはいないということである。つまり聴覚刺激は叩く行動に何の影響も与えていないのだ。

フォン・オステン氏の場合も、先述の通りハンスは大きな数のときには叩く速さが速くなるのだが、それが氏の場合も角度の大小によるという法則に基づいてのことだというのが、ただ観察するだけではなく、叩く時間の比較によっても立証されたのだ。速くなるのはハンスに知性が備わっているからにほかならないと多くの人ともども賛嘆している氏に〔角度を変えて試すことなど望むべくもないから〕、まずは大中小の数を叩くようハンスに命令してもらい、それぞれの数のときハンスが叩くに要する時間を測定した。そして、それらの結果を10打叩くに要する時間に換算しておき、次に私が〔氏の大中小の数のときの前傾姿勢と同程度の〕大中小の角度で前傾して叩かせ、それぞれの角度のときに10打叩くに要する時間を測定して両者を比較してみたら、ほぼ一致したのである。要するにハンスは、フォン・オステン氏が大きい数を求めたからではなく、氏の前傾角度が大きいから速く叩くのだ。

以上のことから、ハンスに叩かせている途中で速度を速めさせることはできても、なぜ遅くさせることができないのか、その理由も明らかだろう。遅くさせるには、質問者が身体を起こしてその前傾角度を減じる必要があるのだが、それはハンスにとって「終わりの信号」にほかならないのである。だから、これまで一度たりともハンスが途中で速度を落とすのをわれわれは目撃したことがないのだ。どうやら例外は非常に大きな数を叩くときで、そのときはハンスが疲れてしまうせいでゆっくりになるのだろう。フォン・オステン氏は「答えの数に近づくと、ハンスは数え間違いをしないように用心してゆっくり叩く」と主張しているが、繰り返しテストして観察してみても遅くなったことはない。ハンスは「用心しろ」という氏の声をものともせず最後まで同じ速度で叩き続けるか、もしくは氏が明らかに気づかぬうちにより深く前傾してしまい、その瞬間に却って速く叩き出す始末だった。そこで氏に試しに非常に大きな数を叩くよう命じてもらったら、そのとき初めてハンスは途中からゆっくり叩いた。だから減速は疲労するからであって、決して間違いをしないように用心するということではあるまい。ところで、ハーン教諭はすでに20回もハンスのもとに通ってあれこれ試し、その調査結果を綿密に記録しているのだが、その彼の「自分もハンスが叩いている途中で速度を落とすのを見たことがない」という言葉も私の主張の正しさを裏づけていよう。逆にフォン・オステン氏のように「途中で速度を落とす」という人はほかにもいるだろうが、それは多分、終わりに近づくにつれて、見ている者の期待感が高まり、叩く間隔が主観的に少し長く感じられるようになるためだろう。

〔自在に〕叩かせたりやめさせたりする、そのテクニックについてはもうこれくらいにして、故意に動くのではなく〔飼い主の通常のやり方のようにして応答させた場合に〕、ハンスによって叩かれる数について少し触れておこう。概していうと、1を得るのは非常に難しく、ハンスは代わりに2と叩きがちだ。フォン・オステン氏が質問した場合ですら1度、5回続けて2と答え、6回目でやっと正しく叩いたほどである。フォン・オステン氏とシリングス氏、そして私の3名以外の者が質問者になったテ

【表6】

期待した数	1	2	3	4	5	6	7
調査期間前半の成功率（%）	49	92	89	86	74	62	53
調査期間後半の成功率（%）	92	95	92	98	97	86	96

ストで、首尾よく1が返ってきたことはまずない。反対に2、3、4を得るのは非常に容易だ。なかでも3で失敗することはないといっていい。3はまるでハンスのお気に入りの数ででもあるかのように、他の数が正答の場合にも3と返ってきがちだ。私自身が得た誤答全体の6分の1が3である。5と6は、ほんの少し2、3、4よりは難しい。10以上の数となると急に難度が増し、20以上の数となると私が観察した限りでは、フォン・オステン氏とシリングス氏以外に叩かせられた人は誰もいない。例えばカステル伯は15を期待し、続けて9回試みたが、ついぞ成功しなかった。マトゥシュカ伯は16を思って8回も連続して試したが、とうとう不首尾に終わった。しかし、フォン・オステン氏やシリングス氏でさえ、そういう失敗は珍しくない。フォン・オステン氏は1度、24を期待して連続5回も失敗したことがある。

　私自身も初めの頃は大方の人と同程度の成績だったのだが、ハンスに繰り返し質問して、いわば練習を積むうちにかなり成功率（正答率）が上がってきた。**表6**はそのことをよく示していよう。表には1から7までの数（どの数についても80回から100回という充分な回数のテストがなされた）についての、調査期間の前半と後半の私の成功率が記されている。

調査期間前半において、求める数が1のときの正答と誤答の割合が半々であることから、当初1を得るのがいかに難しかったか想像がつこう。それに比べて2と3のときは初めから成功率が高い（それゆえ、練習しても本質的な向上は見られない）。また前半では、4以上の数では成功率は次第に減っていき、7では1と同じくらいの割合になっている。しかし後半では、全体を通じて成功率は非常に高く誤答となることは滅多になくて（間違っても1つ多過ぎる「+1」だったり、少な過ぎる「−1」程度だった）、数による成功率の差もほとんどない。いうまでもなく練習の効果があったのはハンスではなく、実験者のほうなのだ。最初のうちは慣れていなかったのである。したがって、すでに何年間も〈練習〉してきたフォン・オステン氏の場合には、この調査期間中に練習の効果が現れたりはせず、前半と後半で成功率に差はほとんど見られない。常にほぼ90％といったところだ。けれども氏の場合も1を期待したときの成功率はあまり高くなく79％で、調査期間中を通じてこの程度の成績だった。

もちろん随意にハンスに合図を送る場合には、少なくともここで取り上げたような比較的小さな数を叩かせるテストで失敗することはまずない。

(5) 実験者以外の人の影響

これまで述べてきたことはすべて、実験者の影響つまりその人がハンスをして叩かせているのか否か〈やそのメカニズム〉についての考察であるが、では、**実験者以外の実験の場に居合わせる人たちはハ**

ンスへ影響を及ぼさないのか否か、その問題について以下に手短に記しておこう。

実験者以外の人たちがハンスに影響を及ぼすことは概ねないといっていい。というのは、われわれの調査記録に書かれている「質問者は答えを知らないのに、実験の場に居合わせる他の人たちは全員が答えを知っている」状態での136例のテストで、ハンスの答えがほぼ全部間違っているからだ。しかも、実験者以外の居合わせた者全員が正答の数をどんなに強く生き生きと思っても、何の助けにもなっていない。例えばフォン・オステン氏が不在の状態で、20人もの人が正答に注意を集中しながら見守る前で私自身は正答を知らないまま21問テストしたときには、そのうちの19問で誤答が出ているのだ。

ところが実験者以外の居合わせた人たちのなかに、例えば、これまで、そのときの質問者よりも頻度高くハンスから正答を得ているとか、あるいは毎日、飼い葉（餌）を与えているといったように、ハンスが習慣的に注意を向けてしまいがちな人がいる場合だけは例外的に、ハンスはそういった人の動きに影響されることがある。[28]

いうまでもなく、そのような人は数える程しかいないから、質問者以外の居合わせた人の影響が及んだという例はごく少ない。私が知り得たのは次の3例だけだが、非常に重要なことを示唆している。

1つは、記憶力を検証した際に、私がある数をハンスに囁いて脇に退くとすぐに、フォン・オステン氏がその数はいくつかと質問して叩かせたときの例（34頁参照）。ハンスは私が囁いてフォン・オステン氏の傍らに身を退くというそんな短時間しか経っていないのに、まったく違う数を答えた。もちろん、そのとき私は自分の囁いた数を心に鮮やかに浮かべてはいなかった。ところが、また同じテストをして、そのときは自分が囁いた数に強く思いを致していたら、たちまち正しい数だけ叩いたのである。

２つ目は　同じく記憶力を検証した際の、特に暦の知識について調べたときに、質問者はむろんのこと調査関係者全員が正答を知らない状態でテストしたのに、たまたまハンスの横に立っていた馬丁が4問の答えの曜日を知っていたため、意図せずにハンスを助けてしまった例（34頁参照）。これ1例からでさえ、「知らない試験法」で「知らない」テストを行うときには、かねていわれている「実験者を含めその場に居合わせる者全員が答えを知っていてはならない」という原則を必ず厳正に守ることがいかに重要か明らかだろう。

３つ目は、補遺Ⅲ（286頁）に記されている、ハンス委員会が行った実験の例。これも居合わせた人の影響を受けた例と見なしてよいと思うが、もっと詳しい状況がわからないと断定はできない。その実験は、シリングス氏がハンスにある数を告げ、その数だけ叩かせてから退場すると、入れ替わりにやってきたフォン・オステン氏が、その数（氏には知らされていない）にある数を足せとか引けとかハンスに命令するというもの。その大半でハンスはフォン・オステン氏の命令にそぐわない答えを出したのだが、奇妙なことに、その間違って叩いた数はその命令者の知るよしもない、シリングス氏が告げた数だったのである。この現象は、こう考えれば説明がつこう。そこに居合わせた者のうち幾人かの意識にシリングス氏が言った数が固着（いわゆる固執傾向 "Perservationstendenz" または "Beharrungstendenz"）。

頁参照）していて、そのうちの比較的直近にハンスから正答を得たことのある人（といっても常に同一人物とは限らない）にハンスは反応したのだ、と。多少は偶然も働いたかもしれない。

以上で検討したのは「質問者が正答を知らない状態」でのテストの際の居合わせた人の影響についてであるが、それが例えば一般公開のときにフォン・オステン氏が質問する場合のように、「質問者が正答を知っている状態」でのテストとなると、いよいよもって居合わせた人の影響力は弱い（後で述べるように、稀には影響を及ぼしてテストの妨害要因として働いてしまうこともある）。たとえ多くの人が同時に正答に思いを致してみても、成功率は上がりはしないのである。そのような量的効果についてのテストを繰り返し行ってみたが、一度たりとも有効性は認められなかった。ハンスに影響を及ぼすことができるのは毎回、必ず1人だけなのだ。したがって2人の質問者が同じ外的条件の下で同時に問題を出すなり、ある数を思ったりしたときに、影響を及ぼせるのは常に単独で質問したときの成功率がより高いほうの人、つまりハンスに対する制御力のより強いほうの人である。その証拠を3つ挙げておこう。

1つは、シュトゥンプフ教授と私が行った次の実験の結果である。2人共ハンスの右側に立ち、同時に別々の数を思った。テストを10回繰り返したが、ハンスが叩いたのは、毎回私が思った数だった。例えば、教授が5を、私が8を強く念じたとき、ハンスは8打叩いた。教授が7、私が4を心に浮かべたときには、4打叩いた。教授が6を思い、私は何も考えていなかったときは、実に35打も叩いた。明らかにハンスは、私からの信号を待っていたのである。しかし私がその場を離れ、教授に再度6を念じてもらうと、ハンスはすぐに6と答えた。私が戻るとまた、決して教授の思う数通りには叩かなかった。

2つ目は、マトゥシュカ伯が次々と多くの問題を出し、フォン・オステン氏は彼の後ろに立っている状態でテストしたときの次のようなハンスの様子である。ハンスは「7を7倍するといくつになるか[29]?」という、数多く叩かねばならず、いささか厄介な問題さえも間違わず全問正解したのだが、テスト中ずっとハンスの右眼の瞳は伯の後ろを見ようとしてぐっと外側〔つまり耳側〕に動いて、飼い主だけを注視していた。

3つ目は、視学官のグラボー氏がハンスの右側に立ち、フォン・オステン氏が不在の状態で2つの音を順に発声して「2つの音の間にはいくつ音があるか?」と訊いたときの結果の違いである。4度の差のある音が順に発声されたとき、私はハンスの前方で身体を真っ直ぐに保って立ち2と強く思っただけで、決して随意に合図を送ったりはしなかったのに、ハンスは正しく2打叩いた。同様のテストが何回か続けて行われたが、私が2回目以降は答えを思わないようにしたら、一度も正答が返ってこなかった。

さて、ハンスは首尾よく当人の思う通りの答えを引き出せる実験者が傍らにいる限り、他の人間から影響を受けることはまずないのだが、状況によっては周囲の特定の動きによって**攪乱**されて、右足を元に戻してしまうことがある。そのようなハンスの攪乱要因あるいはテストの妨害要因として有効なのは、質問者から極めて近い位置にいる人の、質問者の動きよりも大きな動きで、しかも頭や腕や胴体の**上へ上がる動き**だけだった。それは、例えば下記の2連のテスト結果からも明らかだろう。

1連目は、シュトゥンプフ教授にあらかじめ前傾した状態でハンスの前に立ってもらい、前もって特定の打数に至ったらその瞬間に身体を起こして直立の状態になってもらうよう取り決めておき、私は終始ハンスの右側のすぐ傍らを離れはしないのだが、その立つ位置をいろいろ変えて叩かせ始めるというテストをしたもの。私がハンスの首の横に立って質問したときは、教授の動きは攪乱要因として働き、ハンスは毎回、叩きやめた。次に私がハンスの脇腹の横に立ったときは、教授の動きにハンスは反応してやめそうになったが、結局は叩き続けた。さらに尻尾の方に行って、教授からいよいよ離れて立ったときは、教授が身体を起こしても何の効果もなく叩き続けた。

2連目は、質問者（私）は位置を変えず常にハンスの右肩の横にいることにし、攪乱者役がその立つ位置を変えることにしたもの。シュトゥンプフ教授がハンスの右側で質問者（私）のすぐ前や、すぐ横に立ったときは、教授の動きは大抵、効果があり、13回のテストのうち10回ハンスは叩くのをやめた。教授がハンスの右後方〔右側の尻尾寄り〕に立ったときは、たまでしかないがやめることがあった。ハンスの左前方〔左側の顔正面寄り〕に立ったときはほとんど効果はなく、13回中4回のみしか攪乱効果はなかった。ハンスの左後方に立ったときには、一度もやめさせられなかった。

明らかに、ハンスの注意は必ずといっていいほど質問者の立っている方へ向けられているのである。

以上のように、叩いて応答する問題の場合のメカニズムのすべてが判明した。今やこれまでハンスから正答を得られなかった人たちも、そのメカニズムに則って行動すれば首尾よく正答を得ることができる。そのいい例がシュトゥンプフ教授で、これまでほとんど正答を得られなかったのに、今では随意に〔故意に〕合図を送ることで、以前とは打って変わって、かなり多くのテストで正答を得ているのである。

2　頭を動かして（首を振って）答えを示す問題群の場合

ここでは、ハンスが上下左右などの方向へ頭を動かしたり、「はい」というように頷いたり「いいえ」というように首を振ったりして答える問題の場合について述べる。まず、まったく声を立てずに質問してみたところ、この場合も正しく答えた。ということは聴覚は関与していないということである。さらに目隠し革実験によって、ハンスが質問者の姿を見られないときは決して答えられず、それでいて質問者の姿が見えるようになるとすぐに正しく応答できるようになることも明らかになった。つまりハンスの心の中では、**「うえ」「した」**等の音声記号は、いかなる観念とも結びついておらず、この場合も視覚的合図に従っているだけなのだ。それがどのような合図なのかは、この場合もフォン・オステン氏を観察しているうちに初めてわかった。多少は私自身がハンスを使ってあれこれ試したときに自分の心の内を観察したのも役に立った。

前記の、あれこれの実験の際に、なによりも重要だったのは、質問者が身体を真っ直ぐにしていることだった。前傾させていると、決してこの種の行動を引き出すことができなかったのである。そこで、背筋を伸ばして質問者の前頭部がハンスの右顔と真向かうようにして立ち、どこもまったく動かさないようにして、「右はどちらか？」とか「上はどちらか？」などと声に出して訊ねてみた。するとハンスは頷いたり首を左右に振ったり闇雲に頭を動かした。おそらくハンスは質問者が[30]〔ものを言って騒音を発している間も頭を動かさず、そうかといって、その後も前傾するわけでもなく〕じっと自分の方へ前頭部を向けているその様子を見て、自分が何かしら頭を動かす動作をするよう求められていることに気づきはしたものの、どの動きをすればいいのかわからなかったということだろう。

そこで今度は、〔フォン・オステン氏を観察したりしてわかった通り〕ハンスを見上げるようにして、質問者である私の頭をハンスの頭の方に向けてみた。するとハンスは頷くように首を縦に振り始め、質問者が頭を元の位置に戻すまで振り続けた。このハンスの動作が「はい」を表すものと解釈されてきたわけだ。氏は難しい問題を解かせる前に必ずといっていいほど「問題の意味がわかったかね？」と訊ね、ハンスが頷くと初めて安堵して答えさせているのだ〔そのときハンスを見上げるようにして頭を上げているのである〕。しかも、氏がハンスに裏付きの耳キャップを被せて、もはや何も聞こえていようはずがないから決して頷かないと言ったときも、ハンスは頷いた。また、この章の初めに述べた「知らない試験」の「答えを知らない」テストの際、質問の都度ハンスから了解のしるしである頷きが返ってくるまで待たなければならないという氏の主張を尊重して待つと、ハンスは頷いた……けれども決まってハンスは間違って恥を晒した。

質問者が〔身体を真っ直ぐにしたまま〕頭をほんのわずかだけ持ち上げてみたら、ハンスも頭をポンと投げ上げるようにして上げた。これがハンスの「**上**」を示す仕種なのだと解釈されたわけだ。質問者が頭をわずかに下げてみたら、ハンスはすぐに頭（首）を地面の方に向けた。それが「**下**」を示しているのだと思われたのだ。初めのうち私は「下を示させる」信号と「叩き始めさせてしまう」信号との違いがよくわからなかった。とはいえ不随意に合図を発していたときは大抵、両者をうまく発し分けていたのだが。より綿密にテストしていくうちに違いが明らかになった。質問者がハンスの頭の前（正面）あるいは頭の横に立って身を屈めると、ハンスは頭（首）を地面の方へ下げ、それに対して質問者がハンスのもう少し後方〔尻尾〕寄りの位置に立って身を屈めると、同じ信号なのにすぐに今度は叩き始めたのである。要するにこの2つの指示の違いは、質問者の立つ位置の非常にわずかな差でしかないのだ。実際に私は、カステル伯やシリングス氏の質問に対してハンスが叩いて答えるべきときに頭を下げているのを幾度も目撃したことがある。

質問者が通常通りハンスの右側に立ち、自分の顔の正面とハンスの横顔とが真向かうような状態で、黙って自分の頭を少し右に向けると（ハンスからは左、つまりハンスの鼻の先の方向に向けたように見えよう）、ハンスは頭をその身の**左側**へ振った。反対に質問者が少し左（ハンスにとっては右、つまり尻尾方向）を向いたら、ハンスは頭をその身体の**右側**へ向けた。

さらに質問者が頭を初め少し右へ向けてから少し左へ回したら、ハンスはその頭を初め左にそれから右へ向けた。この動作が、フォン・オステン氏によると「**ゼロ**」または「**いいえ**」を意味するということなのだ。この反応は、実験者が前傾した姿勢でいると起こさせられない。だから当然、「質問者が正答を知らない」状態でハンスに「0」と記されたカードを見せると必ず、ハンスは首を振るのではなく叩き出してしまう。ハンスは数を読み取って叩くに違いない、と質問者は思い込んでいるので、足を見ようとその身を屈めてしまうからだ。また、質問者がハンスの真後ろ〔尻尾の後〕に立ったときも、決して反応せず首を振らない。この位置に立つと、この首を左右に振る場合に限らず、どの頭を動かす反応も一切起こらない。この「ゼロ」や「いいえ」のとき、ハンスはフォン・オステン氏やシリングス氏に対しては常に頭をまず左に動かしてから右に動かしており、合図を発見する前の私に対してもそうしていたのだが、今や意図的に私の頭を逆の順序で動かすことで簡単にハンスに逆に振らせることができる。

これら頭を動かして応答する場合の合図となる質問者の頭の動きはすべて、フォン・オステン氏のときもシリングス氏のときも非常に微細だ。それは叩く応答行動のキーポイントとなる動きを見つけ出した後もかなり長い間どうしても発見できなかった程である。けれどもフォン・オステン氏の「ゼロ」「いいえ」の合図は、この種の応答行動の際の氏の合図の中では最も大きい。反対にシリングス氏のときには、頭のピクッとする動きが比較的大きいのとは対照的に（47頁参照）、頭を振る応答行動の合図はどれも極端に微細だ。それでもハンスは非常に高い率で正しく答えている。

今では、不随意につまり「上」「左」「いいえ」等々の観念を抱くだけであれ、随意に合図を送ったりすることによってであれ、ハンスにどんなバカげた答えでも出させることができる。例えば、同じ質問に対して続けて「はい」と「いいえ」の両方の答えを出させられるし、また「お前の頭はどこか？」と訊ねて、大地の方へ身を屈めさせることも、「お前の脚はどこか？」と質問して、空を見上げさせることもできるのだ。どこへ向かせるのも意のままだ。

ここで手短に、ハンスを様々な位置につかせるための指示についても触れておきたい。自由に中庭を走りまわっているときに、人が呼びかけてもまったく注意を向けないが、手招きするとすぐにとんで来る。手を上げると、立ち止まる。人が少し前方へ足を踏み出したり手を前に突き出すと、前へ進む。逆に人がはっきりと1歩後退ったり、手を後ろへ向けたりすると、後ろへ退く。人が頭やハンスに近い方の腕、または体全体を右後方あるいは左後方にごく微かに動かすだけで、ハンスを思い通りに右後方あるいは左後方の位置につかせることができる。体に触れる必要がないだけではなく、言葉をかけたりする必要もない。それに気がついたのは、調査を始めたばかりの頃、私がうっかり言い間違いをしたときだった。右後方に下がらせようと思いながら、「左後方に下がれ！」と言ってしまったのに、ハンスは私が思った通りに右後方へ退いたのである。口では言い間違えたにもかかわらず、不随意に正しい指示を与えていたのだ。

さて、フォン・オステン氏はしばしばハンスに「ジャンプしろ！」と言ってその場でジャンプさせたり、

「ブッシュ・サーカスのウマはどんなことをするのか?」と言って棹立ちさせたりしているから、これらの場合の合図についても述べておこう。それらの命令や質問を声に出して言わなくても首尾よくいくことに私はすぐに気がついた。だから、これらの場合も視覚的合図のみが重要なのである。実際はこうだ。ジャンプさせるには、命令者自身がほとんど目立たない程度に後ろに退ったり手を後方にわずかに動かすだけでよい。そうすれば、ハンスはちょっと後ろに下がり、それから命令者がそれ以上何もしなくても前方にジャンプする。棹立ちさせるには、腕か頭を投げ上げるように少し動かせばよいのである。

3 対象(獲物)のところへ行く問題群の場合
(色布や石板のところへ行って〈答え〉を口にくわえてきたり鼻で示したりする問題群の場合)

(1) ハンスは理性に基づいて選び出しているのか否か?

この種の問題のときのハンスの応答行動について調べるにあたっては、最初は以下のような〔テントの中という条件以外は、これまでフォン・オステン氏が応答させていたときとほぼ同じ〕設定条件下で繰り返しテストするという方法で実験してみた。まず長さ約50cm幅約25cmの色布5~8枚を、幅分の間隔を空けて地面に一列に並べたり、あるいは人間の背丈位の高さに張った1本の紐に吊るしたりしておく。ときには色布と同じような大きさと枚数の、数字や単語等が書かれた厚紙のカード〔文字カード〕

を吊るす。色布や文字カードの順番はテストごとに変える。ハンスは完全に手綱を解かれた状態で、色布または文字カードの列の中央から10歩程離れた地点で、列に面するように立ち、フォン・オステン氏はその右側に立つ。そういう状況下で、氏が色布列の中のある1枚の色名、または文字カード列中のどれかのカードに書かれている単語を言い「行け」と命令したら、ハンスは色布が地面に並べてあるときは1枚の色布を口にくわえたまま、あるいは色布であれカードであれ紐に吊るされているときはその1枚を鼻先で突いてから元の位置に戻ってきた。ハンスは歩き出す前に必ず、求められている色布あるいはカードの位置（列の左から順に1番目の色布あるいはカード、2番目の色布あるいはカードといったように呼ぶことになっている）を右前足で叩いて示させられた。それは質問の意味を正しく理解し、かつ正しい色布・カードがどれなのかわかっていることを確認するためで、氏はこの手順を決して省かない。それから氏が「行け！」と命令すると（実は頭や手を列の方向に微かに動かすだけでもよかった）、ハンスは歩き出した。

実際はハンスが正しい位置を叩いて示したからといって必ずしも、正しい色布やカードのところに行くとは限らない。それは、任意に選んだ次の2例のテスト結果を見れば、明らかだろう。1例目は、文字カード5枚を吊るしておき、氏が「"aber"『しかし』と書いてあるカードは、左から何番目にあるか？」と訊ねたときのこと。ハンスは3番目と答え、「では右から何番目か？」にも同じく3打叩いた（実際、そのカードは真ん中にあった）のに、氏が続いて「行け！」と命じると、すぐさまハンスが向かって行ったのは4番目のカードだったのである。2例目は、ハンスがテスト中にうっかり黒い布の上に茶色の布を落として戻ってきたときに、氏が「布が2枚重なっているのは何番目か?」と訊くと、ハンスは正しく2番目と答え、「2枚の布のうち、黒い布はどちらか?」にも正しく「下」と答えたのに、「行って取って来い!」と命令されてハンスが一目散に向かって行ったのは白い布のところだったのである。

こういったテストを繰り返し行った結果、以下のような理由から、この対象のところへ行く行動も質問の意味をまったく理解せずになされていると推測せざるを得なくなった。その理由の1つは、間違う場合が多く、しかもその間違い方に規則性がないことである。例えば、この2ヵ月の〔ハンスを使っての〕調査期間中に、フォン・オステン氏を質問者としてハンスに緑色の布を選ばせるテストを全部で25回行ったが、そのうち1度で成功したのは6回だけで、あとはオレンジ色の布を持って来たのが5回、青色が4回、白色が3回といった具合だったのだ。

2つ目の理由は、色布を用いるテストと文字カードを用いるテストの誤答率が同程度だったこと。もし理解してなされているのであれば、ほんの数種の色の名称を記憶していればよい色布のテストに比べて、文字カードを用いるテストのほうは文字の読解力がなければならないのだから、はるかに難しく誤答率が高いはずだ。それなのに、文字カードの誤答率は78回のテストで50%、色布のそれは103回のテストで46%とほぼ拮抗しているのである(質問者はフォン・オステン氏)。

3つ目の理由は、命令を意図的にハンスに理性があるとしても理解できようはずのない言葉で言っても、それどころか、そもそも質問を声に出して言うことすらしなくても、ドイツ語で普通に声を出して質問した場合と比べて正答率が落ちなかったこと。この事実はわれわれの推測の正しさを決定づけるものといえよう。例えば、私が何も書いていないカードを1枚、比較的多くの文字カードが並んだ列の中に混ぜて吊っておき、「〔ラテン語で「拭ってきれいにした石板」を意味する〕タブラ・ラサへ行け！」と命じてみたら、〔教師がラテン系の言語は教えていないと言っているのだから理解できようはずがないのに〕その都度、間違わずに「白紙」のカードのところへ行ったのである。

4つ目の理由は、一列に青色と緑色の布だけを地面に並べておいて、フォン・オステン氏に黒色や黄色またはオレンジ色の布を持ってくるように命令するというバカげた指示を出してもらったときのハンスの反応が次のようだったこと。この結果は理性によるのではないという推測の正当性を立証する以外の何物でもあるまい。氏が初めに「オレンジ色の布は何番目にあるのか」「黒い布はどこか」といったように訊ねたときは、ハンスは頭を強く振りどこにもないと答えたのに、「黒い布を持って来い！」とか「赤い布を持って来い！」とか命令されると、その都度、青色の布を1枚ずつ持って来たのである。

こういった諸々の事実は、**ハンスは色の名前を知らない**（文字カードの文字を理解していないことはいうまでもない）ということを立証するものにほかならない。よって、この色布等のところに行って答えを示す行動も、他のすべての応答行動と同様、質問者の合図によって導かれてなされていると考えざるを得ない。

⑵ 視覚的合図・指示の発見と確認

それがどのような合図かは、じきにわかった。ハンスの右側に真っ直ぐに立って命令しているフォン・オステン氏を観察しているうちに、命令する都度、氏の頭部と胴体が期待する色布や文字カードの方を向いてしまうのが見てとれたのである。するとハンスは氏のその姿を見て、それがさし示している方向に向かって足を踏み出したのだ。しかもハンスがすでに歩き出して色布またはカードの列の方に向かっている途中でも、ウマの目がその顔の横寄りについているおかげで後方への視野が広いため、氏はまだ影響を及ぼすことができた。氏が身体の向きを右へあるいは左へと変えたら、ハンスも行く方向を変えたのである。けれども色布または文字カードの列の間近に至ってしまうと、この手段はまったく功を奏さなかった。それが色布だろうと文字カードだろうと、地面に置かれていようと紐に吊るされていようと、これら一連の流れに何の違いも見られなかった。

実際に、**質問者の身体の**（どこかの）**向き方**[31]がハンスを期待する色布へ向かわせるに効果のある徴候つまり合図であることは、以下に記す実験等から判明した諸々の事実によって明確に立証された。

まず1つ目は、もし私の推測通りであるならば、同時に並べられる色布の枚数が増えれば増える程、あるいは色布と色布の間隔が狭まれば狭まる程、ハンスには実験者が示す方向を見定めることが難しくなるはずだという予測のもとに行った実験の結果である。まさしく枚数の増加に伴って誤答が増えたのだ。

とはいえ、どんなに色布の枚数が増えたり間隔が狭まったりしても、列の1番目や最後のつまり両端の色布が正答の場合は、実験者が列の右なり左の方向に思い切りぐっと列の外へはみ出る程に身体を向ければいいのだから、滅多に間違わないはずだと考えて試してみた。実際、最も外側の色布が正答の場合にはほとんど誤答とならなかった。それに対して、内側に並んだ色布のいずれかが正答のときは誤答となりがちだったのである。

3つ目は、離れ方〔つまり正答の色布と幾枚離れたところにある色布が間違われがちなのかという点〕に着目して、通常の枚数と間隔幅でテストしたときの誤答を左記のような要領で整理分析してみた結果明らかになった、正答の色布から近い色布ほど間違って選ばれる確率が高いという事実である。これは、われわれの主張の正当性をほぼ完全に裏づけるものといえよう。この際の整理方法は、ハンスがⅠの色布のところへ行くべきなのにⅡの色布のところへ行き、Ⅱへ行くべきところをⅢへ、Ⅲの代わりにⅣへといったように、正答の色布の左右いずれかの隣の色布のところへ行った場合の誤答を「誤答1」とし、Ⅰの色布へ行くべきをⅢの色布へ、Ⅳの代わりにⅡへというように右か左いずれか2枚ずれた場合の誤答を「誤答2」とするといった具合に分類するというもの。**表7**の、フォン・オステン氏およびプフングストが質問者となって行ったテストの誤答を整理分類した結果を見れば、ハンスが正答の色布に隣接する色布に行ってしまう誤答が圧倒的に多いことがわかろう。

【表7】

質問者フォン・オステン氏	誤答総数63	質問者プフングスト	誤答総数64
「誤答 1」	73%	「誤答 1」	68%
「誤答 2」	21%	「誤答 2」	20%
「誤答 3」	4%	「誤答 3」	11%
「誤答 4」	1%	「誤答 4」	1%
「誤答 5」	1%	「誤答 5」	0%

【表8】

質問者が求めた色の布	青	茶	茶	茶	茶	茶	緑	緑
ハンスが行った布の色	オレンジ	オレンジ	緑	緑	黄	緑	青	オレンジ
質問者が求めた布の位置	V	II	II	II	II	II	III	III
ハンスが行った布の位置	IV	IV	III	III	I	III	V	IV

84頁で私は「ハンスの誤答の出方に規則性がない」と述べたが、それはハンスが**色彩**に基づいて色布を選択して持って来るのだと考えた場合のことだ。そのことは下記の、ほかならぬフォン・オステン氏が質問者だったにもかかわらず、誤答が多かった一連のテスト結果のうちの一部をテストの順番通りに取り出して、色彩に基づいて整理分類した**表8**から明確に知ることができよう。同じテスト結果を左から数えての位置番号でも示してみた。

このテスト結果は色彩という観点からはなんとも理解しがたいが、布の位置の問題と考えれば容易に説明がつく。要するにハンスが間違えたのは決まって、本来行くべき正答色布に近い位置にある布、特に隣接する布だったのである。

5つ目は次のような〔随意な合図による操作〕実験の結果だ。これこそが、この場合も、われわれの推測の正当性を決定的に立証するものにほかならない。まず初めに、実験者が自分が期待している色布の方に明確に向いて（ハンスの）行くべき方向を示しておきはしたものの、ハンスがすでに歩き始めるとすぐに身をねじって向き方を変えてみたら、ほとんど毎回、間違った布のところに行ったのである。次に、実験者が初めからハンスに半ば背を向け布列に対して斜め右方向を向いたり、あるいは布列に対して完全に背を向けたりしたまま命令してみたら、ハンスは一度たりとも命令通りの布のところに行きはしなかったのだ。さらに趣向を変えて、色布を1枚ずつではなく数枚ずつ重ねて並べ、期待する布が含まれるひと重ねの色布片の〈山〉を示すことはできても、求める1枚がどれかまでは示せないようにしてテストしたら、ハンスは毎回正答の布が混じっている〈山〉に行きはしたものの、必ず間違った布を持ってきたのである。

(3) 聴覚的指示の発見と確認――掛け声の効果

この布を重ねる実験はすでに、幾度となく懇願した末にフォン・オステン氏にもわれわれの面前で行ってもらったことがあるのだが、間違った色布をくわえる場合が圧倒的に多かった。そのようなとき、しばしばハンスは途方にくれたように、重なった布の中からある布をくわえ出したかと思うとすぐに他の布に変えたり、さらに初めの色布をくわえ直したりするといったように色布の〈山〉を引っかき回した。そのまるで探しているような行動は明らかに、ハンスが自発的にしているのではなく、あくまでもフォン・オステン氏の「そこを見ろ！」とか「青だ！」といった掛け声に反応しているに過ぎない。ハンスをよく見ていると間違いなく、氏が声をかけるとその都度、いったん口にくわえた布やくわえかけた布を離して、他の布をくわえたりしているのである。

だから、〈山〉から言われた色布を探し出させるときには、視覚的指示のほかに**聴覚的**指示にもハンスは従っているということになる。実は〈山〉から探させるときだけではなく、この種の応答行動をさせる、どんな問題のときも聴覚的な指示は有効なのだ。一列に並べたり吊るしたりした色布列にハンスが向かって歩いていたときに、違う色布の方に向かいそうだと質問者が気づいて「違う！」「これこれ！」「気をつけろ！」「青だ！」等と、それがどのような言葉であれ掛け声をかけ続けたら、いつまでもハンスはあちこち向きを変えたのである。まだ布列に向かっている途中ならば、すぐにハンスは進行方向を変え、すでにある1枚の布のところに行き着いてしまったときなら、隣の布に向かうのである。向きの変え方には一定の規則性が見られ、列の右手に向かおうとしているときに声をかけると、左へ向きを変える。逆に左手に向かっているときは、右へ行く。列の真ん中に向かっているときは、ほぼ例外なく左へ向かい、右へ向ったことはほとんどない。といって、フォン・オステン氏がそのようなことに気がついているとは思えない。なにしろ氏は、自分が望む色布へとハンスを右や左に自在に動かせてはいないのだ。１枚隣の布へ向かわせるには、もちろん例外がないわけではないが大抵は**一声**で充分で、それ以上、声をかけると、たちまち必要以上に先へ行ってしまう。大概は**大声で叫ぶ**必要もない。

視覚的指示だけではなく、聴覚的指示も単に思い過ごしといって片づけられないほど実際に有効であることは、掛け声を併用したテストでは、掛け声を用いなかったテストに比べて成功率がはるかに高いという事実から明らかだ。フォン・オステン氏を質問者とした103回の色布テストのうち、容易に、つまり視覚的合図だけで正しい布のところ行ったのは37％だけだが、掛け声をかけることで正しい布に行き着いた場合をそれに加えると、成功率（正答率）は54％にもなったのである。同様にして文字カードを使った78回のテストでは、前者が23％、後者の併用した場合の成功率は50％だった。私が質問者になって行った110回の色布テストでも、前者が31％なのに比べ後者は56％である。同じく59回の文字カードのテストでは、前者が31％、後者は46％だった。だから、掛け声を用いないときの正答数は全テスト回数の３分の１だが、掛け声を併用すると正答数は全テストの２分の１になる（もちろん、それでも低い成功率ではあるが）といえよう。最も成績が良かったのは、たった１度きりであるが、フォン・オステン氏に質問者になってもらって、われわれの面前で試したときの、掛け声なしの場合に50％、掛け声を併用した場合に90％に達した例だ。

この聴覚的指示を補助的に使う必要がある度合は明らかに、正答の色布・カードが列のどの位置にあっても同じというわけではない。それがハンスに視覚的指示を明確に与えるのが非常に難しいと思わ

【表9】

布の位置	Ⅰ	Ⅱ	Ⅲ	Ⅳ	Ⅴ
視覚的手段のみでの成功回数	5	2	1	2	4
聴覚的手段の併用による成功回数	5	5	8	5	5

れる位置にあるとき掛け声を要する頻度が非常に高いのである。先に87頁で述べたように、列の両端にある布だけは視覚的指示で極めて明確に指示され得たのに対して、内側に並んでいる残りの布は明確に指示されにくかったのだから、もしわれわれの主張〔つまり通常の場合は質問者の身体のどこかの、期待する色布の方への向き方が合図として働いているのだということ〕が正しければ、両端の布が正答の場合には大抵、掛け声をかけたからといって成功率が著しく上がるということはないだろうし、逆に内側に並ぶどれかの布が正答のときはかなり向上するはずだ。次に掲げるフォン・オステン氏を質問者とした一連の色布テストの結果の**表9**を見れば、われわれの主張が正しいことは明らかだろう。この例を選んだのは私の主張に沿った好都合なものだからではなく、テスト回数が最も多かったからだ（5枚の布を用いた連続48回のテスト）。1列目の算用数字は位置ごとの視覚的指示だけでの成功総回数を、2列目のそれは視覚的手段（指示）と聴覚的手段との併用による成功総回数を示している。

この表を見ると、掛け声をかけないで、つまり視覚的手段だけで期待した位置へ向かわせるのが比較的容易なのはⅠとⅤすなわち両端の位置の場合で、Ⅲつまり中央の位置が最も難しいことがわかる。けれども、掛け声を併用した場合には成功回数がⅢの位置以外は同数なのに、Ⅲの中央の位置では多くさえなっている。したがって、掛け声を併用した場合には、位置による差は完全に解消されるといえよう[32]。

次のような操作実験の結果を見れば、もはや聴覚的指示が、フォン・オステン氏が通常通りの方法で、この種の応答行動をさせている際に視覚的指示と共に重要な働きをしていることに疑問の余地はあるまい。6枚の色布を左から右へオレンジ色、青色、赤色、黄色、黒色、緑色の順で並べておき、私はまず初めに色布に背を向けて立って命令してみた。そうすれば、掛け声だけで操作できるかどうか調べられるからで、実際に掛け声だけで正答の色布のところに行かせられたのである。「オレンジ色の布を取って来い！」と言うと、ハンスがまっすぐ黄色の布のところ行ったので、少しずつ間をおきながら3度「行け！」と掛け声をかけた。1度目の「行け！」でハンスは黄色布から赤色布に向かい、2度目の「行け！」で赤色から青色に進み、3度目の「行け！」で青色からオレンジ色に行き着いて、そのオレンジ色の布をくわえて来たのだ。こういったことは実は、これほど完全に視覚的指示を排除したものではないにしても、しばしばフォン・オステン氏も何気なくやっている。次に私は持って来させたい色布の方にできるだけ明確に向き、そして掛け声も適宜用いてテストしてみた。するとハンスは、一並びの色布6枚を1番目から6番目まで順々に一つも間違えずに持って来、逆の順序でも首尾よくいったのである。その場にはシリングス氏もいたが、彼にはなぜ私が全問正解させられるのか、皆目、見当もつかなかったようだ。

いうまでもないが、色布を持って来させる場合について述べたことはすべて、文字カードの場合についてもいえる。ハンスにとっては目の前にどちらが置かれていようと吊るされていようと同じことなのである。

以上をもって、われわれの、ハンスを使っての、どの種の応答行動に関する検査も終わった。それがどの種の応答行動であれ一つとて、批判に耐えられはしなかった（つまり、ハンスの思考力によることが確認できた事柄はなかった）。できれば幾つかの点について再度、検証し直し、ハンスを動物心理学的観点からも調べてみたいと思っている。けれども「十二月鑑定書」の公表以来、フォン・オステン氏は決して私にハンスを使わせてくれないので、残念ながらいずれも叶いそうにない。大方の読者は多分、これでもう充分過ぎる程よく調べてあり、証拠も充分に提示されていると思って下さろう。しかし、皆さんが覚えておられるように、われわれが行った実験の多く、例えば「知らない試験法」や「目隠し革装着」実験や「耳キャップ装着」実験さらに「攪乱あるいは妨害」実験等々において、われわれの結果と、すでに他の調査者たちが行った結果とが違っていたりまったく逆だったり（36、39、42および63～64頁参照）している。だからこそ余計、徹底的な検査がどうしても必要に思われてならないのである。

第3章――著者の内観

前章では、何がハンスのあれこれの動きを決定しているのか、つまりハンスは自分で考えて答えているのか、それとも外界からの合図に従っているだけなのかを調べた。その結果、ハンスは幾つかの合図に従って動いているに過ぎず、それらの合図が質問者の〔頭部あるいは胴体の〕特定の位置や動きであることも判明した。また、それらの合図は、どの質問者の場合も（フォン・オステン氏の場合については第6章を参照のこと）、決して随意に・故意に送られているのではなく、あくまでも不随意に発せられているものであり、しかも発した当人もそのことにまったく気づいていない、つまり無自覚的な類のものなのである。そのことは、信頼できる人たちが質問者になって答えを得たとき、自分は動いたかもしれないという微かな疑念さえ抱かなかったと異口同音に言っていることから明らかだ。また、そう言っている人たちのうち幾人かが今なお、前章で述べた、われわれの説明の正しさを認めようとしないという事実もいよいよもって、そのことの正当性を裏づけていよう。実際、私自身もかなり長い間、正答を幾度となく得ていたのに、自分の身体が動いていることに少しも気づかなかったのである。なんと、それらの動きは、私がすべてを明らかにし随意にどの応答行動でも起こさせることができるようになってからでさえ、素朴に答えをひたすら思う不随意なやり方でも必ずしかるべきときに起こった。もちろん身体をいつ、どう動かしたらいいのかわかっていながら、強く緊張しつつ、例えば期待する数のことだけをひたすら思うのは決してたやすいことではない。そのようなことができようはずはない、と思っている人も多いに違いないが、心理学の実験を数多く手がけたことのある人なら、合図の正体を知っていても特定の観念にのみ強く注意集中できることを否定したりはしないだろう。

そこでこの章では、「質問を投げかけると、その質問者の心の中でどういう変化が起こるのか？」という問題について考察したことを記しておこう。この問いに対する答えは当然のことながら、質問者が自己の内面を観察する、つまり心理学の専門用語で内観（自己観察）と呼ばれる手法を用いることによってのみ得られるのである。

以下に、私自身を内観して得た結果のうち重要な部分を記しておく。なお、その私の内観は、前章に記した諸々の実験や観察などと同時平行的になされたのである。

1　内観で明らかになった心の変化——緊張度と正答との関係

(1)　前足で叩いて応答する問題群の場合

まずハンスに数を数えさせたり計算させたりすることについての、私の体験とその際の内観結果を記すことから始めよう。

初めてハンスを見に行ったとき、シリングス氏に誘われて、いきなりハンスを使って実験することになった〔その後、第1章に記したように、詳しくハンスの現状等を観察したのであるが〕。ともあれ、ほかには誰もいない馬小屋で、彼が私に「何か数を思って下さい。ハンスは私がそれは幾つかと質問したら正しく答えますから」と言ったのだ。私は早速、ハンスの右側に立っているシリングス氏のすぐ横に背筋を伸ばして立ち、まさかと思いながらも、懸命に小さい数を心に思った。そこには間違いなく、私たち2人以外誰もいなかった。次々と5回試したところ、まったくの誤答が1回、正答が1回、私が思っていた数より1つ多い数が3回返ってきた。そのときは、そんなことでハンスが正しく答えようはずもないから、正答やそれに近い数の答えが出たのは奇妙な偶然に過ぎまいと思った。だが、それは思い違いだった。というのは翌日、フォン・オステン氏がいないときに私自身が質問してみたら、ハンスは幾度となく正しく答え、その後の数日間に(常に氏の不在の状態で)もちろん誤答が出ることもしばしばだったが、かなりの正答が得られたからである。しかも誤答にしても大抵、正答より多いにしろ少ないにしろ、その差は1打だけ(「±1」)だった。だから、私は程なく、それが正答だろうと誤答だろうと、答えは何か一定のシステムに則って返ってきているのだと気がついた。といって、これまで私にはフォン・オステン氏やシリングス氏がハンスに質問しているところを観察する機会はなかったから、私が両氏の行動を模倣して行動した結果であろうはずはない。要するに、ハンスは初めから、私の何らかの行動とハンスの何かとがうまくかみ合ったがために答えを返してきているのだ。もちろん、思った数が比較的大きな数のときは、そう簡単に期待通りの答えが得られたわけではない。〔そういった大きめの数のときは〕私がハンスを完全に制御するためには、より正確にいえば、後になってわかったことだが、私自身を制御するには、たとえ短時間でもいいから練習が必要だったのである。ともあれ私は、まだ私自身のどういう行動が関わって答えが返ってくるのか皆目、見当もつかない時分にすでに、比較的高い率で正答を得ていた。

ハンスは当初から、私が心の中で質問を言うだけでも、声に出して質問する場合とまったく同じような素早さで返答してきた。しかし以下のようなテスト結果から、心の中で質問を言うことすらも不必要であることが明らかになった。まず、私がハンスが叩き始めた後で例えば5を思うと、ハンスは5打叩いたのに、反対に例えば6まで数えるようにと命じただけで、後はそのことを考えないようにしたら、必ず誤答が返ってきたのである。また、ある質問をして、それに対しての正答であろうとなかろうと任意の数を強く念じてみたら、それだけで私の思った任意の数だけ叩いたのだ。例えば、私が「六角形の内角の数はいくつか?」と3回質問して、順次6、2、27と念じたら、その通りに答えたのである。要するにハンスは、質問者の発する言葉ではなく、質問者が抱いている観念〔つまり思っている数〕にのみ従っているのだ。それは〔質問者から〕ハンスが受け取ることのできるキーポイントとなる動きが、質問者の言葉とではなく、その人が心に抱く観念とだけ結びついているからにほかならない。

しかし、ハンスに叩かせたい数を思ってさえいればいいかといえば、それでは不充分で、ハンスの打数が自分の求めている数に到達したその瞬間を必ず意識できなければ首尾よくいかなかった。例えば比較的**大きい**数（およそ7以上）を思ったとき、ハンスが叩くのに合わせて心の中で最初の数から期待する数〔最後の数〕まで、それがどのような数え方でもいい、とにかく今、幾つ目を叩いているのか意識できていたときだけしか私は成功しなかったのである。6の場合ならばまだ、1、2、3、4、5、6、あるいは6、5、4、3、2、1、または6、6、6、6、6、6、さらにギリシャ語をあれこれ言っても、まったく意味のない音節を順々に心で発するだけでも、ハンスは正しく6打叩いたのだが、それ以上の数となると、期待する数に達した瞬間にそのことを認識できないような方法だと、必ず誤答となったのだ。10や12の場合の結果を示しておこう。


10を、10、10、10、10……と言いながら数えたときは、ハンスは13打叩いた。

10を、1、2、3、4、というように10まで数えたときは、ハンスは10打叩いた。

12を、12、12、12、12……と言いながら数えたときは、ハンスは15打叩いた。

12を、1、2、3、4、というように12まで数えたときは、ハンスは12打叩いた。


ところが、3や4といった程度の比較的**小さな**数の場合には、追うように数えなくても、その数を思ってさえいれば大抵、正答が得られた（シリングス氏もそう証言している）。なんと曜日や月を訊ねたときでさえも、左記のようにあらかじめ氏によって決められた数を思わなくても、それらの名前を生き生きと心に念ずれば、それだけで正しく叩いた。前にも少し触れたように、フォン・オステン氏は曜日や月の名に対して番号を振っている〈ドイツ語では他の多くの欧米語と同様に、曜日だけではなく各月も古代ローマの神々や皇帝に由来する名前で呼ばれている。例えば2月ならば「贖いの神」から"Februar"、3月なら「軍神マルス」から"März"というように〉(よって5月"Mai"には5が、火曜日"Dientag"には3が対応する)のだが、たとえそれらの数を意識して思わなくても無意識には明らかに、いうなれば準備されていて、ハンスが正答の数だけ叩くと必ず、俗にいう〈勘〉が働いたのである。

しかし、ただ数を順に数えたり念じたりするだけでは、まだ正答を得るには充分ではなく、そこには高度の「期待に基づく緊張感」という強い情動が伴っていなければならない。「質問したのだから答えるだろう」という受け身の期待や、「叩いてほしい」という願望を抱くだけでは駄目で、むしろ「叩かせてみせる」という決然たる意志が必要だ。いわば「お前は何がなんでも叩かねばならない」と、ハンスに向かって心の内で叫ぶのだ。この情動が、まず頭皮や首の筋肉に緊張感を与え、ときには頭全体の震えをきたす。さらに諸々の内蔵にも緊張感を生じさせ、ついには不快感をもたらし、それが徐々に絶え間なく増大していく。ところが期待する数に達すると、突然、この緊張が解け、特有の解放感あるいは弛緩感が広がるのである。

では、どの程度の緊張度で期待すれば、最も良い結果が得られるのだろうか。それを調べるために、私は一連のテストをしてみた。その結果、緊張の度合いは、次の3段階に分けられることが明らかになった（完全な弛緩状態というのは除外する）。この時点での緊張度の基準はあくまでも私の体感的なものである。

第1緊張度（最大注意集中度）の場合は、ほとんどの質問で正答が得られる。だが時々、正答より1打足りない（「-1」）答えが生じてしまう。時期尚早なのに緊張が爆発的に弛緩してしまうのだろう。

第2緊張度の場合は、ほぼ全部が正答。ただ、ごく稀ではあるが、正答より1打多い（「+1」）こともある。

第3緊張度（最小注意集中度）の場合は、大部分が誤答。しかも、その大方が正答より2打以上多い（「+2」以上）。

実際に、どのようにして調べたのか例を2つ挙げて説明しておこう。まず、ハンスに10打叩かせるテストを行ってみた。最も緊張度の低い状態で試したら、1回目は13打、2回目は12打叩いた。そこで3回目は緊張度を強めてみたら8打、4回目は再び緊張度を緩めはしたものの最初の緊張度よりも多少高めに保ったら、正しく10打叩いた。もう1つは5打叩かせるテストで、まず比較的低い緊張度でテストしてみたところ、ハンスは6打叩いた。そこで緊張度を強めると4打。緊張度を少し緩めてみると、正しく5打叩いた。要するに、最適な緊張度は第1と第2との中間の緊張度であり、第3緊張度は最も不適切なのだ。とはいえ何回か練習をした後では、初めよりも多少緊張度が低くても正しい答えが得られるようになった。それは明らかに、練習によって脳の運動中枢への、神経エネルギーの流れがよくなったためである。それで、私が調査を始めた当初しばしば、ひどい頭痛に悩まされたりしたのに、後になるとそのようなことがまったく起こらなくなったのも納得がいく。

このようにある程度の緊張が必要ではあるものの、テストの間中、つまりハンスが第1打を叩き始めてから期待する数に到達するまで、同じ緊張度が求められるというのではない。むしろ比較的低い緊張度から始めて、曲線(その頂点が前に述べた緊張度に相当する)を描くようにして、期待する数に近づくにつれて徐々に高めていくほうがよいのである。頂点に到達すると必ず、緊張度は急激に降下するのだが、そこまでの上昇過程は必ずしも一様ではない。この緊張度の想定曲線としては、以下に記すように3つの型が考えられる。こういったことは内観によって、まったく経験的に捉えられたことなのだが、後には実験を行うためにこれらの不随意に生じる緊張曲線を随意的に再現を試みたら、その通りになった(そのためには、事前にその都度、ときには非常に込み入っている緊張曲線のその流れを心に思い描くことが必要だった)。

Ⅰ　「期待に基づく緊張」曲線の上昇率が、初めから終わりまで一貫して同じ割合である型。この型は、**比較的小さい**数の場合に多くみられる。例えば、「2足す4はいくつか?」と質問すると、私の緊張は心の中で数え始めた瞬間から、数を追うごとに徐々に増大し、期待する数に達すると突然、緊張が弛緩した(それが、微かなピクッとする動きとして外面に現れた)。

Ⅱ　緊張曲線の上昇率が一定ではなく、途中で変化する型。2通りある。1つは、初めは緩慢で、後で急上昇する場合。もう1つは、最初に急上昇し、そのままの高さでしばらく推移し、その後また上昇して最大値に至る場合。この型の曲線を描くのは、**決まって比較的大きな**数のときで、明らかに心的エネルギーを節約しようとしてのことだ。というのは、自分で体験してみてわかったことなのだが、心的緊張はエネルギーを初めから同じような割合で増大させていって、ある一定のレベルに達すると、そのレベルを長くは保持してはいられず、求める数に達する前に爆発しがちなのである。さらに非常に大きな数の場合には、緊張の微増と急増とが交互に何度か繰り返されたり、それどころか減少に転ずることさえ再三なので、曲線に波動が生じがちだ。

Ⅲ　緊張曲線の途中で、ある数とその次の数との間に突然の飛躍が生ずる型。この型は、数の大小に関係なく、緊張度が最も高いとき、つまり第1緊張度のときにのみ見られる（101頁参照）。この飛躍には2通りあり、共にしばしば起こるが、どうやら2番目の場合のほうがより頻度が高いようだ。

1つは、「最後の数（つまり期待する数）の1つ前の数」から、切望する「最後の数」に移る間に起こる飛躍。最後の数に極度に注意を集中している場合に生ずる。したがって〔後に、フォン・オステン氏を観察することで発見できた事実に則していえば〕、この場合には、緊張の弛緩つまりピクッとする頭の動きと質問する前の真っ直ぐな姿勢に戻る動きは、正常に最後の数が叩かれてから起こる。すなわちハンスは最後まで右前足で叩く。

2番目は、「最後の数の1つ前の数」に移るその直前に起こる飛躍。この場合には、1つ前の数が叩かれると早くも、どうやら期待している数だけ間違いなく叩きそうだという思い込みから、その時点で内面の緊張がかなり弛緩する。そのため外面の緊張も解け、質問者の頭はピクッと上方へ動き、ハンスは右前足を元の位置に戻してしまう。しかし、質問者は最後の1打が叩かれるのを待って、ある程度まだ緊張しているから、質問者の頭は完全には上がり切らない。そこでハンスは左前足でもう1打叩く。すると質問者の緊張がやっと完全に弛緩し、真っ直ぐな姿勢となるのである。

こういった緊張度の変化という質問者の心理が実際に、ハンスが最後の1打をどのように叩くかを左右するカギであることは、次のような驚くべき実験結果によっても立証された。あるとき、初めのうちは、私の頭や身体を随意に動かして右足を戻させたり最後の1打を左足で叩かせたりしていたのだが、しばらく経ってから自分の注意を「期待する数（最後の数）」に集中させたり、あるいは「最後の数の一つ前の数」に集中させたりしてみたら、自由自在に操れたのである（その際、ピクッとする動きはまったく、ひとりでに生じた。もちろん随意に動くこともできはしたが）。この方法で同じ10問を、最初はハンスに右足だけで叩く方法で答えさせ、次は最後の1打だけ左足で叩く方法で答えさせることもできた。

最後に、1という数がハンスから引き出しがたい、その心理的な理由について述べると、それは期待によって緊張が生じた直後に緊張を弛緩させるのが容易ではないので、どうしても緊張の弛緩が遅れがちになりピクッとする頭の動きも遅れてしまうからである。

(2) 頭を動かして応答する問題群の場合

次は「はい」と「いいえ」、「上」と「下」のようにハンスが首を振って答える問題の場合の、内観によって判明した興味深い誘因について簡単に触れておく。本書ではこの「頭を動かして応答する問題群の場合」について、「叩いて応答する問題群の場合」の後にまとめて記してはいるが、調査開始の当初から常に同時平行的に観察し実験している。

〔まだ、私の何に触発されて答えているのか不明だった時分に〕正答が「0」の問題が出されると、ハンスは頭を横に一振りするのではなく、ともすると叩き始めがちだったのに、ときには首尾よく頭を振ることがあって、なんとも不思議でならなかった。そこで内観してみたが初めは、自分が心の中で「ゼロ」と言い、同時に期待を込めてハンスの頭を凝視したことだけしかわからなかった。

「はい」または「いいえ」という答えを期待する問題の場合には、私は自分が「はい」とか「いいえ」と口に出して言っているときの動きを思い浮かべていた[33]。私がそれらの言葉についての視覚像または聴覚像だけしか心に抱かないようにすると、ハンスは間違った。ということは常に、運動感覚心像が何か重要な働きをしているということだろう。

「上」や「下」を示させる問題のときは、(空間における)上あるいは下の方向を思っていた。「左」や「右」の場合も同様であるが、この場合いつも私はハンスの側から見ての左右を考えていた。

どの場合も、といってもまだ、どのような動きが有効なのかわかっていない時分のことであるが、私がはっきり声に出すか、せめて囁くようにでも声を出して質問したときのみ首尾よくいった。まったく声に出さずに質問する、つまりそれぞれの観念を心に抱くだけでは決して成功しなかった。たしかに、この心で思うだけの場合も、短時間であれ何回か練習するうちにうまく頭を振らせられるようになったが、当時はなぜ練習すると急に首尾よくいくのか皆目見当もつかなかった。

いうなれば完全に練習済みのフォン・オステン氏の場合には、次のような一件が起こるまで、質問を声に出して言う場合と単に心で思うだけの場合とで差があるようには見えなかった。この一件は重要なことを示唆していると思うので、詳細に記述しておこう。あるときハンスが氏の前で、まるで全レパートリーをご披露するかのように次々と以下のような行動をした（克明に記録されている）。まず頭を右に、次いで左へ向けた。それから前方へ3度ジャンプした。そして後へ戻って、頭を「はい」を示すように上下に振り、次は頭を下げ、また前方に2度ジャンプしたのである。氏によれば、これまで無言のうちにハンスに命令することなどついぞなかっただろうのに、たまたま「左へ下がれ！」と心の中で命じたのだという。そこで、同じ命令を声に出して言ってもらうと、ハンスは言われた通りに左後方に動いた。声を出して命令する限り、5度やって5度とも言った通りにしたのだ。ところが再度、無言で命令してもらうと、ハンスはまた前と同様に頭を右に動かしたり前方にジャンプするといった一連の動作をした。つまり、命令を声に出して言ったときは例外なくハンスは正しく動き、声に出さなかったときは必ず間違ったのである。

　こういったことは質問者にその頭を思わず振らせてしまう起動力〔つまりは運動インパルス（神経衝撃）の、最初の運動を起こさせる力〕の強弱の問題で、「右」「左」等の観念を抱くだけのときには、氏とても今述べた最初の場合のように、抱くと同時に口に出して言うときに比べて、それが弱いのだと考えて間違いない。それゆえ私は観念を抱くだけのときは練習する必要があったのであり、練習して初めて「左」や「右」等の観念を充分な強さのある運動インパルスと結びつけることができたのである。

　こういった事実は、「前足で叩いて応答する問題群の場合」の、質問を声を出して言おうが心の中で念じるだけだろうが差がないという事実と矛盾しているように思われるかもしれないが、決してそうではない。「叩いて応答する問題群の場合」の合図である、質問者の身体の屈曲や上へ上がる動きは、質問が終わった後で起こっている。すなわち質問すること自体は何の役にも立っていないのである。他方、「頭を動かして応答する問題群」の場合の合図は、〔口頭なり心の中なりで〕質問すること自体によって、つまり質問して初めて生ずるのだ。例えば、私は「上はどっちか」と口に出して囁く程の小声で言うのであれ心の中で言うのであれ質問すると同時に、上を見てしまうのである。したがってこの場合には、質問することは無意味どころか、重要なことなのだ。

　〔質問したとしても、無言でのものである限り〕私の場合、「左」へ向かせることだけは、なかなか首尾よくいかなかった。声に出して「左はどっちか」と言う場合は繰り返し練習するうちに成功するようになったのに、無言だと決して左に振らせられなかったのである。ところが私は偶然、次のようなコツを見つけた。まず初めに声を出してハンスに「左はどっちか」と質問して、ハンスが正しく応答した後、間髪を入れずに無言で質問するのだ。何度やっても必ず成功した。このときの、無言で質問した際の私の心的状態は、声に出して質問した際のそれとまったく同じだった。当時の私にはもちろん、その心的状態がどういうものなのか言葉にできる程よく把握しきれていなかった。だから随意にその心的状態を喚起することもできなかったので、声を出して質問し成功してから、無言の質問までの時間が1分間程経ってしまうと、生き生きしていた残効（いわゆる一次記憶像）が薄れてしまい、必ず失敗した。もちろん練習によって程なく、この最後の難関も突破できた。そもそも私がハンスの「左」を向く反応を引き出しにくかったのは、起動力の弱さだけではなく、私が立つ位置（ハンスの肩近く）にも問題があったからで、微弱ながらする私の右への動きがハンスからは見にくくて知覚が容易ではなかったのだ。

この「左」へ向かせるのが難しいということは、「いいえ」や「0」と答えさせる場合にも通じる問題だから、それらの場合も当初ハンスはいつも右には充分に首を振っても、左にはほんの微かにしか振らなかった。

それが、どのようにであれ頭を振らせる場合にも、叩く数が問題の場合と同様、高度の注意集中を要する。ただし注意が向かう対象は異なり、「頭を振らせる場合」には注意は**当該の観念内容**すなわち「はい」や「左」などが意味することに向かい、「叩く数が問題の場合」は**感覚器官を通しての知覚が期待さ**

れること、すなわちハンスの叩く動作に向かうのである。

ここまでの説明はすべて、一般的な人間心理から推測すれば容易に理解できよう。ところがなんとも理解しがたいことに、「0」と「いいえ」の場合、両者はまったく相異なる観念であるにもかかわらず、ハンスはまったく同じ頭の動かし方をしているのだ。ならば、ハンスは質問者から同じ指示を受け取っているに違いない。そこで、フォン・オステン氏やシリングス氏の動きをよく観察し、さらに自分の動きを内観してみたら、予想通り3人とも、頭を左から右へ一振りするという同じ指示を出していた。それはまるでハンスに期待している頭の動きを、質問者自身が規模を縮小して模倣している、あるいはより正確に言えば先廻りしてやっているとしか思えない。しかも不思議なことに、「上」「下」「右」「左」の合図はいずれも、それぞれの観念と正常に結びついている自然表出動作・運動なのに、質問者が不随意にハンスに与える「0」と「いいえ」の合図は、「0」あるいは「いいえ」の観念を抱くと現れる(互いに異なる)自然表出運動のいずれでもないのである(120頁に述べるように、実験室実験の結果判明した)。

なぜそのような不自然な表出運動が生じるのだろうか? もし質問者が質問を言うなり心に思うなりしているとき常に、ハンスに期待する頭の動きを思い描いているだけで、「0」とか「いいえ」そのものについてまったく思いを致していないのであれば、何の矛盾もないわけである。しかし決して、私はハンスが示す動きを思い描いてなどいない。シリングス氏にも詳しく訊ねてみたが、彼自身に関する限りは同意見だった。ならば、「0」あるいは「いいえ」の観念の自然（正常な）表出運動が、**質問者当人の気づかぬうちに、つまり無自覚的に、**人為的な表出運動に置き換えられてしまったと考えるしかあるまい。そういった置換が起こり得ることは、第4章で述べる実験（120〜129頁）によって立証された。次のような観察結果からも、これらの場合に実際に置換が起こったのだと推測できる。「0」とか「いいえ」が期待される質問に対して、私が問いかけようとシリングス氏が訊ねようとハンスは必ず、頭を初め左へ動かしてから次に右に振り、その順序を逆にすることはまずないのに、私が試しに順序を変えて頭を動かしてみたら、ハンスは順序を変えたのである（80頁参照）。そのことによって、左から右へというのはハンスの癖などではなく、ハンスへ送られる合図がそうなっているからにほかならないことが立証されたのだ。合図がそうなっているのは、シリングス氏はむろんのこと、私にしても〔彼に誘われて初めて叩かせるのを試した頃から〕、すでに幾度となくハンスがフォン・オステン氏に対して常に左から右へという順序で頭を振って答えているところを目撃しているので、そのハンスの動きが彼や私の脳裏に焼きついてしまっていたからである。それで、私たちが質問者になったとき必ず、だが、まったく無自覚的にそれを再現してしまったというわけだ。無自覚的であったればこそシリングス氏はついぞ、そんなことだとは想像だにせず、私にしても随分後になってやっとわかったのである。

2　内観の限界――自己外面の微細な変化の把握の不成功

最後に、私自身の動きの知覚について少し述べておこう。かなり早い時期から、頭あるいは上体をかなり大仰に上に上げるとハンスが叩くのを中断することに気がついてはいたものの、叩いて答えさせている途中で必ず自分がごく微かにピクッ頭を上げているなどとは〔内観しても〕一度たりとも気づかなかった。フォン・オステン氏のそれを発見して初めて自分もそうしていることがわかったのである。氏を観察してもなかなかごく微細なその動きを見つけ出せなかったのだが、内観によって自分自身の動きを感知するよりはまだ容易だったということだ。この動きが非常に微細だったので、どんなに注意集中して自己を探っても探査の網の目を逃れてしまい、見つけられなかったのである。だから、掛け声によっても叩きやめるのか否かを調べたとき、初めのうち私はハンスが私の掛け声のせいで叩きやめるのか、それともひょっとしたら掛け声をかけると同時に私の身体のどこかに不随意運動が生じるためなのか判断がつかなかった。けれども、大声で叫んでも私の身体が微動だにしないようにして試したら決して叩きやめなかったので、それでやっと自分の何らかの不随意運動が有効なのだとわかったのである。また、他の応答行動の合図となる動きも叩く場合と同様に極めて微細だったので、内観では見つけられなかった。それどころか、微細とまではいえない後脚で棹立ちさせる場合の〔自分の〕動きでさえも長い間、見つけられなかった。号令するだけでいいのか、それとも同時に何か特定の動きをしているのか否かなかなか見極められず、〔応答行動の内観の失敗に学んで〕非常に注意深く内観してみて初めて、号令をかけたときに必ずわずかに動いていることがわかったのである。

それらの動きをできるだけ忠実に模倣して随意に送って、それらが合図だと断定できるのか否か試した際のことについて述べると、くだんの頭のピクッとする微細な動きの場合とても、不随意に生じる動きと同程度に微細に動かすこと自体はたいして難しくはなかったが、連続的に同程度の微細さで動かすことはとてもできなかった。極度に注意を集中しているにもかかわらず〔幾分かは、それだからこそ〕、時々、動きが少々大きくなり過ぎてしまうのだ。動かした途端に大き過ぎたと〔内観で〕わかるのに、続けざまに毎回必ず、動かす前にインパルスを適切に調節するということが私にはできなかったのである。

次の言葉をもって、この章を終わろう。内観〔自己観察〕結果はその性質上、誰がいつ行ったものであれ主観的な証拠でしかない。それが普遍的で妥当な証拠と認められるためには、他の人たちの内観結果によって裏づけられなければならない。他の人たちの得た結果を知る必要性は他のどの観察方法による場合にもまして大なのである。だが残念ながら、ハンスに質問して正答を得たことがある人たちに聞いてみても補強証拠となるような情報はほとんど得られなかった。そういう人たちのなかには、たとえ外界の自然現象の観察に優れてはいても、内観に熟達した人はいなかったからである。しかしながら実験室における実験によって、必要な証拠を得ることができた。それについては次章で述べる。

第4章——実験室実験

本章では、1904年11月からベルリン大学〔現フンボルト大学〕付属心理学研究所で行った実験室における諸実験について簡単に述べておこう。これらの実験の目的は2つあって、1つは、フォン・オステン氏やシリングス氏等々に生じる表出運動[34]が典型的なものなのかどうか、すなわち同じ条件下で彼らと同じようなことをすれば、その大多数にも同様の動きが生じるのか否かを調べること。2つ目は、私の内観によって〔質問や命令を発してから〈答え〉を得るまでの〕種々の心の変化の過程が明らかになり、その心の変化こそが私の動きをもたらしていることも判明したのであるが、果たしてその、私の心の変化がどの程度、広範につまり多くの人に起こることなのかを〔前記の目的のための実験に参加した〕他の人々の報告ないしは話をもとに明らかにしようということである。

これらの実験はいずれも、ハンスを使って実験した場合の条件とできる限り近似した条件下でなされた。ハンスがいると荘重ともいうべき雰囲気がその場に漂うのであるが、もちろんそれまで移せようはずもないし、そうしないほうが却っていろいろな点で好都合だった。実験に関与したのは、いずれのテストのときも2人ずつで1人は質問者役を、別の1人はハンス役（大抵は著者）を務めた。これらの実験のテストは、ハンスの応答行動に従って〔質問者に思ってもらう問題を〕3種類に絞って行われた。
①計数あるいは計算の問題群の場合
②空間反応をきたす問題群の場合
③獲物〔対象〕を収拾ないしは示す反応をきたす〔色布選択[35]の〕問題群の場合

1　ハンス役の目で表出運動を捉える方法による実験

(1)　計数あるいは計算の問題群の場合

次のようにして行った。質問者役はハンス役である私の右側に立ち、できるだけ注意を集中して、ある1つの数（大抵は1から10までの数。100を限度とする）を思ったり簡単な足し算の問題を考えたりする。質問者が所定の位置についたら、私はとにかく叩き始めてしまい（足の代わりに、人間らしく右手を用いる）、今たしかに自分は「終わりの合図」を知覚したと感じる瞬間まで叩き続ける。質問者役は全部で25人で、年齢も様々（なかには5歳と6歳の子供もいた）なら人種も職業や国籍もまちまちだった。その誰にも、この実験の目的を決して事前に明かしてはいない。もちろん彼ら自身が観察の対象となっていることは一目瞭然だったし、その観察の主眼が特定の緊張ないしは動きにあることも隠しようがなかった。だが実際に、私がこの目で捉えたのがどういった現象、どういった種類の動きなのか気づいた被験者は一人もいなかった。というのは、自分のどこかが動いたような気がするという報告が別々の人から合わせて2、3あっただけだからだ。

実験の結果、最後の数〔期待する数〕に到達すると突然、誰にでも（例外は2人だけ）第2章に記したとまったく同じような不随意運動が生じる、つまり頭がピクッと上方へごく微かに動いてしまうことが明らかになった。

また同時に、そういったピクッとする動きのその方向がテスト開始時の質問者役の頭の位置によって左右され、しかもそれぞれの位置によって決まった様相を呈する〔つまり同じ位置なら必ず同じ方向へ向かい、位置によっては常にほとんど動かない場合がある〕ことも判明した。例えば頭を下げていたときには、上体を真っ直ぐにしていようと（頭と共に）前傾させていようと必ず緊張の弛緩は上方へのピクッとする動きとなって現れた（上体も前傾させた場合には時々、上体全体がわずかながら上がるので、被験者の背中を見ているだけでもわかった）。被験者が頭を後方に反らしていたときは、「決定的な瞬間」がくると、頭は前方へと向かいながら上がった（特定の状況下では、頭はいっそう後方へ反り返った）。頭を右へ傾けていたときは、左へ向かいつつ上がった。逆に、左なら右へ上がった。頭を右前方に下げていたときは、左後方へ向かって上がった。こうして、さんざん頭の位置を変えて調べているうちに、頭（むろん上体も）が真っ直ぐな状態のときは「決定的な瞬間」がきてもいわば超然としてまったくどこも動かないか、動いたとしても頭が微かに震えるだけであることがわかったのである。被験者が頭を物の上に載せて真っ直ぐに仰向けに寝た場合も、ごく微かに頭が横に振れただけだった。なおも頭の位置をあれこれ変えて、緊張が弛緩したときどのような特徴的な動きが現れるか調べた結果、ハンスにとって決定的に重要な「終わりの信号」である質問者の頭が前傾位置から上へ上がる動きは、次のような一般法則に則って起こる動きのうちの特殊な例に過ぎないらしいことが明らかになったのだ。**心的緊張の弛緩に伴って、筋肉の緊張が弛緩するとその都度、その人の頭（および胴体）は筋努力を最も要しない位置に戻りがちである。**

この上へ上がる動きの大きさは、大抵の人の場合は1㎜以下で、ごくたまに1㎜以上になる人もいるけれども、せいぜい2㎜以内のことである。このようにごく微細ではあっても、私がこの動きを捉えられなかったのは2人の、抽象思考力に非常に富んだ学者が被験者となったテストのときだけだった。そのうちの1人は、ハンスに向かって質問したときも、幾度試しても一度たりとも答えが返ってこなかった。

そのような被験者ではなく、より適した人のときは、その人が心に思っている数だけではなく同時に、その数をどう分割して考えているのか、例えば12を「5、5、2」と捉えているのか、「2、5、5」と思っているのか推測がついた。あるいは考えているのが足し算なら答えが同じでも被加数を幾つとしているのか、つまり問題が3＋2＝5なのか、それとも2＋3＝5なのかがわかった。そのため初めのうちは、分割した数あるいは被加数を間違って、被験者が期待している数だと思ってしまうことも度々だった。

8の代わりに4、あるいは9ではなく3、そして3＋2ではなく3と推測してしまったのである。ハンスに質問した場合も同じように、例えば8を期待しているのに4でピクッとしていた。

また、この実験でも、ハンスがよく間違えると同様に、1と比較的大きな数の場合には推測が外れがちだった。例えば被験者が17を思っているとき、私は初め4、次は9と2回続けて間違い、3回目にやっと17と当てることができたのである。しかし少し練習を積むと、58とか96などという大きな数のときも当たるようになった。そして、この実験でも正答つまり思っている数よりも1打多過ぎ（「+1」）たり、少な過ぎ（「-1」）たりする誤答ないしは失敗が生じがちだった。

さらに〈第2の目的である〉、前章の著者の内観によって明らかになった諸事実、殊に充分な注意集中が決定的に重要であることや緊張曲線の推移などが普遍的なものであることも、信頼できる質問者役からの報告によって明確に立証することができた（実験中に、私が被験者に何か暗示的な質問をして影響を及ぼしたなどということは断じてない）。その際に殊に役に立ったのは、「もの言わぬウマ」からいわば「言葉を話せるウマ」に代わったことで、ハンスの外側の変化を同時に内面からも追跡できたことである。2例を挙げて説明しよう。1つは、ハンス役が自分の右手で3打叩いた場合に「質問者の頭が3でピクッとごく微かに上方に動くのに気づいた」と報告している例。そのとき質問者役は4を期待していたのだが、ハンス役の報告内容を知らないまま「私は非常に強く緊張していたので、3打目までしか数を念じ続けてはいられなかった」と語っている。もう1つは反対に叩き過ぎたときの例で、ハンス役が質問者役の動きに従って3打で叩くのをやめたと語っているのに対して、実は2を思っていた質問者役は「3打目が叩かれてやっと心のブレーキをかけたことを自分自身はっきりと気づいた」と報告している。要するに、この実験の場合もハンス役の誤答ないしは推測の失敗は、ハンスを使った場合とまったく同様（172頁参照）、そのほとんどが質問者役の過失によって生じているのである。

(2) 空間反応をきたす問題群による場合

この場合の実験の実施方法は次の通り。「上」「下」「右」「左」「はい」「いいえ」等の観念のうち4ないし6つを毎回選んで被験者に提示し、任意の順序で、できるだけ強く注意集中して心に抱いてもらう。提示する際、わざと「それ！と号令をかけたら、そのうちの1つを選んで思って下さい」とだけ言っておく。どのように「心に思い浮かべる」かは各自に任せる。また、1つの観念を抱いてから次の観念を抱くまでの間に、何も考えない時間を設けるよう取り決めておく。私は質問者役の被験者と向かい合って立ち、被験者の表出運動をもとにその抱いている観念を推測する。推測結果つまり質問者役がどの観念を抱いたと私が思ったかは、時々はハンスのように頭を上下や左右に動かしたり、あるいは腕を上下させたりして示すが、大抵は言葉だけで表現する。

この実験でも、12人の様々な被験者による合計350回のテストの〔ハンス役である〕私の平均的中率ないしは正答率は73％で、最も適した被験者の場合には90～100％当たった。被験者たちは、ある1つの観念を抱くとその都度ほんの瞬時だが、それが誰であってもほぼ同じように頭か眼が不随意にごく微かに動いたので、それが推測の明確な手掛りとなったのである。数や計算の問題群のテストの際に緊張弛緩によってピクッと動くときと同様、当人たちはそのことをまったく自覚していなかった（被験者の動きが非常に大きく明確だったことが1、2度あり、そのときは例外的に当人も気がついていた）。たとえ自覚していたとしても抑えようもないのだ。後に、私が被験者たちに何を手掛りにしたか告げると、彼らは動きを随意に・故意に抑えようとしたが、抑えられはしなかったのである。「上」や「下」、「右」や「左」を思うと頭あるいは眼がそれらの方向へ動いてしまう。「前」を思うと頭が前方へ動き、「後」のときは頭が後方へ動く。「はい」を思うと頭が一度、微かに頷くよう動き、「いいえ」のときは、頭を左右に素早く2度から4度程振る。[36] さらに「0」では、頭が中空で楕円を描き、実際、被験者が思い浮かべているのが、活字体（0）なのか筆記体（𝒪）なのかさえわかる。字体の違いが、頭の動きとして現れるのだ。こういった観察結果の正当性は後に、図像法による実験によって立証することができた。個々の被験者ごとの私の的中率は、例えば（哲学科の学生）カイム君の場合、合計20回のテストで70%。（同じく哲学科の学生）フォン・アレシュ君の場合は、合計25回のテストで72%で、実験が終わる頃には、まったくといっていいほど間違わなくなった。

　ところで、これらのテストの際には決して被験者の顔を直視する必要がなかった。ハンス役の私が顔を斜め横に向けて網膜のごく端で被験者を見るようにしても、合計20回のテストの的中率は89%だったのである。それも何ら驚くにあたらない。網膜の周辺部は、よく知られているように視力[37]や色覚は非常に鈍いのだが、動きに対する感度はかなり高いのである。[38]

さて、110頁に記したように、私は「シリングス氏と私の『0』と『いいえ』に対応する自然表出運動が、当人も気がつかぬうちに別の動きに取って替られ、その置換した運動が合図としてハンスへ送られているのだろう」という仮説を立てているのだが、果たしてそういう置換を実験によっても生じさせられるのかどうか試してみた。その結果、**置換の実験は実際に成功した。よって条件さえ整えば、当人も気づかぬうちに、ある任意の観念と、任意の運動とを結合させられることが明らかになった。**以下に、私自身が行った、この他に類のない実験について、例を幾つか挙げて順に説明していこう。

①特定の自然表出運動をもつ観念と任意の運動との人為的連合形成の実験

初めの被験者(フォン・アレシュ君)には「左」と「右」の観念を任意の順序で思ってもらった(この場合も、わざと何気なさそうに「右」または「左」を思って下さい、とだけ指示した)。テストを始める前に、もっともらしい理由を挙げて、「私はこれから、あなたがどちらの観念を抱いているのかを推測してみるつもりなのだが、その結果を言葉では表現しない。その代わりに、『右』だと思えば、腕を下へ向け、『左』なら腕を上に動かして示す」と被験者に伝えておいた。テスト結果は次のようだった。テストを開始して3回目までは、被験者が「右」を思うと眼球が右へ、「左」を思えば(眼球が)左へと(正常時通りに[つまり以下のような、特別なことをしない自然な状態のときの表出運動通りに])動いた。

ところが4回目に「左」を思うと突然、眼が上へ動いた。さらにもう2回は眼は右や左へ動くだけだったが、7回目に「左」を思ったら眼はまず左へ動き、すぐに上へ動いた。さらに10回テストしてみたが、眼は必ず「左」のときは上へ、「右」のときは下へ動いた（1度だけ「左」のときに正常に左へ動いて、新しい動きが中断された）。要するに、人為的な表出運動による自然表出運動の排除・置換は、すでに7回目にして起こっているのである。

2人目の被験者（B君）の「上」の観念に対する正常時の動き〔つまり自然な表出運動〕は頭が微かに上へ上がり、「下」の観念のそれは頭が下へ下がるというものだったのだが、私が「推測結果」を「上」のときは腕を右に、「下」なら腕を左に動かして示しているうちに、すっかり消えてしまった。それに代わって、被験者の頭が私の期待通りに右または左へ動いたり、ときには右上方あるいは左下方へ〔垂直線に対して45度）動いたりするようになった。つまりこの結果は、当初の動き〔つまり自然表出運動〕と私が期待した動きとの中間の動きをするようになったということだ。要するにこの場合には、完全に置換されたのではなく、部分的に融合したのである。

3人目の被験者（カイム君）の「右」と「左」の観念に対する正常時の動き〔つまり自然表出運動〕は、頭あるいは眼のいずれかが右または左へ動く（頭と眼が同時に動いたことはない）というものだった。私が腕を上下させて「推測結果」を示しているうちに、無自覚的に**頭だけでなく眼**も動くようになった。が、その動く方向は異なり、「右」を思うと、眼は右へ、頭は上方へ動いた。「左」なら眼は左へ、頭は下方へ動いた。そうなるには6回程の練習（当人は練習しているなどとは思ってもいないのだが）が必要だった。7回目以降は、この人為的な頭の動きがすっかり定着し、合計40回テストして、それをもとに実に32回も正しく推測することができた。この40回のテストのうち最後の何回かは、もちろんその理由など正直に教えたりはせずに、被験者に目隠しをつけて眼の動き（もともと微細だ）が見えないようにし、頭の動きだけから推測するようにしてみたが、的中率は少しも落ちなかった。

引き続き同じ被験者（カイム君）に、目隠しを外した状態で、また「右」または「左」を思ってもらい、今度は推測結果をこれまでとは反対に「右」と思ったら腕を下へ、「左」だったら上へ動かすことにして試した（腕の動きを変えると言ったとき、被験者はそれを私の単なる気まぐれだと受け取っていたという）。12回テストを繰り返すとここで初めて、先に私が操作して作り出した「〔古い〕人為的な連合」が完全に排除され、別の「新しい人為的な連合」に置換された。今や「右」に対しては、眼が右に動くと共に頭は上がるのではなく下がるようになり、「左」のときはその逆に動くというように変わった。その間には時々、**頭だけ**あるいは**眼だけ**が動くことがあったが、いずれが動くにせよ、「右」に対しては必ず下か右下方へ、「左」のときは上か左上方へと動いた。10回テストして実に10回とも正しく推測することができた。

この「新しい人為的連合」がしっかり定着したように思えたので、今度は推測結果を腕はまったく動かさずに、**言葉**だけで表してみた。初めのうちは、被験者の頭は慣れた「新しい人為的連合」通りに素早く動いていた。だが次第に、かぼそく曖昧になり、ついには完全に消失してしまい、再び元の〔この人にとっての〕正常な状況〔つまり自然表出運動〕が生じてきた。「新しい人為的連合」による動きは、それが形成されたときと同様に素早く消えてしまったのである。翌日（カイム君の今述べた実験はすべて、1、2時間のうちに次々続けて行われた）になっても、幾度となく言葉で表現する方法でテストしてみても、もはや「新しい人為的連合」による動きは現れなかった。ところが、また最初の腕の動かし方（「右」のときは上げ、「左」のときは下げる）で推測結果を示し始めたら、「最初の〔古い〕人為的な連合」が再形成された。もちろん14回もテストを繰り返さなければならず、その間、この人の、「左」「右」の観念に対する正常な動き〔自然表出運動〕が現れたりして明らかに再形成が阻害され、かなり混乱した状態が続いていたのであるが。この「今や堅固になった連合〔再形成された古い人為的連合〕」は、10回テストしてそれで実験をやめるまでは定着していた。だが、あれから長い時間が経過した今では消えてしまっていることだろう。

要するに、この被験者の場合は、人為的な表出運動が自然表出運動を完全に排除し置換してしまうことも、（また若干の場合を除いては）両者が融合してしまうこともない。両者は常に互いに独立して存在している〔つまり併存している〕のである。

再度、強調しておくが、被験者は誰一人として実験の目的や意義など知らなかった。なによりも重要なことに、実験の終了後、被験者たちに質問して確認したから断言できるのだが、みな「右」「左」あるいは「上」「下」等の観念にのみ注意を集中していたのであって、私が腕をどう動かすか気にしたことは誰も一度たりともない。それどころか、私が特別な目的があって腕を動かしたのだとは思ってもおらず、「自分は決してそのような動きに影響されたりなどしなかった」などと言う始末だった。また、被験者当人が自分のどこかが動いたと気がついたこともない。ただし1人だけは122頁に記した実験の際に、自分の眼が時々、右へ動いたと一度報告している。けれども彼とて、左にも動いたとは感じてもいないし、われわれの最大の関心事である頭の動きにも気づいてはいない。なにしろ「何を手掛かりにして、あなた方が抱いている観念を推測したと思うか」という質問に対して、全員が見当違いなことを言ったのである。だから、実験が終了してからこの実験についての真相を明かすと、被験者たちは唖然としていた。

以上の実験はどれも、ステレオタイプな〔つまり大方の人に共通した〕自然表出運動と結びついている観念（121頁参照）の場合についての検証である。

②特定の自然表出運動をもたない観念と任意の運動との人為的連合形成の実験

次に、正常な状況では〔つまり特段の工夫などしていない自然な状況では〕、特定の運動・身振りと結びついてはいない観念を用いて、それらの観念と何かしらの動きとを人為的に連合させることができるのか否かを確かめてみた。もちろん被験者は誰も観念と運動の連合についてなど何も知らなかった。

例えば、この実験の意義を少しも理解していないだけではなく、一般的な心理学の予備知識もない人（St嬢）に被験者となってもらって、「トキ」（独語では"Ibis" イービス）、「ヒョウ」（"Irbis" イルビス）、「チドリ」("Kiebitz" キービッツ)、「カボチャ」("Kurbis" キュルビス)という言葉を任意の順番で心に浮かべるように頼み、前もって推測結果は腕の前後左右の動きで示すと言っておいて実験したときの結果はこうだった。20回のテストのうち15回当てることができたが、もちろん被験者が上記のいずれかの言葉に強く注意を集中すると、その頭と眼が前後左右に微かに動いて必要な指示を発したればこそわかったのである。しかし彼女はそんなこととは気づいてはいない。それどころか、これらの言葉の類似など当然のことながら区別の障害にもならないのに、「あのように類似した言葉を区別できるとは」とすっかり感じ入っていた。ところがテスト中に、被験者の思いがなんとなく私の腕が今度はどう動くかに向かい、そのため彼女の頭が混乱し、それで急に一時、私の推測が連続して外れるという事態が生じた。そういった経緯が判明したのは、被験者が自ら申し立ててくれたからで、さもなければ誤答の原因がそういった内面の動きによるものとは到底わからなかったに違いない。

さらに、心理学の専門的な習練を積んでいる別の3人[39]を被験者として同じ言葉を用いて実験した。その際、私の推測結果を示す動作を相手によって変えた。例えば同じ「チドリ」という言葉に対して、1人には「腕を上げて」、別の1人には「頭を右に振って」というようにしたのである。この3人のうちのある1人が被験者になったときは、まったくといっていいほど当たらなかった。その原因もすっかり判明しているが、それを説明するのは本書の課題の範囲を越えたことだから省略する。他の2人の場合は予想以上に成功した。私が腕をほんの数回動かして見せるうちに、被験者たちが「トキ」や「チドリ」の観念を抱くと、その頭が上へや右に動き始めるといった具合で、1人35回ずつテストを行ったが、一つとて推測は外れなかったのである。それどころか大抵は、テスト本番前の、まだ「それ！」と注意集中開始の指令を出していないときでさえも、推測することができた。「『カボチャ』にしようと思っている」とか、「初めは『トキ』を選ぼうとしたが、途中で『チドリ』に変えた」といったことがわかったのだ。そう言うと彼らはひどく驚いていたが、至極簡単なことだ。テスト開始前に被験者がどの言葉を選ぼうかと考えて例えば「トキにしよう」と心の中で言うと、なんなくそれに相当する動きが生じるのである。その動きはもちろん「注意に基づく緊張度」がまだ弱いから気配といった程度でしかなかった。緊張度は本番のテストになって初めて充分に高まるものなのである。

これらの実験の際も後で確かめたところ、被験者たち（決して嘘など言う人たちではない）は私の腕の動きに思いを致したことなどなく、まったく取るに足りないことだと思っていた。また彼らが、ある言葉を選んで心の中でその視覚像を思い浮かべたときには、私の思惑通りにならなかった1人をも含めて誰の場合も眼前に置かれてあるかのように視覚心像が現れたのであって、決して例えば私が腕を上げたからといって、チドリが上を飛んでいるように想起されたり、下げたからといって地上で羽を休めているように思い描かれはしなかったと述べている。例外的に、そのうちの1人が時にはそういうこともあると言ったので、どの言葉を選んだときも同じように当人の真正面の眼の高さの位置に像を思い浮かべるようにしてもらったが、彼の表出運動は前とまったく変わらなかった。

今述べた問題を回避するために、この人を抜かして別の人（フォン・L嬢）を被験者に加え、思う言葉も具体的な像を心に浮かべにくいものに変えた。それは「形」「内容」「寸法」「数」の4つで、任意の順序で思うこととし、推測結果は腕を前後左右に動かして示すことにした。もともと〔具体的な視覚像を想起する〕視覚的直観力が非常に弱い、この新しい被験者はテストの際、常に自分の選んだ言葉を心の中でできるだけ強く言っただけで、それに対応する私の腕の動きを思い描いたことなどなかったと言う。それどころか大抵の場合、これも大事なことだが、私の腕の動きが彼女の選んだ言葉に相当するものだったか否かもよくわからなかったそうだ。それでも、この被験者も例のように頭を上や右などに動かしたので、次々と合計50回行ったテストのうち、最初の20回では10回しか的中しなかったが、次の10回では8回、最後の20回では19回も正しく推測できた。フォン・L嬢はその頭が特にはっきりと（約2㎜）動いたときに2、3度だけ気づいて、「頭がかすかに上の方へ動いた」と報告しているもののほかには、どんな動きも感知していない。

同じ言葉を使って、内観経験の豊かな心理学専攻の学生たちのうち〔問題のない〕1人を被験者として試してみた場合には、私の的中率はL嬢の場合よりもずっと高かった。しかしこの心理学徒も、どんなに入念に内観してみても謎を解くことができなかった。

さらに、同じ学徒を被験者として、また「トキ」や「チドリ」を思ってもらうことにし、私の推測結果を示す方法を変えてテストしてみた。例えば「トキ」のときは1打、「チドリ」では2打というように足で叩くことにしたのである。彼からは私の足が見えないようにしてあった。彼は無自覚的に必ず「トキ」のときは1回、「チドリ」は2回といったように頭を頷くように動かした。

これらの実験結果だけからでも、精神的に[40]平常な〔つまり特に理性を働かそうと構えていない心的状態の〕ときは、内観の習練を積んだことのある人の場合でさえも当人も気づかぬうちに、かなり自然に変化を起こさせ、不自然な表出運動をするようにさせることができる〔つまり特定の自然表出運動をもたない観念と任意の運動とを人為的に連合させることができる〕といえよう。

2　図像法で質問者役の表出運動とハンス役の反応を捉える実験

以上のように実験室において非常に多くのテストを次々と行って、第2、第3章で明らかにした諸々の事実を検証したが、〔それらの正当性を確認できはしたものの〕それはあくまでも〔私自身が質問者の合図となる、あれこれの動きを知覚できたという〕主観的な方法によるものでしかない。だから私は、それらの事実を後からいつでも誰でもが検証可能なデータを残せる客観的な方法によっても確認したいと思い、あれこれ苦心した末に図像法を駆使することによってその願いを叶えることができた。

そのために私が使用したのは、R・ゾンマー教授[18]が考案した表出運動分析用の装置で、その本来の用途は手の不随意な震えや表出運動を捉えて記録することにある。それらの動きは当然のことながら、

3次元空間で〔つまり垂直方向および前後と左右の2水平方向との計3つの方向で〕同時に起こるから、3本の小レバー（梃子棒）でそれぞれの次元の動きを別々に捉えて1枚の同じ「煤を吹きつけた紙（カーボン紙）」上に記録できるようになっている。もう少し詳しくいうと、それら3本のレバーの、それぞれの一端のアーム[41]〔動態捕捉レバー〕が動きを捕捉し、それらの動きが、ドラム（円筒）に巻きつけられた1枚のカーボン紙に接している他端のアーム（記録レバー）によって、ドラムの回転につれて別々の3本の曲線として描き出されるのだ。要するに、空間に生じた動きを、実に創意工夫に富んだ方法で3方向の要素に分解し、各要素の変化を少しも損なわずにそっくり平面上に拡大転写できるのである。私はこの装置に少々手を加え、そのため操作は少し複雑になってしまったが、頭の動きを測定できるようにした。

(1) 計数あるいは計算の問題群による場合

実施方法は次の通りである。頭の動きを測定すべき質問者役に、ハンスに質問すると自然に身を屈めてしまうその姿勢の通りに、上体をわずかに前傾させつつ頭をやや深めに垂れて装置のそばに立ってもらう。次にその人の頭に、3方向の動きをもれなく捉えることができるよう気をつけながら、3本の動態捕捉レバーを取り付ける。そうすれば、1番上のレバーでは「質問者役の頭の前後の動き」を、2番目のレバーでは「左右の動き」を、そして3番目のレバーでは「上下の動き」を捕捉し記録することができるのである。

この装置の感度（考えられる限りのあらゆる誤差要因を考慮しながら、微小距離測定ネジで測って確定）は、各レバーがきちっと装着されていれば極めて高く、0・1（＝1／10）㎜といった動きでも精確に捉えることができるほどだ。

質問者役には身体を固くせず、それでいてできるだけじっと動かないようにと強く指示しておく。随意運動を完全に排除するためである。しかしそれでは不随意運動の表出に影響が出るのではないかと危惧する人もいようが、それは取り越し苦労に過ぎない。実験してみると、適切な被験者を自分の思うように使えるときは、少しも影響を受けることなく初めから例の不随意運動が適時に現れたのである。もちろん実験の場には質問者役の被験者と、ハンス役を受け持ちかつ装置を操作する私の2人しかいないようにし、また被験者からは決してカーボン紙上の記録図を見ることができないようにしておいた。

質問者役の頭の動きのほかに、その人の呼吸運動、つまり呼吸によって生じる胸郭あるいは下腹部の横断面の変化も記録した（**図7**等の第1の曲線）。そのために、1本の記録レバー（その先端は、頭の動きを記録するのと同一のカーボン紙上にある）のついた箱（いわゆる呼吸運動描写器）を、被験者の胸部または腹部に装着する。呼吸運動を記録することで特に、心的緊張の弛緩と呼吸との関連を解明したかったのである。

さて装置の操作方法はこうである。私はまず質問者役に任意の数（当然ながら私はそれが幾つか知らない）を心に思うように指示しておく。そして、いつでもいい、ある瞬間から私は別に用意したピアノの鍵盤のようなキーボードの1つのキー（鍵）を右手の中指――ハンスの右前足に相当する――で叩き始める。ハンスを使ってテストしたときと同じように、質問者役は私の手を見、私は質問者役の頭を見る。私は質問者役の不随意な「終わりの合図となる動き」を知覚すると即座にそれに反応して、これまでテストの初めから左手の人さし指で押し続けていたキーから手を離す。これはハンスの場合の「右足を元の位置に戻す動き」に相当する。2つのキーは別々の電磁石に連結され、そこからさらに別々の記録レバーに繋がっていて、それらの先端はもちろん頭の動きの記録レバーと同一のカーボン紙に接している。いずれのキーも押すと回路が閉じて電流が生じ、離すと回路が開いて電流が途切れるので、幾つ叩いたところで「終わりの合図となる動き」が生じたかが電流の断絶として記録されるのである。さらに、全過程の時間的な関係を明確にするために、諸線の下に0・2（＝1／5）秒ごとの時間が刻印されるようになっている。

実験は常に可能な限り同じ外的条件のもとで行われたのであるが、そのうちの7回のテストで得られた、各曲線の特徴のよく表れた記録図[42]を掲載し、いかにハンスを使った実験の結果と図像法を用いての実験室実験でのそれとが合致しているかを具体的に説明しよう。

被験者つまり質問者役を務めたのは、シリングス氏と3人の哲学科の学生フォン・アレッシュ君、カイム君、K・ツェーゲ・フォン・マントイフェル君の4人で、交代に別々にテストした。このうちのフォン・アレッシュ君とカイム君の2人は私の被験者たちのうち最も適した被験者というべきで、この2人とのテストは「何も気づかれずに完全に無自覚的な状態で」行うことができた。2人は自分が表出運動をしていることにまったく気づいておらず、そのうえ実験中ずっと俯いていたので、私が彼らの何を観察しているのかにも気づかなかったのである。そのようなカイム君がたった1度だけだがハンスを見に行ったときに、質問してみたらすぐに何回も正しい答えが得られたという事実はなかなか重要なことを意味していよう。アレッシュ君も行っていたら間違いなく、同じように正答が得られたに違いない。

それに対して、他の2人の被験者シリングス氏とフォン・マントイフェル君とのテストは次第に、「自覚的」つまり「どのような類の〔つまり、どこの〕動きが今問題になっているかを知った状態」でのものとなってしまった。頭にレバーを着装するという外的な条件からやむを得ないことではあるが、2人は、殊にシリングス氏は早々にこの実験の目的、少なくともこの実験の主眼点が彼の頭の動きを観察することにあるのを察知してしまったのである。だからといって、彼らが多少なりと私の意を酌んで、それによって私に都合のよい実験結果が出たなどということは決してなく、実際はまったく逆だった。前の無自覚な2人の被験者の様子は終始、変わらぬままだったのに、後の2人は実験の結果を歪めてしまいはしないかと気遣うあまり、徐々に集中力を失い、すぐに強い抑制状態に陥ってしまったのである（心理学の実地研修を受けたことがないと、ともするとこうなりがちなのだ）[43]。だから、この2人の動きは最初のうちは顕著だったのに、次第に不明瞭になっていった。フォン・マントイフェル君の場合、初めから90回目までのテストの私の推測の的中率（正答率）は73％だったのに、終わりの20回のテストでは20％にまで落ちてしまった。シリングス氏の場合も、全部で35回のテストで初めのうちは75～100％の的中率だったのに、終いには23％にまで低下した。だが、ここに掲げたフォン・マントイフェル君が被験者の場合の各曲線（**図10**と**図17**）はまだ抑制状態に陥っていない状態の動きを示している。同じように、シリングス氏が被験者になった場合の初めの2図（**図12**と**図13**）も、まだ非抑制状態であることを示している。ところが**図14**の場合には、すでに彼は明らかに抑制状態に陥っている。それは、彼が注意集中できないままハンスに質問したときと同じ状態である。ともあれ、これらのデータのすべてが、この2人もこの実験の観察の主眼点を見抜きはしたものの、この事例の謎の正体あるいは原因自体については皆目見当すらついていないことを示している。

個々の記録図について説明する前に、理解を容易にするために**図7**の模擬図を使って各線について説明しておこう。どの線も通常通りに左から右へ読む。

1番上の線は、質問者役〔被験者〕の呼吸を示している。2番目、3番目、4番目の線は、被験者の頭の動きを表しており、3方向の動きはどれも、レバーの上下の動きに変換されて描かれている。実際の動きの方向は、矢印の示す通りである。特に注意を要するのは4番目の頭の上下方向の動きを示す線で、（どのレバーも互いに正反対の方向に動く2本のアームからなっているので、いずれの方向の頭の動きも逆向きに記録されるから）この場合は頭の下がる動きは上がる動きとして、頭の上に上がる動き

【図7】模擬図

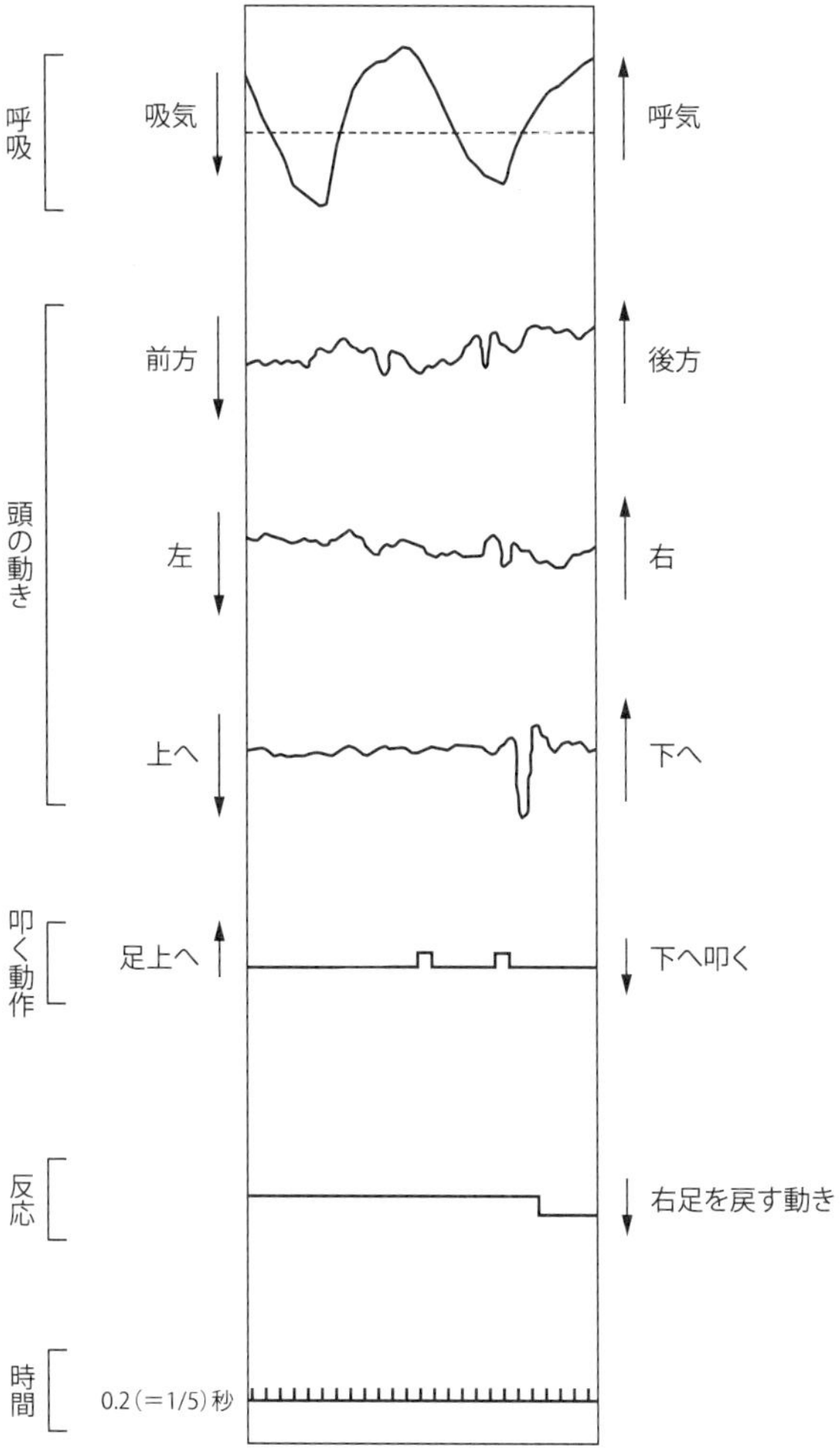

呼吸
吸気
呼気
頭の動き
前方
後方
左
右
上へ
下へ
叩く動作
足上へ
下へ叩く
反応
右足を戻す動き
時間
0.2(=1/5)秒

は下がる動きとして描かれている。また、どの方向の頭の動きも梃子の働きによって拡大されている。詳しくいうと2番目と3番目の、前後および左右の方向への動きは、実際の大きさの2・5倍、この実験の眼目ともいうべき4番目の上下方向への動きは5倍になっている。5番目、6番目の線（どの場合も私自身がハンス役）には、ハンスの叩く動作に相当する動きが描き出されている。5番目の線には叩く数が、6番目の線にはハンスの「右足を戻す動き」すなわち質問者の頭のピクッとする動きへのハンスの反応に相当する動きが示されているのである。7番目の線はテストの経過時間を示し、1目盛は0・2（＝5分の1）秒を表している。目盛りの刻まれ方が図によって違うのは、テストによって「カーボン紙（記録紙）」を巻いたドラムの回転速度を変えたからだ。回転速度が速ければ、その分、目盛の幅も広くなる。だが、そのことは実験の本質とは何ら関係がない。

図8～11には、模擬図通りに今述べた第1から第7までのすべての線が記録されている。それに対して、図12～14には、最初の呼吸曲線と6番目の「右足を戻す動作」の線が欠けている。これらのテストのときはまだ呼吸曲線を記録することはむろんのこと、質問者の頭のピクッとする動きに対するハンス役の私の反応を示すことも思いつかず、ただ適当に叩き続けたに過ぎなかったからだ（いずれの場合もハンス役は5回叩いている）。何をどう記録すべきか、まだ手探り状態だったのである。そういったことも記録することにしたときにはすでに、シリングス氏はもしや実験結果を歪めはしないか気遣うあまり（133頁参照）、被験者として適した状態ではなくなっていた。

こういった記録図の分析は非常に難しく、決して様々な被験者の記録図をそのまま比較検討すればよいというものではない。その前にあれこれ予備研究をしておく必要がある。まず、各被験者が「無関心な」情緒状態にあるとき、つまり平常時の各曲線がどのようなものかを知っておかねばならない。また、純粋に生理的なもの、例えば脈拍や呼吸が各曲線にどのような影響を及ぼすのかを見極めておくのも殊に重要なことである。さらに被験者の内観も欠かせない。要するに、記録図の解釈は種々の実験の相当量のデータを集積して初めて可能になるのだ。したがって以下の概説は、掲載したわずかな記録図のみに基づくものではなく、今回の図像法による実験で得られた他の膨大な記録図や予備実験のデータすべてを勘案した末に得られたものである。では各曲線についての分析結果から述べていこう。[44]

まず**呼吸曲線**。ツォネフとモイマン[20]の見解通り、これが「被験者の情緒状態を知る感度の高い指標となり得る」ことが明らかになった。大抵の場合、呼吸曲線のみからも、被験者の注意集中度を知ることができ、しかも注意集中度が非常に強い場合には、被験者が思っている数を知ることすらできたのである。テスト中の被験者の情動的（つまり情動に基づく）緊張の度合いに応じて呼吸も変化するので、ここに掲載された図のどの呼吸曲線のどの部分も、完全に正常なときのそれとは違う（例外は、**図11**の呼吸曲線の2つの高い山である〔これらは正常時の呼吸が描かれたもの〕）。どの〔被験者の〕場合も、テスト前後の呼吸は深く規則的であるのに対して、テスト中は終始、比較的浅く不規則なのである。停止状態になる場合も非常に多い（**図9**、**図10**、**図11**）。日常生活でも、あることに非常に強く注意集中すると、そのことに直接関与していない筋肉組織の動きが不随意に抑制されがちだろう。例えば考え込むと、つい歩みが遅くなり終いには立ち止まってしまうとか、人の話に聞き耳を立てたり人の行動を監視したりするときは息を止めたりしていよう。

次の**頭の動きを示す3本の線**のうち上の2本は、それぞれ前後、左右の動きを表しているが、どの被験者にも共通して見られる特徴的な動きというものはない。大抵は震えるような小刻みな動きを伴っているが、それは被験者が一瞬たりとも頭を完全な静止状態に保つことができないことを示しているに過ぎない。

その3本目（上から4本目）の線こそが、この実験の主眼ともいうべきもので、例の、期待する数に到達したことを表している頭のピクッとする動きはこの線に表れるのである。すぐわかるように、このピクッと上へ上がる動きが生じるとほぼ同時に例外なく吸気が開始されている。しかし、このピクッとする頭の動きは単に深呼吸をしたせいで生じたのではない。息を止めたまま同じテストをしても、頭は同様に動いたのである。

このピクッとする動きの大きさあるいは高さは、**図8**から**図14**までの場合（自然に動いたそれで）0.25～1.5㎜で、この4人の被験者の合計40回のテストにおける平均値は1㎜だった。この動きの大きさは被験者によって実にまちまちで、これまで測定したうちの最大値は2.3㎜で、最小値は0.1㎜だった。同一被験者におけるテストごとの差は小さく、その小さな差は明らかにテストごとの注意集中度の違いに基づいてのみ生じている。例えば75回のテストでの動きの大きさの平均値が1㎜のアレッシュ君の、平均偏差[45]は0・4㎜だった。

では、フォン・オステン氏の頭の動きの大きさはどのぐらいだろうか。[46]この実験の被験者たちから得た測定値と、私が以前、氏を自分の目で観察しての目測値とを比較勘案して、少なくともおよそのことはいえる。[47]**フォン・オステン氏の頭のピクッと上がる動きの大きさは、私が記録した、どの被験者のどのテストの際のそれよりも小さい**、その大きさは最高でも0・2㎜ぐらいであろう（氏がいつも被っている帽子の広いつばの縁の動きの大きさは、その1・5倍程になるとみていい。註（21）参照）。そうだとするとシリングス氏の動きは、フォン・オステン氏のそれの4、5倍、ときにはそれ以上も大きいということになる。

さらに、質問者役のピクッとする頭の動きと、それを見て私が反応する（その瞬間は、各記録図の6番目の線に記録されている）までの時間すなわち反応時間がどのくらいかを算定してみた。もちろん機器を操作しつつ反応するという加重的条件下であるが、平均0・3秒である。これはハンスの場合について算定した反応時間とまったく同じだから（55頁参照）、人間と動物の反応時間は同じだということになる。

次は個々の記録図について順々に検討していこう。

図8（被験者フォン・アレッシュ君）は、この被験者の、**注意集中がかなり強く、かつそれが効率的**

に分配されている[48]ときの典型的な像。呼吸（1番目の線）はいつも〔テストをしていない平常時〕ほど深くはないが、さして違わない。頭のピクッと上がる動き（4番目の線）の大きさも中程度で、生じるべきとき（実際に被験者が念じていた数は2）に起こっている。すなわち緊張が効率的に働いているのである。この場合の緊張の推移過程は、102頁に記したI型に相当する。ピクッと上がる動きに引き続いて、頭を下げる動き（図では上向きの曲線となっている）が起こっているが、これは無視してよい。

【図8】

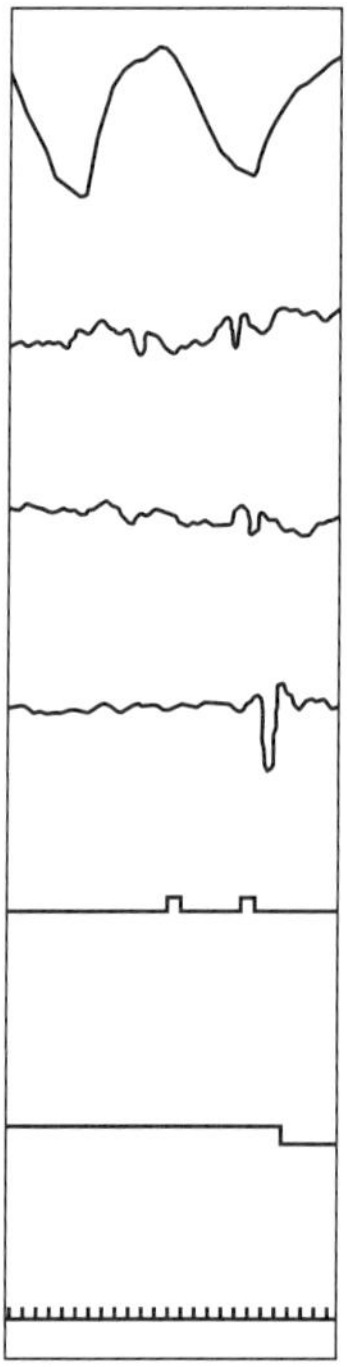

図9（カイム君）は被験者は違うが、前と同様、かなり強くかつ効率的に注意集中がなされているときの像。呼吸はテストの間中、停止し（細かな波は、心臓の鼓動による）、テスト終了直後にかなり深いそれが起こっている。緊張は、テスト開始時から期待する数3に至るまで徐々に増大していっている。というのは、頭が目標に到達する直前まで次第に下がっているからで、到達するとすぐにピクッと1度だけ後方へ向かってはっきりと上がっている。しかし、そのピクッとする動きの大きさは0・25㎜

程に過ぎない(この被験者は、図8の被験者より興奮が運動として現れにくいのだ)。その動きに対する反応は第6線からわかるように素早く起こっている。ピクッと動いた後で、被験者の頭はきっぱりと上がっている。もしハンスに質問したときにそのような頭の上げ方をしたとしたら、決して左足で最後の1打を叩くという反応は返ってこないに違いない。

【図9】

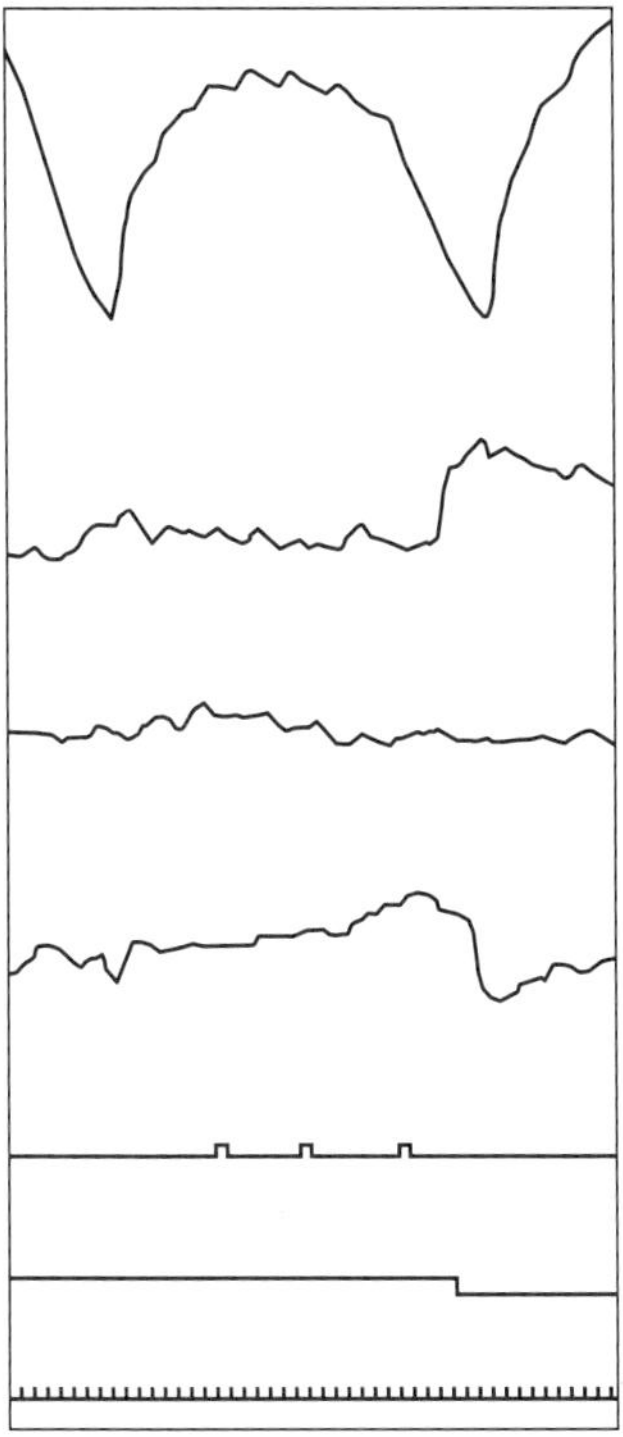

図10(フォン・マントイフェル君)は、**非常に強く、それでいて効率よく注意集中**がなされているときの像。呼吸は平常時は深く非常に規則的であるが、テスト中はずっと完全に停止している。緊張は最初から連続的に増大している。だから頭が絶え間なく前へ下がっているのである。そして「最後の数の

1つ前の数2」から「最後の数3」に移る間で飛躍が起こっている。というのは、被験者の頭が急激に前に下がり、次いで「最後の数」に至るとすぐにピクッと強く跳ね上がっているからだ。この場合の緊張は、103頁で述べたⅢ型の特徴を備えた推移の仕方をしている（紙幅の都合で、極めて大きな数を扱うときにのみ現れるⅡ型の例は割愛する）。

【図10】

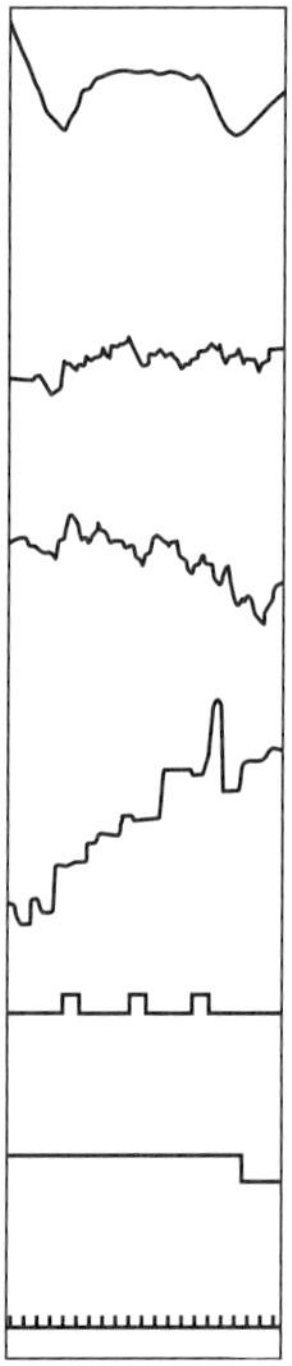

【図11】

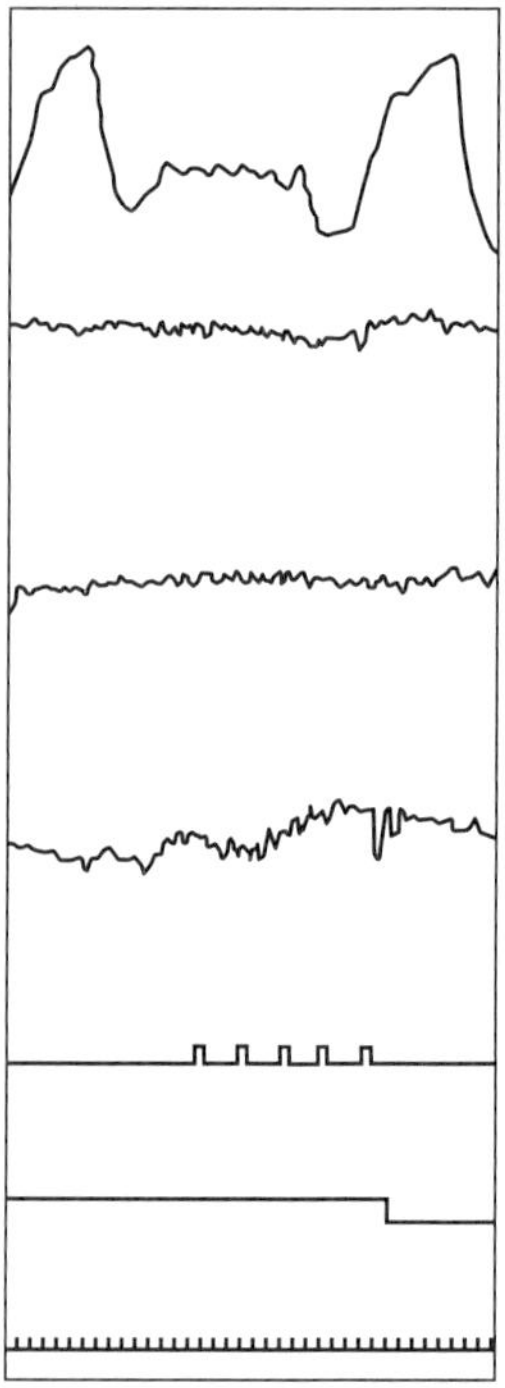

図11（再びフォン・アレッシュ君）は、**非常に強く注意集中してはいても**、（被験者の報告から推測すると）それが**さほど効率的に分配されてはいない**ときの像。呼吸はテスト前後は非常に規則的であるが、テスト中はほぼずっと停止している（小さな波動は、心臓の鼓動による）。被験者は5を思っていた。だから5打目が叩かれたとき頭が比較的強くピクッと上がっている。だがその前に、もっと微細ではあるが似たような動きが連続的に生じている。これは緊張がうまく制御されていないことの証左である。

図12（シリングス氏）は、**注意集中が強くても、非効率的**な場合の恰好の例。被験者はテスト開始と同時に急激に注意を集中し始め、その緊張は叩かれている間も徐々に増大している。つまり、シリングス氏の頭は、1打目が叩かれたときから下がり始め、2打目でまた下がり、さらに少しずつ3打目の直前まで下がっているのである。だが、3打目が叩かれると不意にピクッと上がる。実は思っていた数は4だった。要するに、緊張が時期尚早に爆発してしまったのだ。

図13（再びシリングス氏）は、前の例とは反対に、**緊張が中程度で効率的**に使われたときの像。彼がまだ平常な状態にあることを示している。念じていた数は4。

図14（再度シリングス氏）は、**緊張が極めて低い**ときの像。頭は1打目が叩かれる前からすでに少しずつ上がり始め、そのままテストの間中、徐々に上がっていっている。期待する数に達したとき現れるはずのピクッとする動きは起こっていない。それなのに頭の位置の変化を示す3つの曲線のいずれにも、微かに拍子をとる動きが現れている。特に2番目でそれが著しい。しかし3番目の曲線では、その

動きは極めて微細で、しかも1打目が叩かれた直後に初めて生じていて、その数が小刻みに増えていってはいても、4打目が叩かれると途端に消えている。実は被験者は4を思っていたのであるが、これではハンスとて反応しまい。シリングス氏が図12〜14で期待した数はすべて同じ4であるが、もしこれらがハンスを使ったテストだったら、図12の場合には右足での3打と（ピクッとしてからもなおシリングス氏が幾分、前傾した姿勢をとっているから）左足での最後の1打が叩かれたろう。図13の場合には右足だけでの4打。しかし図14の場合にはおそらく4打以上叩くという間違いを犯したに違いない。

【図12】

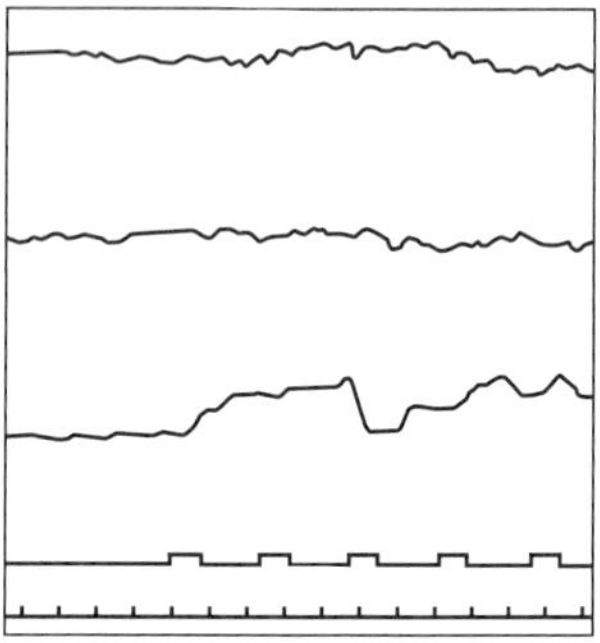

【図13】

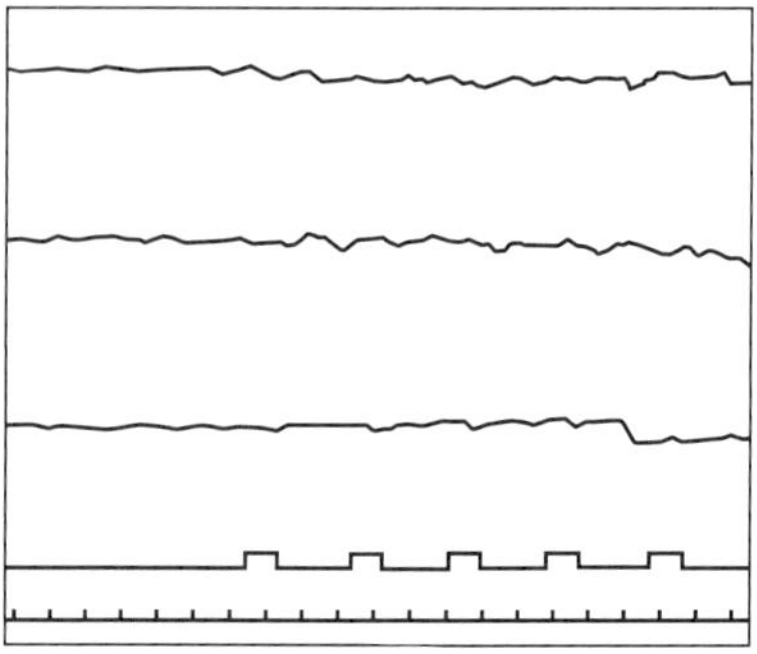

【図14】

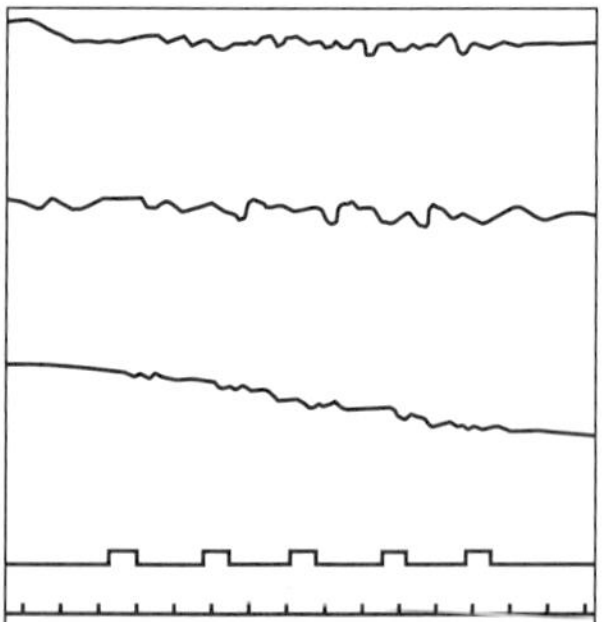

以上を総括すると、掲載した記録図は、各被験者の、その時々の緊張の状態をかなり具体的に示しているといえよう。

(2) 空間反応をきたす問題群の場合

さらに、「上」「下」「右」「左」等の観念を抱いてもらって試した際の記録図を3つ掲載し、説明しておこう。これらの観念を想起すると表出する呼吸や頭の動きの変化も当然、同じ装置によって記録できるはずだと思ったのである。解読の仕方はほぼ図7の模擬図に基づいて説明した通りであるが、この場合にはもちろん、叩く動作に関わる2つの線（5番目と6番目の線）は描かれてはいない。

前もって被験者には「上」「下」「右」「左」「はい」「いいえ」といった言葉のなかから任意に1つを選び、それを私がそれ！と号令をかけた瞬間に、しかもできるだけ生き生きと思ってくれるように言っておいた。その号令の瞬間は**図15**、**図16**、**図17**の5番目の線に記録されている。この場合も呼吸については、137頁で述べたのと同じことがいえる。ここに掲載した3つの図のなかで、まったく平常な呼吸と見なせるのは図16の最初の山だけだ。空間反応のテストの際の頭の動きの大きさは、概して人によってかなりの差があり、図像法による実験結果にこれまでの私の目測値を加味していうと0・5〜3㎜ぐらいまでの幅があるようだ。今回記録したなかでその動きが最も大きい被験者の平均値は1・7㎜（テスト回数50回）で、平均偏差は0・6㎜だった。図の解釈が3例についてのみなのは、ひとえに紙幅の都合からである。

図15（被験者　フォン・アレッシュ君）では、その4番目の曲線に頭を上げる動き（実際は微か）が現れており、「上」の観念を抱くとそれに伴って頭が上がることを示している（「下」の観念には、下への動きが伴う）。

【図15】

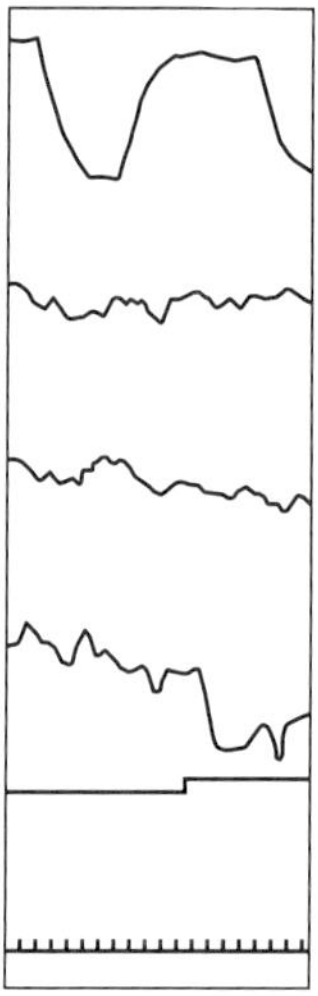

図16（フォン・アレッシュ君）と**図17**（フォン・マントイフェル君）には、2人の被験者それぞれの、「はい」の観念と結びついた頷きの動作がありありと描き出されている。2人は多少の違いはあるものの、本質的には同じように、まず頭を下げ、その後で上げているのだ。フォン・アレッシュ君のほうが興奮が運動として現れやすいので、動きが幾分、大きくて明確である。それに対して、フォン・マントイフェル君の場合には、本来の頷きの動作の後に、もう1度、より小さいが似たような動きが生じている。

【図16】

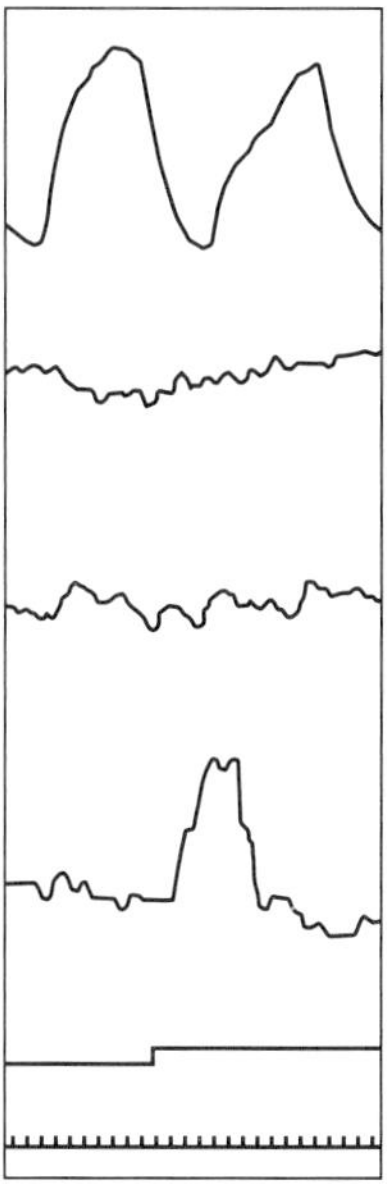

【図17】

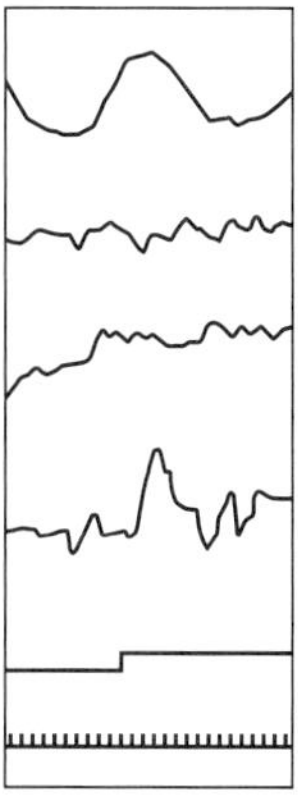

3　再度ハンス役の目で表出運動を捉える方法による実験
——獲物〔対象〕の収拾または指示反応をきたす（色布選択の）問題群の場合

最後に、ハンスが質問者の期待する厚紙・カードあるいは色布を鼻で示したり持って来たりする応答行動（83〜91頁参照）に相当する、様々な実験室実験について記しておこう〔まず、フォン・オステン氏が中庭でハンスに応答させた場合に準じた次のような設定で実験した〕。長さ50㎝幅25㎝の白いカード5枚を用意し、各カードの真ん中に点を1つ書き入れ、それらを床に一列に25㎝間隔で並べる。実験者（質問者役）は5枚のカードからなる列の中央のカードから7・5m（約10歩）離れたところで、カード列に向かい合うように立つ。被験者〈ハンス役〉は実験者の右前方（あるいは左前方）の、約50㎝離れた位置に実験者に面するように立つ。この場合の課題は、質問者役が心の中でカードの列の中から選び出した1枚を、言葉やジェスチャー・身振りで教えなくても、それがどれなのか〈ハンス〉にわからせることができるのかどうかである。

最初は私がハンス役になり、他の人たちが次々と実験者役を務めた。その結果、誰もが注意集中しつつ心の中であるカードを選ぶと必ず、そのカードの方をじっと見つめてしまい、しかも大抵は頭がその方向に向き、胴体さえも全体的にかなりその方を向いてしまうことが明らかになった。といって決して何か思惑があってのことではなく、ただ自分の思っているカードに向かって注意集中した結果に過ぎないのである。実際、実験者役の一人などは思わず「不思議なことに、自分が心の中で選んだカードのことを懸命に思えば思う程、プフングスト氏の言い当てる率が高くなる」と漏らしている。また別の実験者役たちも、私が当て損なったときに幾度か、「自分は選んだカードに充分に注意集中していなかった」とか、「ある1枚のカードとその隣にあるカード（こちらを私は選んでしまったのだ）とどちらにしようかと迷った」と報告している。迷っていることは、実験者役の視線の方向が度々変わることからわかった。それにしても同じ内的起動力が働くと、異なる実験者役たちがなんとよく似た動きを示すことか。

【表10】

実験者役	v.A	B	C	v.H 夫人	K	v.L 嬢
的中率	88%	88%	77%	81%	77%	82%

それは**表10**を見れば明らかであろう。テスト回数は1人200回。誤答（その数は100％から正答率つまり的中率を引いて計算すれば簡単にわかろう）はすべて正答カードの左右いずれかの隣接したカードで、正答カードから2枚以上離れたカードだったことは一度もない。的中率は非常に高く、実験者役が誰であっても平均的中率82％と大して差がない。

これらのテストの際、実験者役の見つめるその眼の向く方向は基本的には、角膜の中央の頂点に接する面への垂直な線を想定して、その垂線をもとに判断した（この垂線はもちろん、どの人の場合にも視線と一致するというわけではない。本来、判断のもとにすべきなのは視線なのだが、視線は直接、捉えようがないので、そういう垂線を想定したのである。そのため、判断結果がかなりずれてしまったこともある）。頭の向く方向は、鼻の位置によって（より正確にいうならば、〈人間を均等な両半に分ける〉正中面の向く方向によって）判断した。その際、私はわざと実験者役の**体勢**[49]〈つまり**眼あるいは頭の向き方**〉だけに注視し、それが定まるまでの動きは無視した。というのは、カードを選択するとき初めのうちは必ず視線が頻繁にゴール〈つまり最終的に選択することになるカード〉の上を通り越したり戻ったりして頭や眼が小刻みに動き、それを追うと惑わされてしまい必ず間違うからだ。当初は前のテスト結果を参

【表11】

被験者〈ハンス〉	V.A	B	C	v.H夫人	K	v.L嬢
的中率	76%	79%	75%	81%	77%	74%

考にせず、一回一回カードと実験者役両方を見て判断していた。だが、少しテストを続けるうちに、実験者役の特定の体勢〔つまり眼あるいは頭の特定の向き〕とカード列の中の特定の位置との間に無意図的な連合が成立することに気づき、それをもとに判断することにした。それからはカードの方を見なくても、体勢に注目すればそれで充分だった。この連合は当然ながら、〔カードの数や間隙が変わったりして〕実験者役の体勢が少しでも変わったら役に立たない。

次は役割を交換し、私が実験者役（質問者役）となり、協力者たちに順々にハンス役になってもらって同じ条件下でテストした。テスト回数はいずれの場合も同じく200回ずつ。この場合の誤答も、1例を除いてすべて正答カードの左右いずれかの隣接カードを示してしまうものだった。それが右隣であるか左隣であるかは、判断を下す〈ハンス〉が実験者役の私の右側に立つか左側に立つかによった。テスト結果は**表11**の通りである。

総じて的中率（正答率）は悪くはないが、私がハンス役をした場合のそれよりも全般的にやや低く、私の平均的中率が82％なのに対して、この場合の平均的中率は77％にとどまっている。それは多分、被験者たちの練習量が私に比べて少なかったためだろう。

【表12】

カード枚数	5	6	7	8	9	10
的中率	77%	72%	72%	69%	73%	68%

では、カードの枚数を増やしたり、カードとカードとの間隔を狭めたら、的中率はどう変化するだろうか。その点について、前記の被験者たちの1人、哲学科の学生コフカ君に協力してもらって実験した。まず同時に並べるカードの枚数を増やしたときは、私の的中率は少し低下した程度だった。カード枚数を変えるごとに200回ずつテストした。平均的中率は**表12**の通りである。

誤答は例外なく、正答カードの隣りのカードをさしてしまうというものだった。また、カード枚数が5、7、9という奇数の場合のほうが全般的に、6、8、10という偶数の場合に比べて多少ながら的中率が高かった。その差は、実験者役のコフカ君がカード列の真ん中のカードに真向かう位置に立つか（奇数のとき）、中央部にある2枚のカードの**間隙に**向かう位置に立つか（偶数のとき）という立つ位置の差によって生じるのだ。奇数枚の場合に真ん中のカードが正答のときは、そのカードが実験者役の正中面とカード列が交差した直角の頂点に位置しているから、すぐわかる。ところが偶数枚の場合の真ん中の2枚のいずれかが正答のときは、どちらを見ているのか判別しがたいのである。

ここまでのテストでの互いに隣接するカードの中心点から中心点までの距離は常に50cmであり、したがって実験者役の正中面が1つのカードから隣のカードに向けられ

【表13】

角度	3.75度	3度	2.5度	2度	1.5度	1度
隣接2カードの中心点間の距離	50㎝	39㎝	33㎝	26㎝	20㎝	13㎝
的中率	77%	73%	71%	68%	66%	61%

るときに生ずる角度は、〔左右いずれであれ端にいくにつれてその角度がわずかながら小さくなるにしても〕おおよそ3・75度だ。では、カード間の間隙を詰めていって、その角度を次第に小さくしたら、どうなるだろうか。そこで枚数は常に5枚のままで、カード自体の幅を順々に細くして、間隔つまり2枚のカードの中心点間の距離を狭めていって試してみた。実際には間隔に応じて幅を縮めた白い帯状のカードを5枚とも黒い台紙の上に貼ることによって間隔を詰めていき、ネルンスト・ランプで照らしてテストしたのである。**表13**からは、角度が小さくなればなるほど、的中率が減少することがわかる。間隔を狭めるたびに少なくとも100回ずつテストした。

ところが、もっと間隔を狭めてみたら思いがけないことに、実験者役のコフカ君に非常に注目すべき変化が現れた。もちろん当人はまったく気づいていないのだが、極度に注意集中しているうちに、ある一定の人為的な頭の動きのシステムができ上がったのである。というのは、カード間隔が比較的大きいうちは常に頭と眼の両方が選択したカードの方向へと動いていたのに対して、間隔が狭まるにつれてまず眼だけが動くようになり、さらに間隔が狭まると再び頭がそれも非常に大きく動き出し始めたのだ。その再度の頭の動きには必ず、眼の（頭と）反対

【表14】

角度	1度	30分	15分	9分	7分	6分	5分	3分	2分
隣接2カードの中心点間の距離	131㎜	65㎜	33㎜	20㎜	15㎜	13㎜	11㎜	6.5㎜	4㎜
的中率	80%	79%	78%	81%	84%	80%	77%	68%	68%

の方向への動きが伴っていた。そこで、ますます間隔を狭ばめてみると、それにつれて頭の動きは小さくなりはするものの、眼の動きよりも常に何倍も大きくはっきりしていた。といっても眼の動きとてまだ正常で、それによって当てようと思えば容易にどのカードか判断がつく程だった。だから同じ〔角度が〕1度の場合でも、前の実験では的中率は61％に過ぎないのに、この、間隙をより狭くしていった実験の場合には80％にもなった（この場合も、頭あるいは眼の最終的な位置をもとに判断したのであって、動きそのものを追ってはいない）。この場合の的中率は**表14**からわかる通り、カードの間隙が131㎜からその10分の1の13㎜まで狭まっても、かなり高いままだ。

さらに角度が1分で隣接する2枚のカードの中心点間の距離が2㎜になると、コフカ君はもはや隣接する2枚の細長いカードを見分けることができず、したがって頭や目の動きも曖昧になった。

比較のために、B氏およびSt嬢を被験者〔実験者役〕として同じ実験をしてみると、両者は正常で、つまり間隔を非常に狭めてもコフカ君のように再度、頭が動き出したりせず眼だけしか動かなかったので、5分のときの私の正答率はいずれの場合も53％でしかなかった（両者について各角度ごとに200回ずつテストした)。しかもその誤答は、正答から左右いずれか2つ以上離れたカードをさすというものだった。St嬢にさらに200回、選択したカードの場所のことだけをひたすら思ってもらってテストしても、5分での的中率は56％にしかならなかったし、誤答が正答カードにより近いものになるということもなかった。St嬢は、私がテレパシーによって彼女が選択したカードがどれか知るのだと思っていた。だが、私は彼女の無自覚的な眼の動き(より正確にいえば、眼の位置)のみをもとに判断したのである。この被験者の眼の動きの大きさは、その前に並べられるカード列の、カード間の間隙の大きさに常に比例していた。

この章のすべての実験結果を総括するとこういえよう。ハンスに質問した人の動きおよび体勢は、3種類の問題群のいずれのときであれ、実験室実験での実験者役つまり質問者役たちに生じた動きおよび体勢と一致している〔したがって、フォン・オステン氏やシリングス氏等々がハンスに質問したとき生じた表出運動は典型的なものと見なすことができる〕、と。それはあくまでも、実験室実験での質問者役やハンス役の内観結果の報告から、どの種の問題を思ったにせよ、彼らの心的作用が、ハンスに質問するときに生じた私のそれぞれの場合の心的作用に合致している〔つまり私がハンスに質問したときの心的過程は大多数の人々に当てはまる〕ことが明らかになったればこそいえることである。

第5章——諸現象についての説明

すでに、ただ観察するだけではなく、ハンスを使って様々な実験を行い、それによって応答行動はすべて質問者からの、あれこれの刺激という合図に基づくものであることを明らかにした。そして、それらの刺激が質問者フォン・オステン氏を(外側から)観察することによってどういうものなのかを発見し、また著者の内観や他の質問者の報告によって、それが内面の変化によって生じるものであることも確認した。さらにそれらがまぎれもない事実であることも実験室実験によって立証した。今や準備万端整ったので、この章では、この興味深い事例が呈示している諸々の現象の謎を解き明かしていこう。

1　人間の言葉を理解しているかのような現象について

ハンスの応答行動を見て誰しもが真っ先に抱く疑問は、果たして**人間の言語を理解しているの**か、それも誰にいつ、どの方言で質問されても答られるかのように見えるが、そのような能力が本当に備わっているのか、ということだろう。だが、言語を理解する能力が実際に備わっているのではなく、そう見えるに過ぎないことは〈最初の「知らない試験」による実験の結果から〉明らかである。それに、質問すれば誰でもが答えを得られるわけでもない。答えを受け取った人が重要な作用を及ぼすことができたがために、答えが返ってきているのである。換言すれば、ハンスは答えを受け取った人に叩かせられたり〈頭を振らされたり〉しているのだ〈これまでは答えを受け取った人を単に実験者あるいは質問者と呼んできているが〉。なぜなら、その人が指示を与えているからである。それも視覚的合図だけが決定的な働きをしている。したがって、ハンスが主役のように見える劇はパントマイムにほかならない。つまり、あれこれ言葉が発せられてはいても、その声の調子から質問者が満足したのか、苛立っているのかぐらいは察知できるので〈色布選択の際には掛け声をかけると右や左に動いたり、叩いて応答する際に好悪の情があるような正答の出方を呈したりするものの〉、その意味などまったく理解していないのである。

2　計数や計算の能力があるかのような現象について

言葉を理解していないのだから、まして**計数や計算する**ことなどできようはずもなく、すべては人間が操ってさせている技すなわち芸当に過ぎない。前足で叩かせる数は、質問者の身体の前傾時間とその角度で決まる。ならば質問者の望む通りに幾打でも叩かせられるかといえば、そうはいかない。実際に叩かせられる数は100打程度が限度のようだ。この芸当のときは必ず右前足のみが使われ、左前足はせいぜい最後の1打を叩くのに用いられるだけなので、ハンスが疲労してしまうらしいのである。叩かせる数が100打以下ならば、「654321には10万が幾つ含まれているか?」といった問題どころか100万単位の数が出てくる問題であろうと、まったく支障はない。

いかなる見事な正しい答えもハンスではなく質問者が数えたり計算したりした結果なのだから、何ら驚くにあたらない。例えばフォン・オステン氏が「ここにカンカン帽を被った紳士は何人いるか?」と質問したとき、その場に居合わせた人たち大方の予想に反して、その質問の言葉通り、カンカン帽を被ってはいても婦人はちゃんと除外して正しく答えたのも、「精神の牧師」である氏自身が導いたればこそなのだ。だから、ハンスが難しい問題にぶつかっても少しも慌てても騒ぎもせず、大抵の場合、解くのに時間を要しないのも不思議でもなんでもない。

しかもハンスは、質問者のいかなる過失も決して見逃さず、まるでよく磨かれた鏡のように忠実にそれを反映した答えを返してくる。計数や計算およびそれに準ずる問題の際の、質問者の過失の要因としては、計算間違いと注意集中度の過不足という2つが挙げられる(観客が妨害要因となって、ハンスが攪乱されて叩きやめてしまうこともごくたまにはあるが、ここでは考慮に入れない)。つまり質問者の計算間違いだけではなく、質問者の動きが早過ぎたり遅過ぎたりするタイミングのずれも、ハンスの叩く数に影響を及ぼすのである。この2つの過失要因は必ずしも別々に働くのではなく、両者が絡み合って作用する場合もあるので、質問者の過失のハンスの〈答え〉への影響の及び方としては、次に記す①

②③の3つの場合が考えられる（したがって大抵は誤答となるが、必ずしもそうなるわけではない）。
①計算は正しくても、その正解の数のとき（適時）ではないときに動いてしまう場合
②計算間違いし、その誤算の数のときに素早く動いてしまう場合
③計算間違いし、しかもその誤算の数が叩かれる前や後に動いてしまう場合

(1) 計算は正しくても、その正解の数のとき（適時）ではないときに動いてしまう場合

これまで誤答はハンスの過失によるとされてきたが、実はその大部分は質問者のこの種の過失によって生じているのである。

こういった誤答の一部は、**質問の趣旨がよく理解できなかった**という重要なことを意味していると見なされてきた。それは叩く回数が、計算問題の答え、つまり和や積などではなく、被加数や乗数などと同じ数だった場合で、ハンスがともかく質問をもう一度繰り返し言ってほしいと訴えているのだと解釈されたのである。例えば、フォン・オステン氏の「5の3倍はいくつか？」という質問に2回続けて3と答えたときとか、また私の「3足す4はいくつか？」に3打叩いたり、「6の2倍はいくつか？」に6、「36の4分の1はいくつか？」に4と返したときだ。そういった答えが生じるのは、質問者の意識に被加数や乗数などの数が強く焼きついている（前記の第2、第3の私の例の場合は間違いなくそうである。117頁参照）からである（正解の数だけ叩かれる前に被加数や乗数に至ったところでピクッと動い

てしまうのである」。そういった理由から生じる答えが返ってきてやり直させているうちに、偶然にまったく関係のない数が出ることもある。例えばハーン教諭が「10の2分の1はいくつか?」と質問したときに、2、10と返ってきた後で、17そして3という答えが出たのは、そういうことだろう。また、補遺Ⅲ(284、286頁)に記されている、九月委員会の人々の面前で行われた実験2の際のハンスの答えも、質問の言い方が不適切だったのでハンスが理解できなかったのだとされているが、実は周りの誰かの意識にシリングス氏の言った数が焼きついていた結果なのである。

また、この種の過失による誤答のなかには、重要なことを意味しているのではなく、ハンスのちょっとした**不注意による間違い、ケアレス・ミステイク**と解されてきたものもある。それは、正答よりも1打、たまに2打多く叩き過ぎたり不足したりする(「±1」あるいは「±2」)場合だ。ハンスの計算は間違っていないのだが、足で叩くという面倒な方法で答えを示さざるを得ないので、つい打数を数え間違ったのだと常に見なされてきた。実際は質問者の注意集中の過不足によって、すなわち1つ多く叩き過ぎる「+1」誤答は緊張が不足したために、1つ少ない「-1」誤答は緊張が強過ぎたために生じているのである(101頁参照)。そのなによりの証拠が、シリングス氏を質問者としたテストのうち唯一回数が多い2連のテストの正答率がなぜ大きく違っているのかを検討した以下のような結果だ。まず各テストの直後のシリングス氏自身の報告という主観的な方法によって、1連目のとき彼は非常に調子がよく強く注意を集中できていたのに対して、2連目では苛立っていて気が散っていたことが明らかになった。次に104頁で

【表15】

	+1	+2	−1	−2	
1連目(31回テストで正答率87%)の各誤答の割合	0%	0%	13%	0%	
2連目(40回テストで正答率40%)の各誤答の割合	40%	8%	2.5%	0%	(9.5%は他の誤答)

述べたように、ハンスが最後の1打を左足で叩くのは、質問者が強く注意集中している客観的な証拠にほかならないことが判明しているから、左足での最後の1打を叩く回数を調べてみると、1連目の31回のテストのその半数で「左足での最後の1打」が出(それ以上の割合で左足で最後1打を叩かせることは、故意の手段によらない限り私にもできない)、2連目のときは40回のテストの3分の1の場合しか「左足での最後の1打」が出ていなかった。まさしく1連目は注意集中度の高い場合で、2連目は注意集中度の低い場合だったのだ。要するに、緊張度の差は、ハンスが最後の1打を左足で叩くその数を知るという客観的な方法によっても判定できるのである。

では、この2連において、「+1」と「-1」の誤答はどのような割合で出ていたのだろうか? 誤答の分布は表15の通りだ。1連目では「+1」の誤答はなく「-1」の誤答のみであり、それに対して2連目では誤答の大半(正答率と等しい割合)が「+1」で、「-1」の誤答はたった1つしかないのである。

この例とほぼ同じ結果が、フォン・オステン氏を質問者とした「知らない試験」のときにも出ている。「正答を知らない」テストで次々と誤答ばかりが返ってくると、氏はすっかり混乱してしまい、「正答を知らない」テストの間に規則的に挿入された「正答を知っている」テストでも失敗し始め、「+1」の誤答ばかり連発したのである（「正答を知らない」テストでの答えは、緊張の過不足とはまったく別の種々の理由から生じたのであろうが、どれも大きな数で、しかもまちまちだった）。このときの「+1」の誤答の数は、われわれの調査の全期間中にフォン・オステン氏がハンスから得た「正答より大きすぎる数値の答え」の4分の1を占めるほどだ。

著者の例も2つ挙げておこう。1つは、97頁に述べた初めてハンスを使って試したときのもので、5回のうち3回は正答より1つ多い答え「+1」が返ってきた。そのような結果となったのは、私がそのとき興味津々でありながら、かなり懐疑的だったからだろう。まぎれもなく比較的注意集中度が低い例である。2例目は、私がすでに「りこうなハンス」の謎を解明した後に、ハンスを使ってテストしたときのものであるが、注意集中の不足が誤答を生じさせるということと同時に、謎が判明した後でもなお、その知見に影響されずに実験できることをも立証している。「9から1を引いたらいくつになるか？」と私が注意散漫気味の状態で質問したとき、ハンスはまず10と答え、その後6回続けて9と返してきた末に8回目にやっと正しく8打叩いたのである。

さらに、この種の過失による誤答のうち、初歩的な計数や算数の問題が与えられたときにえてして出がちな誤答は故意のウィットなのだと解されている。ある教育学の権威などは「ユーモアと解したいような頑固さと自主心の表れ」とさえ言っている。例えば、「2＋2」という質問に対して3と答えたり、次のような質問が矢継ぎ早に出された場合の誤答である。「目はいくつあるか？」―2、「耳はいくつあるか？」―3、「尻尾は何本あるか？」―2。もちろん、これらはウィットでもユーモアでもない。ハンスがこういう初歩的なことも知らないというなによりの証拠である。

誤答のなかには、これまで述べてきたような好意的な解釈とは対照的に、ハンスの悪い性格や妙な感情のせいだと解されているものも多い。例えば、次のような誤答は気まぐれで、いい加減な性格によるとされている。1つは「ミは音階の17番目の音」「ソは11番目の音」とか「金曜日は週の35番目の日」「50ペニッヒ硬貨は48ペニッヒの価値しかない」といった誤答だ。これらも実は質問者側の緊張の不足（今記した例のうち初めの3つの場合）がその原因であったり、あるいは緊張が強過ぎたせいで緊張の配分が非効率的になる（50ペニッヒの例の場合）ためであったりするのである。また、ハンスが、今右足で叩いたかと思うと、次は左足で叩くといった場合は気まぐれで、いい加減な性格ゆえに「浮かれてバカ話をしている」のだと見なされているが、この、なんとも理解しがたい行動も、実は同じ理由で質問者の頭が不随意にピクッピクッと何度も動いてしまうからに過ぎない。それは、60頁に記した、随意に頭を動かして右足、左足と交互に叩かせる実験の結果と本質的に同じことである。この、**浮かれている**ような動きは、3という答えを除けば、フォン・オステン氏やシリングス氏がいないときに一般の人がハンスに質問して得られるほとんど唯一の反応である（3と返ってきがちな理由は後述）。この動きは両氏が質問したときにもときおり起こり、そういうとき両氏は憤然とするが、これこそがハンスの習得した技の極致ともいうべきものなのだ。ハンスが質問者のいかなる動きも決して見逃さず、しかも、それに極めて鋭敏に反応できることをよく示しているからである。

さらに、求める数が大きいときの誤答も、気まぐれで、いい加減な性格だからだと決めつけられているが、これも人間が長い間（といってもたかだか10秒前後のことであるが）、緊張を保ったまま身体をじっと動かさずにいることが難しいがためだ。この大きい数の場合の誤答の出方には、繰り返し試すうちに次第に正答に近づいていくという規則性が見られる。それは、繰り返すうちに徐々に質問者の緊張の持続時間が長くなっていくからだ。例えば、フォン・オステン氏は30が正答の問題で、25、28、30というようにだんだん大きな数値の答えを得ていき、最後にやっと正解を得たのである。また私自身も20を期待する問題で、10、18、20というように次第に大きな数になり、3回目に正答に達したことがある（実験室実験でも同じようなことが起こっている。118頁参照）。だが、繰り返し試しても、注意集中度が途中で低下して正答に到達できないことのほうが多い。例えば、私が初めてハンスを使って試したとき11を思っていたのに、1、4、5、7、4と出、どうしても7以上の答えは得られなかった。

また初めは正答より1打少ない答え「-1」が、次は1打多過ぎる答え「+1」が返ってくるときも、気まぐれとかいい加減な性質だからだと解釈されているが、これも実は質問者が射撃でよく言う「夾叉」（つまり初めから無理して標的に命中させようとせず、その前後左右に試射して、だんだんに標的へと絞り込んでいくこと）と同じことをしてしまったがためである（102頁参照）。例えばフォン・オステン氏は、正答が10のとき、8、8、11そして10という答えを得た。シリングス氏も正答が17のとき、9、16、

19、18、18、14、9、9というように続けて失敗したあげく、やっと17を引き出した。9から19まで上がった後で9まで落ち、8回目にやっと正答を得たのである。この現象はハンスの計算間違いと解釈しようとする限りうまく説明がつかないが、質問者側の心理の問題、すなわち期待感によって生じる緊張という観点から考察すれば、たちどころに氷解する。

また、ともすると2、3、4、殊に3（70頁参照）という答えが不適切なときにも出がちなことも、ハンスの奇妙な**偏愛**という感情のせいだと見なされているが、これも実は人間心理の観点から容易に説明がつく。その原因も質問者の注意集中度の過不足以外の何物でもない。大方は様々な理由から注意集中がかなり不足しているためである。稀には緊張が強過ぎ、かつそれをうまく分配できず、最初の1打が叩かれた直後に、はじけるように緊張が消失してしまう場合もある（最初の頃、私もそうなってしまいがちだった）。注意不足の質問者が最初に頭を動かしてしまうのは、ハンスが2打から4打叩いた直後で、質問者の頭が動けば当然、ハンスは即座に右足を元に戻し始めてしまうのだ。殊に2打目直後に動きがち（それに対して、1打目を叩いた直後に緊張を解くのは、104頁で述べたように大変難しい）なのだが、質問者はもっとハンスが叩くはずと思っているから、自分の姿勢を完全に真っ直ぐな状態に戻さない。よってハンスは今度は左足でもう1打叩き、それが最後の1打となって合計3打となるのである。

この2、3、4という答えが多く出る理由から、「質問者が正答を知らない場合」の答えが何に由来するのかについてのヒントも得られた。その場合、いうまでもなくハンスは正答を知らないし、質問者も知らないのだから当然、答えは質問とはまったく無関係だ。とはいえハンスの答えには、質問者の注意集中から来る緊張の度合いがそのまま反映される。だからフォン・オステン氏のように注意集中を持続できる人間の場合には、ほぼ例外なく非常に大きな数になり、一方、注意集中が続かない人の場合には大抵、2、3、4といった答えが出るのである。例えばカステル伯が質問したとき、17問のうち2という答えが3回、3が6回、4が4回出たことがある。といっても全部それが誤答だったわけではなく、偶然、2問についてだけは正答だった。

ハンスの性格や感情のせいと見なされている誤答としてはさらに、**意固地さ**の表れと解されているものがある。例えばハンスがある問題に対して同じ誤答を執拗に繰り返したり、また前の質問の答えとしては正しくても次の質問の答えとしては間違っている数を繰り返し叩くといったときである。例を3つ挙げてみよう。まず、私が自分には見えないようにして、つまり「質問者が正答を知らない状態」でカード（実は「13」と書かれていた）をハンスと大勢の観客の前に掲げて「いくつと書いてあるか？」と質問すると、ハンスは5打叩いた。観客は「間違い！」と叫んだものの、正答を言ったりはしなかった。繰り返し訊ねたが、ハンスは4回連続して5と答えた。次は、フォン・オステン氏と私が別々にハンスの耳に任意の数（フォン・オステン氏は7、私は1）を囁きかけ、2つの数を足すようにと言ったときのこと。ハンスは3回連続して11と答えた。「正答を知っている」状態で同種のテストを繰り返し行って正答を得てから、再び「正答を知らない状態」で、先程の答えを求めてみたが、ハンスは今度も11打叩いた。３つ目の例は、私がハンスにあれこれの数を叩かせたときのことだ。５と叩くように求めたら、最初は4打しか叩かず、もう1度言うと正しく5打叩いた。今度は6を求めると4打しか叩かない。さらに7を求めても、また4打叩いた。だが声を出して数え始めると初めて、正しく7打叩いた。もう1度7打叩かせてから、９と叩くよう命令するとまたも7打叩いた。こういったことは、そう頻繁に起こるわけではない。もちろん決してハンスの意固地な性格のなせる業ではなく、質問者の心にある数値が残留した結果生じてしまうのである。このように、ある観念が一度はっきりと心に刻まれると、しばらくの間、場違いなときにも再三、意識に浮上してくる現象は、最近の心理学では「固執傾向」"Perseverationstendenz"[21]と呼ばれ、よく知られている。

今まで論じてきた誤答は、正答が続いているなかにポツポツと混じっているものだが、時々そうではなく**連続的に誤答**が生ずることがある。殊に、その日の実験を開始したばかりのときとか、新しいタイプの実験を始めたときなどに起こりがちだ。だから、ハンスに思考力があるにせよないにせよ、ともかく正答を得るには、ハンスが「調子に乗る」ことが大事なのだと思われていた。実際、調査記録にも「二、三度、練習を繰り返した後のテストでは、ハンスはとても調子がいい」または「ハンスは初めのうち注意散漫で応答しようとしなかったが、しばらくすると突然、調子が出て答えるようになった」と記されている。この調子は招かれざる客が来たり、ほんのちょっと休憩したりして、短時間テストを中断しただけでも途切れてしまいがちで、そうなるとまた元のように調子が悪くなって誤答が連続的に出るようになったりする。

そこで私は、いろいろな質問者に別々に各自連続してハンスに質問してもらい、ハンスの調子が出るまでの時間を調べてみた。所要時間は質問者によってまちまちで、15分程かかる場合もあれば、1分も要しない場合もあった。また、私の場合についてよく思いめぐらしたら、自分の注意集中度を制御する術を習得するにつれて、次第に誤答が連続して出ることは少なくなり、ついにはまったくといえるほどそういう現象は起こらなくなっている。けれども、ふとぼんやりしたときにはすぐ誤答が続いて出ているということがわかった。だから、連続的な誤答もまた、他の、ハンスの質問の趣旨の把握不足や性格から来る誤答とされたものと同様、質問者側にのみその原因があるに相違ない。実際、この「調子に乗る」つまり「精神物理的な慣性の克服」が人間に見られることは昔から知られており、精神科医クレペリン22とその弟子アムベルク23によって「賦活化」"Anregung"(50)と名づけられ、実験によっても確認されているのである。

同じ連続的な誤答でも、長時間にわたる実験の**終わり頃に**生じるのは、これまでは「ハンスの疲労」が原因だと思われてきたが、実は質問者の疲労によってのみ起きているのだ。ハンスの疲労が原因と思われる現象を実際に目にしたのは、フォン・オステン氏に非常に大きい数を叩かせてもらったときだけである(69頁参照)。ほかには、ハンスの気乗り不足の現象と同様、まず目撃したことがない。たしかにフォン・オステン氏は、連続的に誤答が生じると必ずすぐに、ハンスが疲労しているからだとか、調子が悪いからだとか言うけれども、そういう弁解がいかに根拠のないことかは、次の2つの事実から明らかだろう。ある人が質問しているうちに誤答ばかり出すようになり、まるでハンスは疲れてきたのか、または気が乗らなくなってきたかのように見えたのに、質問者が代わったらすぐさま活発に間違わずに答えるようになったのである。また私自身が質問したときの成功率も、私の調子の良さ悪さに比例して増減したのだ。

この種の誤答についての記述を終えるにあたって、シリングス氏とカステル伯から別々に報告された、だが同じ内容の面白い観察結果を記しておこう。「ハンスに少し長い時間、数値を扱うだけの抽象的な質問を出したところ、特にそれが至極単純な計算問題のときには、すぐに正答率が落ちてきた。だが、具体的な物と結びついた数を扱う質問に切り換えたら、とたんに正答率が上がった」。2人はハンスが好きなのは応用問題であり、抽象的な問題や初歩的過ぎる問題には興味が持てないのだと考えた。またカステル伯は、伯がその目で見ることのできる物をハンスに数えさせるときは、奇妙なことに正答率が高いとも述べている。こういった言葉は、「九月委員会の調査記録」[51]に書かれているカステル伯が計算問題（当然ながら抽象的数値のみで、具体的な物のイメージを伴わない）を出したときの報告と符合している。「ハンスは次第にいい加減に反応するようになって、まるで質問者を適当にあしらうかのようになった」。この場合も、人間に原因を求めるべきなのに、ハンスのせいにしている。飽きてしまうのは、非常に強く緊張するものの、それを持続していられないシリングス氏であって、ハンスではないのである。また具体的な物のイメージの助けを借りなければ、低すぎる注意集中力を必要な程度にまで高められないのは、ハンスではなくカステル伯なのである。

以上述べてきたことから明らかなように、私はハンスを決して過ちを犯すことのない機械のような存在と見なしており、すべての誤答の原因は質問者側にあると考えている。ハンスが「終わりの合図」を見過ごし、それゆえに叩き過ぎたということは、これまでのところないのである。他方、合図に関係なく自然に叩くのをやめてしまい、それが誤答の原因になるという場合については、ないとは言いきれない。その証拠となる例が今のところ見つかっていないだけなのだろう。いずれにせよ、ハンス側の原因で生ずる誤答は極めて少ないと考えるべきである。

(2) 計算間違いし、その誤算の数のときに素早く動いてしまう場合

これまで述べてきた場合とは違って、計算間違いしているのに、質問者がその間違った数のときに素早く動いたがために、試験官の計算間違いがハンスによって忠実に映し出されて誤答が生じている場合も考えられはする。けれども、この種の過失による誤答は、私の知る限りでは幾つかの新聞に記載された次の1例しかわかっていない。フォン・オステン氏が誰かにハンスの曜日の答えの間違いを指摘されて、「おっしゃる通り、木曜日ではなく、金曜日でした」と訂正し、質問し直すとハンスは即座に正しい答えを返した、というのである。この事実はハンスに対してフォン・オステン氏が暗示を与えている

ことを示すなによりの証拠だ、と記者は付記している。

(3) 計算間違いし、しかもその誤算の数が叩かれる前や後に動いてしまう場合

計算の間違いと不適切な注意集中とが重なる、つまり質問者が興奮していたり注意散漫だったりして計算間違いを犯したうえに、(その同じ原因から)誤算した数に達したときでなく、その前か後に「終わりの信号」を送ってしまう場合で、大抵は誤答となるのだが、ごくたまに2つの過失がうまく補正し合って正答を生ずることがある。それが、何にもまして「りこうなハンス」という評判を高め、何にもましてハンスには思考力があると信じる人の数をいや増したのだ。まるでハンスが教師の間違いに抗して正しい答えを主張したかのように見えたのである。そういった例は、ハンスの過失とされたものの数と比較したら比べものにならないぐらい少ないのに、観衆に強い印象を与えたので、実際よりも頻繁に起こるかのように思われている。実は懸命に探しても次の7例しか見つからなかった。そのうち2例は、カステル伯から聞いたもの。その1つ目は、9月8日に伯が他には誰もいない馬小屋でハンスに質問したとき体験した例で、その日を7日と思い違いをしたまま、伯がハンスに「今日は何日か」と質問したら、8日と正しく答えたそうだ。もう1つは、カステル伯が「5、8、3」と書かれてある石板をハンスの前に掲げ、合計を出すように命令したときのもの。そのとき、伯はとっさに合計は10だと思ってしまった。ところが10打叩き終わっても、ハンスはまだ叩いている。伯は腹を立てながらも、そのままじっと叩く

のを見ていると、ハンスは16打叩くと（伯の信じるところに従えば、「自然に」）叩きやめたのだという（新聞には、石板に書かれていた数は「5、3、2」であり、伯は「11」という答えを期待していたのだが、ハンスは3回とも10打叩いてやめたと書かれている）。2例とも質問者は、ハンスが間違ったと思った瞬間に、そのことによって注意が呼び覚まされ、自分の間違いに気づいているのである。次の2例は私自身が体験したもの。その1つは、「月曜日は週の何日目か？」と質問したときのことで、私は1という答えを予想していたのに、ハンスは2打叩いた。2つ目は「16から9を引くといくつになるか？」と質問したときのもの。私は注意散漫な状態で答えは5と思っていたのだが、ハンスは2回続けて7と答えた。私も居合わせた人に言われて初めて自分の間違いに気づいたのである。さらにシリングス氏からも次のような例が報告されている。ハンスの前にいろいろの色の布片を一列に並べて試したときのもので、その色布列の横に陸軍将校が1人立っていた。シリングス氏が将校の赤いコートをさしながら、「同じ色の布はどこにあるか、叩いて答えなさい」と言ったところ、ハンスは8打叩いた。実際には、赤い布は2番目にあったから彼は腹を立てて叱りつけ、もう1回質問したが、また8と答えた（幾人かの人は逆に、ハンスは8打ではなく2打叩いたと言っている。それならば、本質的に異なった解釈が成り立つ）。注意深く見てみたら、8番目には赤色ではないにしてもエンジ色（黒みがかった紅色）の布があったのだという。6つ目は新聞に載っていた例だが、細部がいささか不明瞭だ。フォン・オステン氏が"Dönhoff"という名前を綴ってみせるように命令すると、ハンスは"Dö"と正しく綴り始めた。だが次の瞬間、氏がうっかり"Dohna"と命令したと思い違いして"ö"ではなく"o"だと言って訂正させようとした（叩く数でいえば、3打ではなく2打になる）が、ハンスは極めて冷静に正しく綴り続けて、惑わされなかったそうだ。最後も似たような例で、著名な馬学者フォン・テッペル＝ラスキ氏が記憶していたもの。もう詳しいことは思い出せないということだが、質問者であるラスキ氏が正しい答えを間違いとして3回もはねつけ、ついには大声で厳しく叱ると、ハンスはくるりと向きを変え、不当な扱いに腹を立てたかのように、すたすたと馬小屋に入ってしまったという。

これらの例の大方で、間違いとはねつけられた答えが繰り返し出ているのだから、単なる偶然によるものとは思えない。実際はこういうことだろう。3番目と4番目の私の例は（私自身の内観の結果からいって）間違いなく質問者の注意集中の不足がその原因であり、1番目と6番目の例もおそらく同様だろう。その証拠に、それらの例においてハンスの叩いた数は、質問者が予期していた数より1打か2打多い（101頁参照）。2番目や5番目わけても7番目の例は正しい解釈を試みようにも、状況そのものが曖昧すぎて、叩いた数が質問者の期待していた数より多かったのか少なかったのかさえ定かではない。残念なことに、詳細な状況や条件が現場で即座に記録されていないのである。

さてここで、あたかもこの(3)の場合の過失によるかのように見えるが、あくまでもそう見えるに過ぎない、フォン・オステン氏の未だかつて成功したことのない試みについて言及しておこう。氏は再三、ハンスに「2の2倍は（ニニンが）5、だね？」あるいは「3の3倍は（サザンが）8かね？」といった質問をして故意に誤答を引き出そうとしたのだが、ハンスは惑わされずに正しく4あるいは9と答えた。このことも、ハンスは自分で考えて答えていると見なす当初からの大きな論拠の一つとなっていた。実際はこういうことだろう。たとえ質問者が口では「2の2倍は（ニニンが）5」と言っても、実は心の中には4という数が準備されているのである。試しに、私自身が間違った等式の左の部分「2の2倍」だけを思ってみたら、ハンスは4打叩き、逆に右の部分5を思うと、ハンスは5打叩いた。だが「2の2倍」を思うと同時に5を思うことはなかなかできない。「2の2倍」と4との結びつきは練習によって非常に強固なものとなっており、しかも、いずれかを思うとそれに伴って喚起される他の多くの観念によっても補強されているので、「2の2倍」を他のいかなる数とであれ結びつけて、理屈に適わない新しい連合を形成させようとしてもできないのである。要するに「2の2倍は（ニニンが）5」と口では言えても、自然には「2の2倍」と言って、そう心に思うことはできない〔だから、フォン・オステン氏が質問している場合のように不随意には5と叩かせることはできないのである〕。

3　読み書く能力があるかのような現象について

さて、計数や計算の芸当についての説明は終わりにして、次は**文字を読む**つまり文字や記号を理解しているかのような行動に話を進めたい。この場合には、ハンスはすでに記したように、次の3通りの方法で答えを示している。

①文字や単語が書かれた厚紙（文字カード）のところに歩いて行って示す。

②質問された文字が書かれているカードの、（一列にぶら下げられた）列中での位置を足で叩いて数で示す。

③文字一覧表を用い、その表上での文字の位置を（3行目の5番目のように）叩いて示し、単語を綴るいわゆる〈書き取り〉。

①の文字カードのところに歩いて行く場合は、不首尾に終わることが極めて多かった。それに対して②や③の足で叩いて答える場合は、まず滅多に失敗しなかった。もし本当にハンスの応答に高度な知性[52]が関わっているのなら、逆の結果になったはずだ。なにしろ叩いて答える方法のときは読解力のほかに計数力も必要なのだから。だが、ハンスは質問者の指示に従っているだけなのであり、歩いて行って示す場合の合図は、叩いて示す場合の刺激に比べて見て取るのが難しいのだ（理由は後で述べる）と考えれば、先の矛盾はたちどころに氷解する。さらに、この歩いて行って示す場合に、後記の例のように読みの難しさに差がないのに正答率に差が生じるという現象も、ハンスをカード列の端にあるカードのところに行かせるほうが、内側に並んでいるカードのところに行かせるよりも容易だった（87頁参照）ことを思い起こせばすぐに説明がつこう。9月の委員会が行った実験（補遺Ⅲ285頁）で、ハンスは"Castell"と"Stumpf"という名前（これら名前が書かれていた厚紙・カードは列の両端にあった）は正

しく示すことができたのに、その2つの名前と比べて決して難しいとは思えない"Mießner"という名前(列の左端から4番目のカード)を訊ねられたときは、1回目は5番目のカードに近づき、再度テストすると3番目のカードをさすといった具合だった。2回とも正答の隣のカードに触れたのである。となると③の**書き取り(綴り)**の際、あらかじめ84までの番号が振られている文字や記号の一覧表が目の前にあろうとなかろうと、ハンスが無関心だったのも当然だ。なにせハンスは文盲なのである。しかも、質問者のフォン・オステン氏やシリングス氏にとっても、この表は目の前に置かれていようといまいとどうでもよかった。フォン・オステン氏は空で覚えていたからであり、シリングス氏はテストの前にその都度、必要な番号を書き出しておいたからである。そうしたのは、彼の言によれば「ハンスの答えが当たっているかどうかチェックするためで、よもや、この行為が何にもましてハンスを正答に導くことだなどとは予想だにしなかった」からだ。調査の最中に「ハンスは"Plüskow"とか"Bethmann-Hollweg"といった名前を言って聞かせると、人間だって抜かしてしまいがちな"w"や"th"も抜かすことなく正しく綴ってみせた」という記事が新聞に出て、世間の興味をいやが上にもかき立てていた。またその頃、ハンスに思考力があると見なしている人たちが、ハンスの聴力は鋭敏で、息だけで発音される"w"も聞き取っているし、"th"と"t"を聞き分けてもいると言い出した。そういう解釈は当時とて、いささか買いかぶり過ぎと思われていたろう。

このように種々の途方もないことをやってのけると喧伝されている一方で、実はハンスの読み書きの知識にはあれこれ**限界**があるとも取り沙汰されている。が、そのようなこともハンスのせいではない。「ハンスはドイツ・アルファベットの小文字は読めても大文字は読めないし、ラテン系のアルファベットは読めないだけでなく、そういった言葉は一切知らない。それに質問は一定の語彙や形式を守ってなされなければならない」とフォン・オステン氏は言っているが、それは氏の思い込みに過ぎない。これまで習ったことのない事柄について氏が質問したとき答えが得られなかったのは、想像の見事な所産というほかない。氏は初めからハンスはそういう問題には答えられない、と決めてかかっていた。成功すると思っていないのだから、強く緊張していたはずがない。なにしろ強く緊張しているときのみ、ハンスが知覚し得るだけの表出運動が起こり、それによって正答が返ってくるのである。

シリングス氏も長い間フォン・オステン氏の「限界がある」という見解に呪縛されていた。なにせ彼は感覚印象に強く影響されがちな人なのだ〔したがって、飼い主が実際に限界を超えた質問をしたときに答えを得られないのを目撃するとすっかり信じ込み、ずっと仕込んだとされている範囲内の事柄についてしか答えが得られなかったのである〕。例えば、九月委員会の調査記録を見ると、シリングス氏が「3プラス2はいくつか?」と質問すると、ハンスは間違ったが、彼が禁じられてる「プラス」"plus"の代わりに「足す」"und"を使ったら、即座に正しく答えたという報告が記されている。それどころか、フランス語で質問したときも長い間、氏の言う通りまったく答えが得られなかったのである。ところがある日、彼は「私自身がある問題に対してハンスは正しく答えるに違いないと信じているときにのみ、ハンスは正しく答える」ということを発見して驚いてしまった。非常に注目すべきことに、カステル伯もすでに、シリングス氏とは別にそのことに気がついていた。シリングス氏はこの奇妙な発見をどう解釈したらよいのかわからなかったが、今や〔キリスト教史上の出来事とは逆に〕信仰篤きパウロから〔元の〕不信心なサウル〔パウロのヘブライ語読み〕となった。その発見の経緯はこうである。たまたま言ってしまっただけなのか、それとも一時的に先入観にとらわれない状態だったのか、シリングス氏はフランス語で「2と言え」"Dix deux"と命令した。すると驚いたことに、ハンスは正しく2打叩いた。最近、よく周りでフランス語が話されているから、いつのまにか小耳に挟んで、その途方もない理解力のおかげで覚えたのだろうと彼は思った。そこで3"trois"や4"quatre"も知っているかもしれないと質問してみたら、正しい答えが返ってきた。さらに、10"dix"、20"vingt"……というように60"soixante"まで順調に進んだ。けれども、70"soixante-dix"と命令したところで、彼がまだ無理かもしれないと危ぶんだら、本当にハンスは間違った。80"quatre-vingt"からはまたうまくいき、100"cent"も成功した。ここでも諺にいう「思う念力、岩をも通す」が立証されたのである。[53]

4 暦や金銭の価値を記憶しているかのような現象について

硬貨やトランプ、暦、時刻等についてあれこれ知っているように見えるのも、また人を識別したり写真に写っている人を見分けたりできるかのようなのもみな、見かけだけに過ぎない。すべては質問者の知識がもとになっているのであり、ハンスはただ質問者が思った数まで叩いているだけなのである。もちろん叩いた数にハンスは意味など込めてはいない。ただ質問者の心の中で、「エース」「金貨」「日曜日」「1月」("Januar"「神に捧げし月」)といった概念と1が結びついているだけである。同じことが、その他すべての、驚異的な記憶力によるとされている行動についてもいえる。「道路も橋も敵に占領されている」という文言を覚えさせておくと、何日か経ってからでも訊ねると正確に復唱するというのも、質問によってハンスの記憶が呼び覚まされるなどということではなく、叩いているうちに質問者から刺激が与えられ、それに反応したに過ぎない。フォン・オステン氏の話をまったく無批判に受け入れている編集者のツェル[28]が、最近とみに声高に言いつのっている「ハンスのなせる業から、その卓越した記憶力が窺える」などという主張とは程遠いことなのだ。ハンスは驚くほど少ないながら幾つかの連合という宝を有していて、それを駆使しているだけなのである。なにしろ、他のどんなウマでも持っている能力以外にハンスだけに備わっているのは、微細だったりそれよりは少し大きめだったりする視覚的合図を知覚する能力しかないのだ。たしかに文献には、今述べたことと相反するような〔能力を持つ〕、ある一頭のウマの話[29]が載っていて、なんと1500もの信号を弁別できたということだが[54]、その証拠となることは何も書かれてはいない。しかも記述があまりにも簡単なので、信号が聴覚的なものか、視覚的なものかさえわからないのである。

今や、これまでハンスの理性や記憶力に基づくとされてきた応答行動ないしは諸々の現象が実は、そのように見えるに過ぎないということが疑問の余地なく立証され、なぜそう見えるのかも明らかになった。そこで次は、ハンスの感覚に基づくとされる諸現象について説明し、さらには当事例を成立させているハンスあるいはウマ一般の感覚的能力についても考察しておこう。まず、視覚の問題から始めることにする。

5　色名を理解して選択しているかのような現象について——色覚の有無

ハンスは色を見分けることができるといわれるが、実はすでに第2章で明らかにした通り、命令された色の布を色・色彩そのものをもとには探し出せず、その色の布の置かれた位置に基づいて選び出して示したり持ってきたりしているだけなのである。とはいえ、この事実だけからハンスは色盲だと見なすのはあまりにも早計だろう。たしかに、例えばフランスの著名な動物学者ローマニズ[32]は、チンパンジー（ロンドン動物園の有名な「サリー」）を使ってハンスの場合と同じような実験を行い、サリーが命令された通りの色の布を持ってこなかったので、色盲だとしている。チンパンジーが成功しなかったその理由を知性つまり〔色名と色彩との〕連合を形成する能力が乏しいからだと見なすのは難しかろうが、ハンスの失敗を知性の欠如のためだと見なすのは〔これまでの調査結果から考えると〕はるかに容易であり、大抵の人は納得しよう。換言すれば、ハンスを含めてウマ一般はひょっとすると色を識別できるのかもしれないのだが、**色名**を記銘[55]できないから色名を言われただけでは持ってこれないということかもしれない。ただし、そう推測したからといって決して、動物界における色覚の存在が明々白々なこと（と私は思っているわけ）ではない。たしかに世間一般では自明なことのようにいわれてはいるが、一般の野外観察の結果の解釈が往々にしてなされがちなように、たとえ色覚に関する観察結果を合目的的に解釈したとしても（その恰好の例が、非常に多くの動物に見られる体毛や羽毛の色の変化を保護色とか婚姻色とか呼ぶこと）、色覚が存在する可能性があるという以上のことではまったくないのである。その存在を立証するには、確実な自然観察データ（決定的に欠けている）か、さもなければ実験による証拠が必要だ。もちろん実験による証拠がまったくないわけではないのだが、そもそも絶対数が足りないうえに、残念ながら大方は実験条件が厳密に守られていない状況での結果なのだ。[56]ウマの色覚とて例外ではなく、まだ何もわかってはいない。文献をあたれば、まるで色を識別できるかのようなことをしてみせる曲馬団のウマの例は数えきれないほど出てきはする。私が見つけた最も古い例は１５７３年の出版物[36]に記されていたもので、ローマで数人のドイツ人が見世物にしていた２頭のウマの話だ。この２頭は飼い主に命令されると、それが白であろうと他のどの色であろうと、観衆の中から、命令された色の靴下を履いた客を探し出すことができたという。「２頭は色を識別した」と間違いなく書かれてはいるが、それだけでは何の証拠にもならないのである。現今もまだ、そのような記述の正しさを証明するようなウマがいるとは聞いたことがない。

6　視覚的合図に素早く反応する現象について

(1)　ハンス自体ひいてはウマ一般の視知覚力あるいは観察力に関する考察

また、ハンスは素晴らしい**視力**に恵まれているというのも神話に過ぎない。なにしろ人間が手元にぐっと近づけてやっと判読できる程度の、小さくてうっすらとした手書き文字を、離れたところからでも難なく読めるとか、表面が磨耗してしまい人間には10ペニッヒ硬貨なのか50ペニッヒ硬貨なのか区別できないようなものでも見分けられるとかいわれていたのに、そのいずれもが実証されなかったのである。そうなると、そもそもウマは一般に視覚印象が非常に弱いとされているのに、ハンスだけ特別に他のウマよりも周りがよく見えると信ずべき根拠は何もありはしない。

では、ウマ一般の視覚印象が非常に弱いとされているのはなぜだろうか。素人がよく言うように近視だからではないらしい。むしろウマは遠視気味、あるいは600頭ものウマの眼を検査したリーゲル[37]の最新〔1904年〕の調査結果によれば正眼ですらあるようだ。けれども、大多数のウマ（いや多くの研究者は、すべてのウマといっている）の眼は角膜と水晶体（レンズ）の構造が一様ではなく各部分の屈折率が様々に異なるという欠陥があり、それゆえに視覚像がかなり不鮮明なのだといわれている。各部

【図18】ウマの眼球の矢状断面の模式図

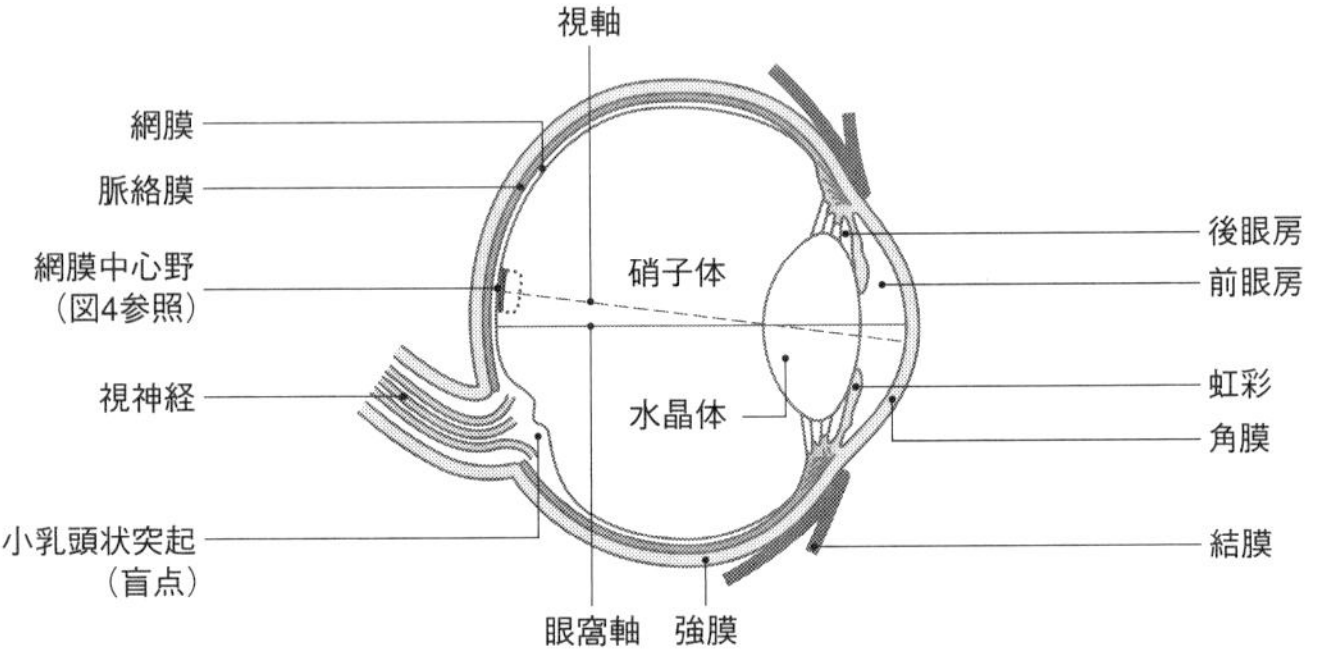

◎ 小乳頭状突起（視神経円板、盲点）…網膜の一部で、視神経が束状に集まって眼球後方へ貫入する部分。 ◎ 視　軸…注視する対象と網膜上の網膜中心野（人間の黄点に相当）を結ぶ直線

＊Robert Getty, The Anatomy of the Domestic Animals, 1975を参照して訳者作成

分の屈折率が異なると外界の点が網膜上に点として映らず（この現象を非点収差といい、それによる視力障害を乱視という）像全体が不鮮明で歪んでしまうのである。(57)

そうだとすると大抵の人は、そのような不完全な像しか結ばない眼を持つ動物に飼い主からの純粋に視覚的な、しかもその一部はごく微細であるような指示で、本当にこれまで本書で述べてきたような対応ができるのだろうかという疑問を抱くだろう。その疑問を解くにあたっては、色布選択の場合の合図と、足で叩いたり頭を振ったりする場合の合図との2通りに分けて考察してみなければなるまい。色布選択の場合は静止している対象、つまり質問者がじっと向いているその方向の判断が問題なのであり、叩く等の場合は動きの知覚が関わっているのである。

①色布選択の場合——静止（形態）視力

さて、もしウマの眼が前述のような構造をしているとしたら、対象を識別する〔つまり静止している物の形や位置を見分ける〕には非常に不利で、いわゆる視力が弱いということになる。そのことも、期待する色布のところに行かせる場合に掛け声を併用しないとあまり成功しない理由の一つなのかもしれない。人間がハンス役になって質問者を見る場合は平均的中率・正答率が80％（150頁参照）なのに、ハンスの場合には同じような枚数の色布を同じように地面に並べたり吊したりしてテストしても3分の1の場合しか成功せず、しかも間違うときの正答の色布との差、つまり離れる枚数が人間の場合に比べて多いのである（87頁参照）。この場合はもちろん、非常に大きな対象の、[58]しかも、かなり近くでの[59]知覚が問題なのだ。となると、（ハンスの）成功と不成功を分ける決定的な要因は次のようなことなのかもしれない。その第1は、質問者がよもや自分が指示を出しているとは思ってもいないので必ずしも明確に正答の布片の方向を向くとは限らないこと。2つ目は、実験者の眼の位置・向きこそが正答の位置を正確に知るうえで何にもまして重要だというのに、それと必ずしもいつも一致するわけではない頭の向きとをよく識別することができないのだろうということ。3つ目もハンス側の問題で、布列の方に歩いて行くにつれて目指す布片の右や左に隣接する布片がはっきりと見えてきて多分、注意散漫になってしまうのであろうこと。例えば、一列に5枚並んだところにわずか1枚の布片を加えただけで、並び方も何も変えなくても、正答率がひどく落ちたのである。

②足で叩いたり頭を動かしたりして応答する場合——動態（体）視力

他方、足で叩いたり頭を振って応答する場合の合図の知覚には、色布片の選択の場合とはまったく違って、**動きの視知覚**[60]（動態視知覚あるいは動体視知覚）が関わっている。それなら、光の屈折組織の構造に不規則な歪みという欠陥があっても、必ずしも不利とはいえない。

それどころか却って、そのために動態視知覚が非常に容易になっているという研究者も多い。最初にそういう説を唱え出したのはシュトゥットガルト〔ドイツ南西部の都市〕の優秀な眼科医R・ベルリン39で、その説は彼の次のような観察と考察から導き出されている。「ウマの眼はその水晶体が『中央塊状隆起円盤ガラス様』[61]（ベルリンがこう名づけたのであるが、それはウマの水晶体の形状がレンズ核の周りを光沢のある輪が同心円状に幾重にも取り巻いているように見えたからだという）をしているので非点収差つまり遠視であり、そのため網膜上の像を動かすと、その移動軌跡は正常の水晶体を持つ眼の場合よりも拡大して見える（したがって、移動速度も速くなる）」。詳しく説明するとこういうことだ。検眼鏡（これを使えば周知のように、眼の内部を直接覗き見ることができる）を用いてウマの眼の網膜を見、その中の目立つ1点に着目して、そのままウマの頭を水平に真っ直ぐほんの少し動かせば、その点はそのまま瞳の周辺部に移動する。実際は動いていないにしても、動いたかのようには見える。ウマの眼の水晶体が正常な構造ならば、この見かけ上の動きは直線状に見えるのだが、（ベルリンの観察によれば実は）ウマの眼の水晶体は特別な構造をしているから、動きの軌跡は弓状になる、よって通常の眼の場合よりも拡大して長く見える。逆に外界で生じた動きがウマの網膜上に描かれるときも、今述べたと同じようにして拡大され、その動きの軌跡も長くなるはずだ、とベルリンは考えているのだ。したがって、例えばフォン・オステン氏の頭がハンスの眼の前で動くと、ハンスの網膜上の動きの像は、同じ条件下でハンスの眼が乱視ではないと仮定したときの網膜上のそれよりも大きく描かれる、というのである。

いうまでもないが、対象の動きがウマの眼の中では拡大されて**描かれる**のだとしても、その事実だけから、ウマの水晶体の構造が正常と仮定したときよりも、実際にウマにとって動きが**よりはっきり見える**とか、ましてや**大きく**見えるとかの推断はできない。眼の中に生じたことが直接、視知覚像となるのではなく、両者の間には複雑で、まったく見当もつかない神経作用が介在しているのである。しかるにベルリン医師は、詳細に吟味したら当然、前述のような結論に至らざるを得ないとし、そういった乱視の眼を持たない人間には識閾以下の動きでも、ウマには知覚できるのだと断言している。

この説は単純でわかりやすいせいか、すでに多くの著名な研究者たち（シュライヒ[40]、ケーニッヒシェーファー[41]）の支持を得ている。われわれもベルリン説を受け入れられれば、ハンスが示している素晴らしい動態視知覚力（つまりは動態視力、動体視力）について難なく説明がつくから、できることならそうしたい。しかし、ベルリン説の概要は理解できはしても、次のような重大な疑問があれこれ湧いてきて賛同しかねるのである。

第1の疑問は、前述の「中央塊状隆起円盤ガラス様」水晶体による乱視を前提として、ベルリンはウマ一般の動態視知覚について論じているが、果たして実際に「円盤ガラス状」水晶体というのは普通に見られるものなのだろうかということである。[62] とにかく「円盤ガラス状」水晶体について言及している文献は極めて少ないのだ。そこで私は、その証拠となる例を少なくとも1例ぐらいは自分で見つけてみようと思い、眼科医のR・ジーモン博士の助力を得て（下記の客観的検証の場合も）、9頭の生きているウマの眼を検眼鏡を用いて調べてみた。だが「円盤ガラス状」水晶体による乱視であることの一つの証拠となるはずの、弓状に偏向したと認め得るような動きを示す眼をもつウマは1頭たりとも見つからなかった。それでもさらに、ベルリンの仮説の正否を客観的な方法によってでも検証すべく、2頭のウマから採取したばかりの新鮮な眼球を使って、果たして弓状の偏向が起こるか否かを実験室で調べてもみた。採取した眼はまずその後方部の、湾曲壁（つまり網膜面）を切り落としてから、前の部分を円筒の枠に固定し、その湾曲壁の代わりに円板状の平らな擦りガラスを円筒の別の開口部にはめて、自然な場合と同じような状態を保てるようにした。網膜を平らな擦りガラスに換えたのは、〔結像〕面が湾曲していると、水晶体の形状がどういったものであっても、光点〔つまり（点状の）光源〕の直線的な動きがすべて弓状に描かれてしまうからだ（詳細な説明は註（63）の末尾を参照）。とにかく、この実験の目的は、今ここにあるウマの眼の**水晶体**のその性質によって、〔光点の直線的な動きが〕弓状の線として描かれるかどうかを調べることだから、結像面を〔湾曲したものから〕平らな面のものに換えておかねばならない。そのような細工を施した眼球の前方に、強い光源を置いた。それの眼球からの距離は、その光源の光点が角膜と水晶体を通過して、平らな擦りガラスで作った仮の網膜の上に結ぶ像が、くっきりとした非常に明るい点となる位置とした。この位置で光源を動かすと当然、〈結像である〉明るい点も擦りガラス上を動く。眼球の少し後ろに座って、望遠鏡でこの点の動きを観察した。このようにして、ウマの眼の前を対象が通り過ぎたとき、ウマの網膜にその事象がどのように映るかを確かめてみたのである。光点を水平および垂直両方向にかなり長い直線を描くように動かしてみた〈仮の網膜上の、明るい点である結像の動く軌跡を観察した〉が、弓状になったことは1度もなかった。要するに、われわれが検査した「生きている」ウマの眼も「死んだ」ウマの眼も、ベルリン説通りにはならなかったのである。

しかもベルリン医師は、自身が個々のウマの眼を覗いたときに、われわれには見出せなかった偏向現象を実際に見たと言いながらも、一部のウマではその度合いが非常にわずかだったと述べている。ならば私には、ベルリンが言っているような傾向〈つまり偏向すること〉が〈ウマの動態視知覚にとって〉有利なのだとは言い切れないように思える。それに非常に大きく偏向すると仮定したとしても、後で記すように、〈偏向するから〉知覚できるようになるはずの領域〈つまり網膜細胞の数〉は非常に少ないのだから、偏向するからウマに拡大して見えるという彼の理論は、この点から考えても成り立たないと思う。具体例を挙げて明確に説明しよう。仮に今フォン・オステン氏がハンスの眼から2m離れたところに立っていて、約0・2㎜（＝5分の1㎜。これは極端な数値ではない）頭を上げたとしよう。すると氏の頭のすべての点は、ハンスの眼が乱視ではなく、また水晶体の結節点から網膜の結像位置までの距離が25・5㎜と仮定した場合、ハンスの網膜上を0・0025㎜（＝1万分の25㎜）ずつピクッと動いたこ

【図19】眼球と対象の動きとの関係

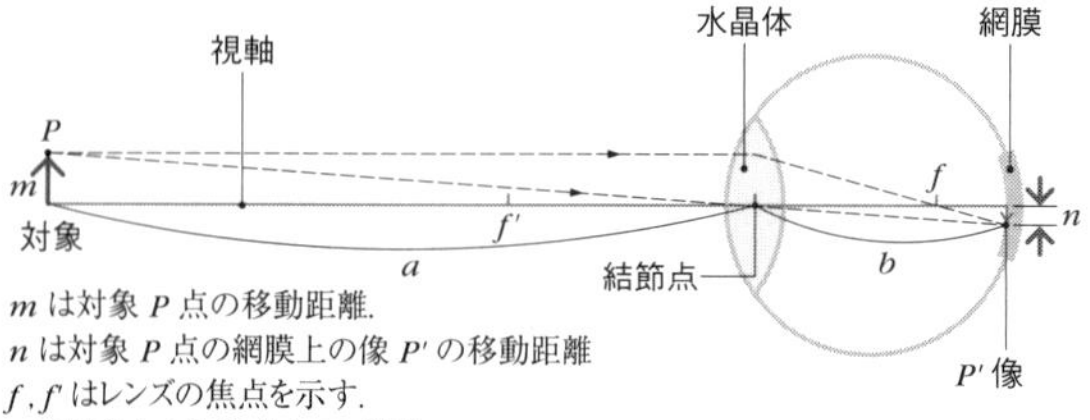

$$\frac{b}{a}=\frac{n}{m}$$

$$n=\frac{bm}{a}$$

m は対象 P 点の移動距離.
n は対象 P 点の網膜上の像 P' の移動距離
f, f' はレンズの焦点を示す.
a は対象から結節点までの距離
b は結節点から網膜までの距離.
視軸は,いわゆるレンズ光学において光軸と呼ばれるものに相当する.

とになる（図19参照）。もし強い乱視で直線的な動きが網膜上で半円の軌跡を描くほど偏向するとしたら、網膜上でどの位の距離を移動することになるだろうか。もちろん他の条件は同じだとして計算してみると、頭のすべての点は約0・004㎜（＝0.0025㎜×3.1414×1/2≒0.0039㎜）ずつ動くことになる。光に対する感受性の高い網膜要素〔細胞〕の幅が、ベルリン医師の言うように0・002㎜（著者はこの数値が正確だとは思っていない）だとすると、乱視の偏向がない場合は2つから4つの網膜要素〔細胞〕が刺激を受けることになる。他方、偏向して弓状になったとしても、簡単な図を描いて見ればわかるように、必ずしもそれ以上の要素〔細胞〕に刺激が伝わるわけではない。それどころか、動きが湾曲しない場合よりも刺激を受ける要素〔細胞〕数が少ない場合さえ考えられる。さらに、ウマの知覚対象となる動きが直線状でなく、湾曲している（大抵の場合はそうだろう）とすると、その湾曲は概ね乱視による偏向によって却って網膜上に小さく描かれようし、状況によってはまったく相殺されてしまうことすらあろう。要するに、ベルリン仮説に従えば、動態視知覚は

促進されるどころか、損なわれることになるのである。(63)

３つ目は最も重大な疑問で、それはベルリン説が次の２つの事象を同じことだと考えて立論されているのではないかという点だ。つまり、検眼鏡でウマの眼を覗きながら網膜上のある1点を見定めておいて、そのままウマの頭を真っ直ぐ横に動かすと、調査をしている人間にその点が動いたように見えるという事象と、ウマの眼の前でさっと動いた対象の、(ウマの) 網膜上の像が移動するという事象とを区別していないのではないかということである。実際はこの２つの事象は、まったく異なるものなのだ。検眼鏡を用いながらウマの頭を動かす場合は、われわれはその狭い開口部から (ウマの) 水晶体の別々の部分部分を通して網膜上の1点を見ているのであり、いわばウマの水晶体の部分部分を順々に検査しているようなものである。それに対して後者の場合には、ウマは常に水晶体のあらゆる部分 (ウマの水晶体の、虹彩によって覆われていない部分全体) を同時に使って見ているのだ。だから前者の場合に網膜上の点が弓状に動いたように見えるのは、水晶体の連続した各部分の屈折率の違いによって生じる現象以外の何物でもない。したがって、検眼鏡を用いて覗いている調査者に弓状に動いたように見えても、**しかしウマには決して動いているようには見えない**のである。

このような理由から、ベルリン医師が述べているような特殊な乱視が、ハンスの動態視知覚の増大に寄与していると主張することはもはや許されない。

以上のように、光屈折に関係する器官を調べてみても、なぜハンスに卓越した動態視知覚力が備わっ

【図20】ウマの網膜の組織

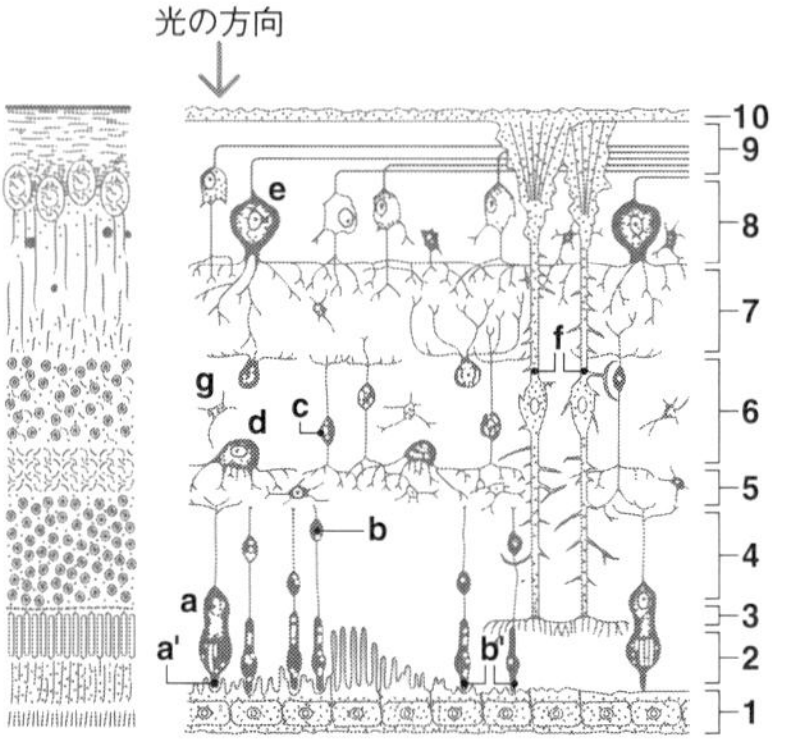

【図21】ウシの網膜中心野

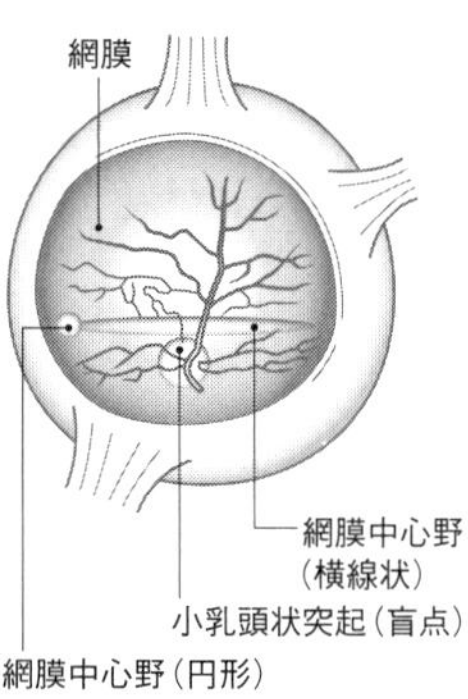

1.色素部の続き　**2.**視細胞層　**3.**外境界層　**4.**外顆粒層　**5.**外網状層　**6.**内顆粒層
7.双極細胞層　**8.**（視）神経細胞層　**9.**視神経線維層　**10.**内境界層

a.錐状体視細胞　**a'.**錐状体外節　**b.**杆状体視細胞　**b'.**杆状体外節　**c.**双極（神経）細胞
d.水平細胞　**e.**多極（神経）細胞　**f.**放線状膠細胞（ミューラー）　**g.**神経膠細胞

＊いずれも加藤嘉太郎・山内昭二『家畜比較解剖図説』1995より

ているのか、その理由はまったくわからない。だから次は一歩踏み込んで、光を**受容する（感受する）器官**である網膜について検討してみなければならない。

実際、ウマの眼にはごく微細な動きを捉えるのに有利だと思われる特徴が1つ備わっている。つまり、ウマの眼の大きさが人間よりも3倍以上大きいだけに、その網膜[64]の大きさも人間のそれよりも3倍以上もあり、かつ網膜上の像も（水晶体の結節点の位置のせいで[65]）人間の網膜上の像よりも大きいのである。ならば、ウマの網膜の真の機能を担う、いわゆる桿状体と錐状体という2種類の〈視細胞〉（**図20**参照）も、一つ一つの機能が人間の視細胞と同程度のまま、人間のそれよりも大きいと思われようが、実は最新（1904年当時）の研究によると、ウマの視細胞は人間のそれよりも微細らしいのだ。そこでもし、ウマの場合にも人間の場合について推測されているように、光刺激が1つの視細胞から隣の視細胞へと伝達されることによってのみ動きに対する視覚が生ずるのだとすれば（ウマの視細胞が人間のそれと同程度の密着度で存在するのなら）、より小さい視細胞を持つウマは当然、非常に鋭敏な動態視知覚力を有しているはずだ。

このほかにもウマの網膜には、動態視知覚をより容易にしているらしい特徴が見られる。それは次の2つの領域の存在である。1つは、線条中心野（図21参照）で、ウマの網膜上を水平に端から端まで横切るように走っている幅1～1・5㎜の線状の組織（15年前、チーフィッツ[52]が発見）。その構造の特異さもさることながら、機能的にも重要なのではないかということで注目を浴びている。ハンスの応答行動でも一役かっているに違いない。どの程度関与しているのかはもちろん不明である。もう1ヵ所は4年程前の1900年頃に初めて発見された、線条中心野の外側〈耳側〉の後方〈奥〉の端に存在する小さな〈円形中心野〉だ。これは、ウマの網膜で最も重要な部分で、人間が物を見るのに重要な働きをする、いわゆる黄斑に相当する。だが、ハンスの応答行動の考察にあたっては考慮に入れる必要はない。というのは、この円形中心野はその存在する位置からわかるように、両眼を同時に使って見る〈双眼視の〉場合に使われるらしいのだが[53]、ハンスは応答行動をする場合には常に片眼でしか見ていないからである。だからといって円形中心野が、他の状況下でハンスにとって極めて重要な働きをしているだろうことまで、決して否定しているのではないことはいうまでもない（図21、図22、図23参照）。

【図22】ヒトの右眼の眼底図

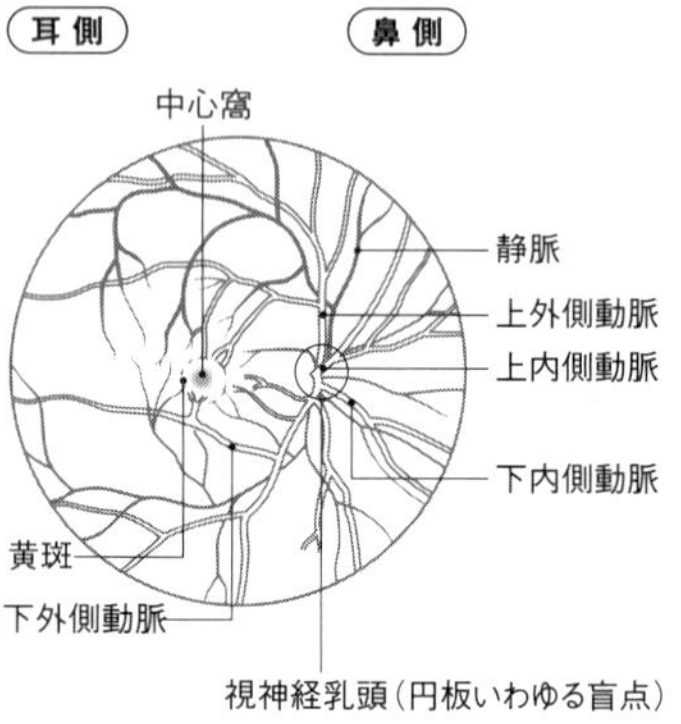

＊Ben Pansky, Delmas J. Allen（『丸善図説神経学』1981より

【図23】家畜の種による眼窩軸の形成する角度の差

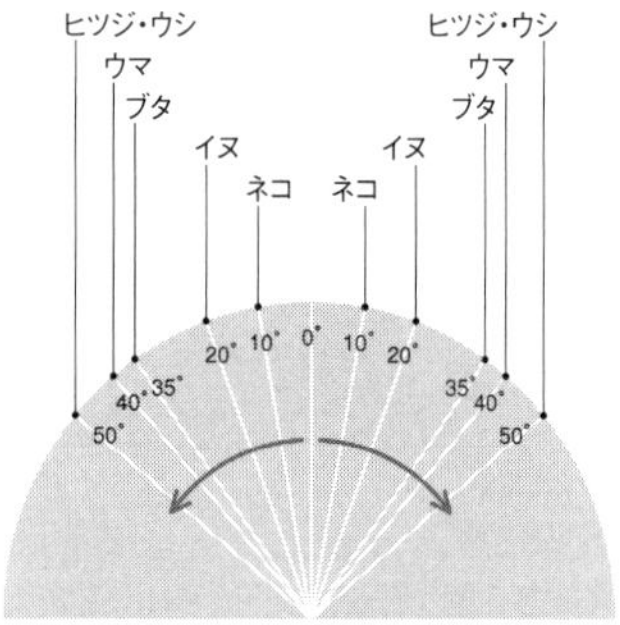

＊Pobert Gettuy, The Anatomy of the Domestic Animals, 1975より

これまで、ハンスがなぜ微細な動きを知覚できるのか、眼の構造という観点から種々考察してきたわけだが、現在（１９０７年）の知識では到底、仮説の域を出ない。さらなる研究の結果、視細胞や線状中心野ではハンスの動態視知覚力〔動態視力〕について説明がつかないというのであれば、ウマの眼に何か未知の特性があると考えるか、[66] 脳にその原因を求めるしかあるまい。ともあれ、ハンスの素晴らしい動態視力が、ウマ一般に備わっているものなのか、それとも特定のウマだけに存するのかは、様々な種類の多くのウマを選び出して実験を重ねていけば判明しよう。おそらく最もありうべき結果は、ハンスの属する種全体が本質的に同じような能力を有しているということだろう。

ハンスの場合は、この、種全体に備わった能力がよりよく発達したのはもちろん、いくつか特別な好条件が重なったに違いない。その第１は、フォン・オステン氏の合図が、徐々に今のように微細なものになっていったらしいことである（これについては、次章で詳細に述べる）。最初は比較的大きい動きに対して反応することを練習していたのであろう。もう1つは、その練習が4年もの間、続けられたこと、3つ目はその間中、このことだけにいわば専念させられていたことである。

しかし、特別な素質が備わってなければ、いかに練習したとて上達したり発達したりするものではない。実際、ハンスのみならずウマ一般にもともとかなりの動態視知覚力が備わっているだろうことは、野生のウマにとって（もちろん他のほとんどの野性の動物にとっても）、生存競争に打ち勝っていくうえで、よく発達した動態視知覚力がいかに必要不可欠なものであるか、そのことに思い致してみれば自明であろう。なにしろ敵（あるいは獲物）が近くにいることを察知しなければ生き残っていけないのである。そう考えれば、ハンスがその〔静止（形態）〕視力は多分劣っているだろうのに、なぜ人間の眼なら見逃してしまうような微細な動態刺激に確実に反応できるのか理解できよう。

それにしても、ハンスが微細な動態刺激を決して見落したりしないのは、片時もたゆむことのない**注意力**があったればこそである。そういった注意力がウマのみならず動物一般に備わっているものであろうことも、それらが有する自己保存本能を思い起こせば合点がいこう。周りに起こるあらゆる出来事に、ほとんど絶え間なく注意を払っていなければ生き残れないのである（ハンスがその本来の注意力に目覚めた動機は空腹だ。もちろん後には習慣化した）。それに動物は抽象思考を弄ぶことがないから、感覚印象のみに注意を集中できもするのだろう。**人間**は、少なくとも教養人は、抽象思考に陥って精神エネルギーが非常に強く内面に向かって流れてしまい、よくいわれるように「注意散漫な」（非常に不適切な表現だが）状態になりがちなのである。

このように、ウマ一般にもともと素晴らしい動態視知覚力や注意力が備わっているとしても、今のハンスはそれらの点において卓越した非凡なウマというほかない。とにかく、その観察力[67]において、〔ハンスに思考力は備わってはいないと思っている〕批判的な人々のすべてをも凌駕しているのである〔なにしろ、これまで私以外は誰もフォン・オステン氏のピクッとする動きに気がつかなかったのだから〕。なればこそ、ウマでは初めて〔思考力の有無を探る〕本格的な調査の対象となったのであり、ついには、その動態視知覚力の途方もなさが立証され、しかもあらゆる動物のなかで初めて数値的にもそれが確認されるに至ったのだ。昔からウマが訓練次第で、素人にはとても見抜けないような小さな動きに反応するようになることは、専門家の間ではよく知られており、サーカスの調教師たちはそういうトリックを最大限に利用して芸当を見せているのである。けれども、そういった場合の合図は、私がこれまで何回も指摘してきたように、ハンスの場合のそれよりも**例外なく、かなり大きく**て見慣れている人ならすぐに見抜ける程度のものなのだ。それに調教師たちの間でさえ、自分の期待するものを見ると自然に生じてしまう、そのじっとしている体勢だけで、ウマを期待する対象の方へ向かわせられるなどということは、これまで知られてはいなかった。だから、色布選択の場合は合図は一切出されてはいないと見なされたのだ（補遺Ⅲ284頁参照）。すぐれた馬の専門家たちもそう思っていたことは、次に掲げる、かつてハンスを充分に時間をかけて実地検分したことのある偉大な馬学の権威G・レーンドルフ伯がシリングス氏に送った手紙の抜粋を読めば明らかであろう。

「貴殿も同意しておられるそうですが、もしハンスについての調査報告の著書を執筆中の研究者の説明が正しいとしたら、もし実際にウマが一般の人間には絶対にといえるほど知覚できないような微細な動きに反応するのだとしたら、これはまさに新発見というほかありません。これまで一体、誰が人間に捉えられないような動きをウマがその眼を通して知覚できるなどと思ったでしょうか。ましてや色佇を持ってくる行動の説明に至っては、ただただ驚くばかりです。これもまた新発見です。これまで誰一人として、人間の〈眼を含めた身体がある方向を向く〉体勢だけを頼りに、ウマがあのようなことをやってのけられるとか、その体勢に正確に反応できるなどと想像だにしなかったに違いありません」。

実際、ウマが今述べたように人間のごく微細な動きに反応したり、人間の体勢に導かれてある方向へ行くというのは新発見だし、これまでのところウマ以外の動物にそういうことができるのかどうか確かなことはわかってはいない。

(2) イヌの類似例との比較による考察

けれども、イヌについては昔から似たようなことが知られている。イヌには訓練次第で、飼い主の眼がある物の方にはっきりと向いていると、その物を他の多くの物の中から探り出せるようになる素質が備わっているのだ。その素質をもとになされる「眼の訓練」[56]と呼ばれるイヌの特殊な訓練方法がすでに100年程前に編み出されている。その方法ではまず、イヌに飼い主の眼をじっと見つめさせるようにさせ、次に命令されたら、数字あるいは〔普通の〕文字の書かれた、かなりの枚数のカード列のなかから、調教師が凝視しているカードを持ってくるように訓練するのである。そのような訓練を受けたイヌの例について、有名な博物学者のA・ミューラーとK・ミューラーの兄弟[57]が報告している。そのイヌの飼い主は、フォン・オステン氏とは違って自分が不在の状態では決して他の人に試させようとはしなかった。「眼の訓練」に基づくトリックと簡単に見抜いたミューラー兄弟は当然、「大衆を騙す企みに過ぎず、不思議なイヌという評判をかき立てて金を儲けようと狙っているのだ」と書き加えている。ともあれ「眼の訓練」に基づく芸当は、訓練者・調教師あるいは飼い主とイヌとがごく近くにいるとき首尾よくいくのだといわれている。だが、イヌはもともと飼い主の頭の向く方向から（多分、胴体の向く方向からでも）、たとえそれが、かなり遠く離れていても飼い主が行かせたがっている方向がわかるものらしい。少なくとも、信頼できる人々はこう言っているのである。「狩りで獲物探しをしているとき、イヌは飼い主が獲物の方を向くだけで、飼い主がどの方向に行かせたがってるのかがわかるのだ」。

しかし、もっと重要なことは、イヌが飼い主の微細な不随意な表出運動に反応することを（明らかに、自然に）学習しさえするという事実だ。そういうイヌの最初の例として文献上有名なのは、イギリスの天文学者ウイリアム・ハギンズ卿[59]のイヌである。このイヌは、ケプラーという名のイギリス産ブルドッグで、平方根を開くといった非常に難しい問題でも解けるかのように見えた。ハンスと同じように答えの数が1のときは1回、2のときは2回吠えるというようにして知らせたのである。正しく答えるとその都度、褒美としてケーキがひと切れ与えられた。ハギンズはこう断言している。「自分は決して随意に・故意に合図を送ったりしてはいない。だがイヌは吠えている間一瞬たりと視線を逸らしたことがないから、私の顔を見ていつ吠えやめるべきかわかったのだ」。しかし、ハギンズのみならず他の誰も何が実際に有効な合図なのか突き止められなかった。ともかく、彼の説明の正当性はまだ立証されていないものの、ジョン・ラボック卿[60]のような著名な専門家たちもすでに認めている。私もハギンズのイヌはハンスのいわば先駆者なのだと思う。

同様の事例が、ブレラウ〔現ポーランド南西部の都市ヴロッワフ〕の作家ヒューゴー・クレッチマー氏からも報告されている(1904年8月21日付『シュレズィシェン・ツァイトゥンク』紙)。この事例の詳細は、彼からの書状によって知ることができた。クレッチマー氏は最初、イヌ(種類はグレート・デーン)の前足を掴んで卓上ベルのボタンに押しつけて、ベルを鳴らすことを仕込んだ。イヌがひとりで鳴らせるようになると、次は1は1回鳴らすことで、2は2回鳴らすことというようにして最も簡単な数の概念を覚えさせようとした。だがこの試みはまったく徒労に終わり、彼はあきらめた。ところが、彼はどんな数でも自分が心に思えば、その数の回数だけイヌにベルを鳴らさせることができることに気がついた(成功したときは必ず、バタ付きパンを与えた)。もちろん「最後の数」だけを鮮明に頭に思い浮かべる(初めはそうしてみた)だけでは駄目で、1回1回(5なら、5回その都度)意志インパルスを駆り立てるようにして、はっきりと数えていって初めて首尾よくいったのである。しかし、この方法でも9以上になると、イヌが耐えきれずベルを鳴らし続けてしまい、一度も成功しなかった。また周囲がざわめいているといったように、何であれイヌの気が散るようなことがあると首尾よくいかない。この場合には、飼い主とイヌは互いに眼と眼を見合うように向かい合わせの位置にいる。

それなのにクレッチマーは、いかなる種類の合図によるものでもなく、暗示によるものだろうと述べ、その根拠として、次の2つの観察結果を挙げている。その1つは、何回か練習すると、彼とイヌが背中合わせになっていてお互いの姿が見えないときでも、あるいは彼がカーテンの裏に隠れて姿を見せないようにしたときでも、イヌが正しい回数だけ鳴らしたこと。2つ目は反対に、クレッチマーが気力に欠けていたり酒気を帯びていると、不成功に終わったことである。これだけでは、とても合図ではないと断言できない。もし背中合わせになっている場合にほかに人がいなかったとしたら、イヌが彼の方を振り返って見なかったかどうかわかるまい。また、誰かが居合わせたとしたら、その人が答えの数を知っていて、イヌはその人から合図を得たとも考えられる。またカーテンの陰に隠れたときも、そのカーテンに彼が思っていた通りの充分な遮断性があったかどうか疑わしい。少なくとも彼とイヌが隣り合わせの部屋にいるとき、つまり視覚的な合図が完全に排除された状態のときには、テストはことごとく失敗したと付記されているのである。さらに2つ目の、気力が欠けていたり酒気を帯びていたりすると成功しないという、クレッチマーの暗示説の根拠の一端をなす観察結果も、私の暗示ではないという確信を揺るがすどころかますます強めるものだ。というのも、ハンスの場合にも気力が欠けていたりすると成功しないことがあったからだ（168頁参照）。それを質問者とハンスとの間の暗示によるラポールつまり交感関係が損なわれたためだと見なす人もいるが、われわれはもっと単純明解に、人間の注意集中度と表出運動の生じ方との間には密接な関係があるからだと考え、実験によっても立証できたのである。だから私は、イヌは視覚的な合図――あるいはさらに別の感覚による合図も関与しているのかもしれないとしても――が必要だという見方を退けることはできない。しかも、視覚的合図ではないことを立証するために彼が行った試みが、41頁で述べたハンスについてのテストと同程度にしか、視覚的な合図を排除しきれていないように思われてならないからでもある。それに、聴覚刺激や嗅覚さらには他の感覚刺激も多少なりと関わっている可能性も否定しきれないが、様々な点から考えてまずあり得ないと思う。だから、りこうなハンス、ハギンズのイヌ、クレッチマーのイヌ、これら3例は、答えの示し方が足で叩く、吠える、ベルのボタンを押すというように違っているだけのことだろう。

最後に、ライン・プロバンス地方から来た手紙に手短に記されていたイヌ（この場合もグレート・デーン）の例を紹介しておく。このイヌは声に出して言わなくても、そしてその間、飼い主はいかなる身振りもしなくても、特定の命令に即座に従うのだという。イヌはテストの間中、終始、飼い主を注視していたと特記されている。この事例の場合も、ごく微細な不随意な表出運動がそれを解くカギである可能性が非常に高い。この手紙の主も当然のごとく暗示によるものだろうと述べている。しかし彼は、そう言える特別な論拠を求めて何かを試すということすらしていない。そのような安易な態度自体が根本的に間違っていると強く抗議しないではいられない。そもそも暗示のように多義的な概念を適用しようというなら、まず最初にそれによってどのような内容を表そうとしているのかを定義しておく必要があるのだ。さもなければ、それは概念ではなく、単なる言葉に過ぎない、パンではなく石でしかない。

ともかく、これ〔つまりこれらのイヌの行動〕について、暗示[68]という概念を用いて解釈しようとすることなど認められはしないのであるが、他方、暗示によると見なしたということは、視覚的な合図――これこそが、ハギンズのイヌの例とまったく同様、後の2匹のイヌの事例をも成り立たせたカギだと私は考えている――が不随意にしかも無自覚的に発せられたというなによりの証拠だと私は思っている。とはいえ、りこうなハンスの先駆者であるイヌたちのどの場合についても、それが視覚的合図によるのだとしても、実際に何が、どんなことが合図として有効だったのかは明確ではない。だからできることなら、ハンスの調査で得られた知識をもとに、問題の3匹のイヌを使って追試してみたいのだが、残念ながら、この3匹はもうかなり前に死んでしまった。しかし似たようなことをするイヌは必ずあちこちにいよう。

ともあれ、ハンスが脚光を浴び始めるとすぐにハギンズのイヌの事例も注目されるようになったが[63]、程なく議論の対象にはならなくなった。それは、このイヌが吠えて答える際に飼い主から絶対に眼を逸らさないので完全に飼い主に頼っているように見えたのに対して、ハンスは質問者の方を少しも見てはいないかのように人々の目に映り、まるで自分ひとりで考えて答えているように思われたからである。だがもうご承知の通り、それは間違いで、〔特別な実験の場合以外は〕決して飼い主が故意に従わせているのではないが、ハンスは飼い主の不随意な動きに哀れなほど頼り、一瞬たりとも飼い主から眼を離してはいないのである。それなのにそういう誤解が生じたのは、次の2つの原因からだろう。1つは、どの応答行動の場合もハンスが**片眼**だけで質問者を観察していること。その頭や体躯の向き方と質問者の立つ位置との関係から見て明らかなように、ハンスは片眼しか質問者の方に向けてはおらず、決して頭を質問者の方に振り向けたりはしないので、ハンスの**頭**の向く方向から視線がどの方向を向いているかを推測できないのである。2つ目は、ウマの眼の虹彩が黒っぽくて瞳と区別がつきにくく、さらに白い強膜〔「白目」といわれる部分〕が眼球が極端に動いたとき以外は瞼で隠れていて見えないので、**眼**の向いている方向がつかめないこと。後に私がわざと、いつも私が立つハンスの右肩の位置からかなり下がって**脇腹**の横に立ってハンスがぐっと後ろの方を見やらなければならないようにしたら、虹彩の外縁があらわになり、そのため白い強膜がはっきりと見えたのである。これでハンスの視線についてのいかなる疑問も氷解しよう。イヌの場合には頭の正中面が必ず見る対象の方を向くから、飼い主の方を見ていないなどという誤解は生じようもない。だからツボォルツィルが「眼の訓練」(196頁参照)について書いたものの中で「しかし注意深く見ればすぐに、そういったイヌがどのような方法で訓練されてきたのかわかる」[64]と述べているのも当然である。もしハンスが他の多くのウマ同様の眼ではなく、偶然にいわゆる「白色虹彩の眼」をしていたなら、つまり虹彩の黒い色素が少ないとか、あるいは黒い色素がまったくない眼をしていたなら、黒い瞳との境が明確だから、質問者を眼で追わないなどという誤解は起きなかっただろうし、ましてや「りこうなハンス」などともてはやされることもなかっただろう。

(3) 読心術との比較による考察

「十二月鑑定書」が発表されると多くの人が、ハンスは極めてすぐれた**読心術師**なのだと誉めそやし始め、またも動物の読心術が一般の人々の興味を惹き、あれこれ語られるようになった。人々はこう言いたいのだ。家畜の多くは、人間の読心術師と同じように（かのキュンベルランがやっていたように[69]）、飼い主が微かに示す不随意な合図から、飼い主が何を考えているのかを察知している。そして、もうじき餌がもらえるとか、散歩に出られるとかわかるのだ。それに、自分の幸不幸が飼い主の手に握られていることにも気がついているので、飼い主が何を考えているかを懸命になって見抜こうとする。口に出して語られる言葉だけではなく、人間がする数限りない動作も、当人のまったく気づかないうちに往々にしてその意に反して、ものを言っているのだ、と。この動物の読心術については、すでにアメリカの神経病理学者ビィアード[65]（彼が初めて人間の読心術師のその技を微細な筋収縮の知覚に基づくものにほかならないと喝破し、それを読筋術あるいは読体術といったように呼んだのである）がこう述べている。「優秀なウマは、読筋術師だ。ウマは命令が言葉で発せられなくても、轡のはみにかかる力から乗り手の心を読むのである」。たしかに、完璧に調教されたウマの場合にはときとして、力をかけずとも乗り手がこう動かしたいと思うだけでその通りに、それも即座に動くといわれているが、実はそう思われているだけであり、ハンス事例と本質的には同じことであることはいうまでもない。それらの場合には物理的な扶助が関わり、ハンスの場合には視覚的な合図が関わっているのである。[70]

人間が人間の心を読むとされる術の場合には、どういう観念を抱いているときにどのように動くのかがわかっているから、それをもとに被験者の動きを解釈しているのだ。例えば実験室実験で、あるとき私が右手でキーを2打叩いたら、被験者の頭がほんの少し揺れ、5打目でもっと大きくピクッと動いた。だから私は、被験者が2＋3＝5という問題を考えているのだと解釈した。要するに実験者は、決して考えを読むのではなく、それを**推測ないしは推論**しているのである。

動物の場合は、そのように推論したりはしないと言いきって間違いなかろう。あくまでも感覚的体験（感得）にとどまっているのである。だから、もしりこうなハンスが人間の言葉を話せれば、あのような応答行動の真意を訊ねられたならこう答えるに違いない。「主人が前屈みになったらすぐ私は足で叩き始め、主人がピクッと動いたらすぐ叩くのをやめる。そうするのは、ニンジンがもらえるからである。主人があのように動く理由など私は知らない」。動物が人間からの「ほのめかし」を利用するのに、それが意図的に与えられたものであろうとなかろうと、抽象的思考力を必要とすると考えるのは間違っている。例えばゴールドベック68は前述のイヌの「眼の訓練」について、「この場合、イヌは視覚印象を意識的に消化して、どのカードを持って行くことが期待されているのか推論するのだ」と書いているが、そうではない。あるいはまた、「十二月鑑定書」（補遺編Ⅳ）の主旨を「ハンスは観察し、推論し、さらにそれらの結果を伝える。すべて自分で考えてやっているのだ」と受け取っている人がいるようだが、ハンスにそのようなことができようはずがない。だいたい、あの鑑定書のどこにそのようなことが書かれているというのか。すべては繰り返し練習したために、飼い主が出す合図とハンスの動作との間に単純な結びつき（連合）が成立したというに過ぎないのである。もちろん、飼い主の動きが特別に微細であろうとも、ことの本質に変わりはない。（ハンスが）微細な合図を眼で捉えるには、非常に鋭敏な視覚と強い注意集中力を要するものの、その観察から応答行動をするまでの間に「非常に高度な知性」など決して関与してはいないのである。

ここまではハンスの視知覚について種々考察してきたが、次は聴覚の問題について検討したい。

7　聴覚刺激が基本的には関わっていないという現象について

ハンスは質問者が質問や命令を心の中で言う、つまり思うだけでも期待通りの反応を示すが、この事実はハンスの聴覚が鋭敏であることを立証しているのではなく、前に述べたように、耳が〔本質的には〕まったく関わっていないことを示しているに過ぎない。耳に障害があるとしても、ハンスは今と同じように素早く命令に従うようになっていただろう。ハンスがまったく耳を動かさないのは、決して耳に障害があるからではなく、視覚的合図に対する反応が習慣化する過程で聴覚刺激に注意を払わなくなってしまったからに違いない。また聴覚刺激に注意を払わないということは逆に、ハンスが強い近眼や盲目ではない証拠といえよう。もし強い近眼や盲目ならば、視覚の欠陥を聴覚で補おうとして音のする方へ耳をはっきりと頻繁に動かさないはずがないのである。もちろん、〔色布選択の際に掛け声で、その内容に関係なく右や左へ行くという以外、本質的には〕聴覚刺激が関与していないからといって、もともと特定の対象と、それをさす音声的合図とを結合する能力がないのだと決めつけられはしない。もしフォン・オステン氏が、例えばもっと頻繁に幾つかの色布を見せながらそれらの色名を言って聞かせていたら、色布と色名の音声との間に2、3程度の結合〔連合〕が形成されていたかもしれないのである。

では一般のウマは、どの程度まで聴覚的結合を形成できているものなのだろうか〔つまり、どのような聴覚刺激に対してどの程度まで、あるいはいかなる反応を示すものなのだろうか〕。もちろん、それについての信頼できる観察データは皆無に近い。日常的によく見聞きする、聴覚的結合によるとされている例としては、次のようなことが挙げられる。まず、掛け声に応じて歩き始めたり止まったり、あるいは〔人が練習用の綱である調馬索を手に握って調教している際には〕向きを変えたりする。また、「みぎ」とか「ひだり」（あるいは、それらに相当する表現）という〔音声〕記号を正しく区別できる。さらに、ウォーク（並足）とかトロット（速歩）あるいはギャロップ（疾駆）と言うと、それに従って歩調を変える。そして、いつも名前で呼びかけていると、自分の名前がわかるようになるといったところである。非常に特殊な例としては、まず騎兵隊のウマが騎兵隊で普通に使われている命令を聞き分けることができるということが挙げられる。このことはどんなウマ関係の本にも書かれており、なかには新兵以上だと述べられている場合[69]すらある。また、乗馬学校のウマは乗り手と教師の命令が違っているときは、未熟な乗り手の扶助ではなく乗馬教師の掛け声のほうに従う[70]といったことも報告されている。

それにしても本当に、これらの命令や掛け声は、ウマを御す役に立っているのだろうか。これまでに行ったハンスを使っての実験の結果や他の数頭のウマを用いて試した結果から考えると、どうしても私には疑問に思われてならなかった。そこで、以下のような一連の検証実験を行ってみた。用いたウマは25頭で、種類は本場から輸入したアラブ種や純血の英国産種から、どっしりした荷役馬まで様々である。検証の場所は兵舎の中庭やサーカス、乗馬学校、個人の馬小屋などで、それぞれのウマの慣れたところで行った。検証協力者はフォン・ルカヌス大尉、サーカス支配人のブッシュ氏、さらにブッシュ・サーカスの優秀な調教師H・H・ブルクハルト＝フーティット氏とE・シューマン氏。ウマの慣れた条件下で実験するようにしたから、調教索で繋がれている場合もあれば、繋がれていない場合もあるし、折り畳み式幌付き4人乗り4輪車（ランドー）を引いている場合もあれば、人が直接ウマの背に乗っていたりした場合もある。決して掛け声や命令以外の扶助や合図になりそうな刺激を与えたりしないよう、厳しくチェックした。

検証結果の要点は次のようである。舌打するようにして「チッチ」と発した場合は、大抵のウマはそれに反応して素早く歩き出した。「ブルル」（あるいは「ソレ」）と言った場合は大抵は止まった。次の例は、その「ブルル」だけで止まることをよく示している。あらかじめ大きな目隠し革を装着しておいた2頭の馬車ウマに1台のランドーを引かせ、御者台に乗っている人が手綱をゆるく持ちながら「ブルル」と言うと、そのうちのこの合図に慣れていない1頭は平然と走り続けようとしたものの、結局は毎回すぐにランドーが傾いた状態で止まったのである。その、ランドーが傾いたということは、御者役からの手綱か何かによる無意図的な手綱扶助でさえまったく与えられなかったことのなによりの証拠だ。「ソレ」については、「ソーレー」と長く引っ張るように言うと止まるように習慣づけられている、他のウマを使って試してみた。そのイントネーション（抑揚）のときだけ止まることがわかった。他のどのような言葉であれ、たとえ発音が不明瞭でも同じ抑揚なら必ず止まり、抑揚を変えると止まらなかったのである。

ウマの歩調が号令によって変化するかどうかについては、断定できるような結果は得られなかった。例えば乗馬学校のリッペ〔ドイツ北西部の当時の州名〕産のある雄ウマの場合、調馬索をつけギャロップで走らせているときに優しい声で呼びかけると（この場合も言葉は何でもよかった）、トロットに速度を落としたり、あるいはトロットからウォークになったりした。とはいえ常に、どのウマでも明確に反応して歩調がはっきりと違ったとまでは言いきれなかったのである。しかし、馬場で調馬索をつけて調教中だった純血種の雄ウマを使って、調教師に握っている綱をすっかりゆるめ身じろぎもしないようにしてもらって（私の経験からいっても、容易なことではない）実験してみたときは、彼がどのような命令を声に出して発しても、事前の彼の確言に反して、何の関心も示さず、彼を大いに驚かせ、いぶかしがらせた。しかし、また通常通りに掛け声を発してもらうと、ほんの微かに彼の身体が動き、調馬索やムチによる扶助がなされなくても、ウマは調教師の思い通りに動いた。

軍馬を使ったときは、また別の結果が出た。実験に使用したのは3頭で、そのうち2頭は去勢馬で、1頭は雌馬。年齢は9歳、13歳、19歳。3頭とも4歳のときから軍隊で飼われている。この3頭が選ばれたのは、その所属する騎兵大隊のウマのなかで「最も賢い」という理由からで、軍で通常用いられている号令には必ず従うという保証付きだった。ウマの並ばせ方は、通常の軍の練習時と同じく2馬身分の間隔をとって縦1列とした。各ウマには、いつもと同じ兵士が騎乗した。そうしておいて、まず号令でウマが足を踏み出すかどうかテストした。号令が有効だといえるためには、騎乗した兵士が手綱を握りはしていても前進させてしまうような扶助を決して与えてはならない。反対に号令でウマが停止すると見なせるのは、走っているウマが馬術用語でいう収縮姿勢をとった場合で、この場合も騎乗兵が手綱を握ってはいても、収縮させるような扶助を一切与えてはならない。この点について兵士に厳重に注意しておいた。それでも、兵士がウマに反応をきたすようなことをしたのではないかと危惧されたとき（そのようなことは2度しかなかった）には、代わって将校が騎乗し同じテストをした。他方、3頭のうちの1頭が他の2頭の真似をしているだけのように思われたときには、他の2頭の騎兵にわざと手綱を引き締めウマが動かないようにしてもらった。号令は大抵の場合、普段これらのウマの管理責任者をしている伍長に発してもらったが、同じ騎兵隊の曹長が代わって言った場合もある。どちらが発しても結果に差はなかった。なんと結果はこうだった。トロットで走ったりウォークで歩いているウマに号令を発しても一度たりとも効果は生じなかった。ウォークしているウマにトロットと命令しても速くもならなかったし、トロットのウマにウォークと言っても遅くなりはしなかったのである。

唯一効果が生じたのは、テスト開始時にウマが立っているときに号令をかけた場合だけで、大抵は歩き始めたのだが、それとて必ずというわけではなかった。ほんとうに軍隊で通常用いられる号令に対する反応は、これだけだったのだ。最も効果があったのは「騎兵大隊、進め！」で、もちろん「騎兵大隊！」とか「進め！」だけでもよかった。それらとて常に有効というわけではなかったのである。ときには「トロット！」「ギャロップ！」「退け！」といった号令にも反応することもあったが、それは歩き始めることがあるというだけで、決してトロットになったり後ろに退いたりはしなかったのだ。これらの号令の場合、その前によくつける「騎兵大隊」という言葉はわざと省いた。その言葉だけで大抵、ウマが歩き出してしまうからだ。ところが、立っているときに別種の号令（例えば、騎乗している兵士にのみ向けられた「槍（銃）を下ろせ」といったもの）をかけてもまったく反応しなかった。ということは、多少なりとも号令を選択しているかのようでもある。

どのテストも、3頭のウマの並ぶ順序を順々に変えて繰り返し行った。そうしなければ、とんでもない間違いに気づかなかったに違いない。というのは、3頭のうちで最も若いウマはかねて「一番賢い」(たしかに非常に活発だった）という評判だったが実は、これまで先頭に立たされることがなかったがために群棲本能がいっそう強まった結果に過ぎなかったのである。先頭に立たせてみると、号令で足を踏み出す率はわずか18%だった。ところが他の条件は変えないで、2番目、3番目に配置すると、その率は67%にもなった。しかも「騎兵大隊！」「進め！」「騎兵大隊、進め！」の3種の号令に限っていえば、踏み出し率は91%にもなった（先頭の位置でのテスト回数は17回、2番目の位置が36回、3番目の位置が22回)。つまり、このウマは他のウマの後ろに位置したときは大抵、号令がかかると歩き出したが、先頭に置かれたときは、2、3度しか歩き出さなかったのである。先頭のとき歩き出したのも明らかに、他のウマを見て真似してのことに過ぎない。というのは2番目、3番目にいるときの止めようもない程の勢いとは裏腹に、先頭のときは必ず一番最後にのそっと歩き出したからだ（ウマは一般に後方への視野が広いから、このウマも先頭にいても大抵、後ろの2頭の動きを見ることができるのだ)。それに、このウマを先頭に立たせたときに、後ろの2頭の動きを故意に止めたり、間隔を詰めて他のウマの動きを見られないようにしたら、このウマは決して歩き出さなかったのである。要するに、この3頭のウマは、騎兵大隊が寄せていた「賢い」という信頼にほとんど応えることができなかったのだ。

さらに、名前で呼びかけたときの反応について少し述べておく。この場合は、例えば騎兵大隊のウマのように滅多に名前で呼ばれることのないウマは使わなかった。結論を言うと、もともとつけられている名前に対して**明確に**反応するといえるウマは一頭たりともいなかった（そのようなウマなど存在していようはずがない、とまで言うつもりはない）。飼い主や馬丁たちは検査前は必ずウマはその名前に反応を示すと断言していたが、実際は名前で呼びかけても常に、他の言葉でそれも不明瞭に発したときと同じ効果しか生じなかったのである。抑揚をつけて名前で呼んでみても、さして違いがあるようには見えなかった。また、同じ馬小屋にいる多くのウマに向かって、そのなかの1頭の名前をかなり離れたところから呼んでもみたが、大半のウマ、ときには全部のウマが耳をそばだてながら頭を上げたり周りを見回したりした。これでは、その名前のウマが反応したとて、その行動に何の価値もない。また、調教師が円形調馬場の真ん中に立って調馬索を握って歩調を変えさせたり、彼の方に来させたりする際に日頃、呼びかけ慣れている名前に対しても、調教師に微動だにしないようにして試してもらったときには、何の反応も示さなかった。ところが、かなり微かでも〔頷くなり何なりして動いて〕「ほのめかし」を与えると必ず効果があった。さらに、調馬索なしで馬場を自由に駆け回っている幾頭ものウマに名前で呼びかけてみても、1頭たりとも寄ってはこなかった。ところが角砂糖を何度かやった後は、名前を呼ぼうと呼ぶまいと寄って来て、ついには昔からお馴染みの光景通り、私の側から離れようとしなくなった。

私は以上に述べた検査結果を最終的なものだと思っているわけではない。どんなに努力しても常に検査の条件を完璧に整えることは不可能であるし、また、もっと多くの検査を行わなければ、ウマの種類や年齢、個々のもって生まれた天分や受けた教育によって差があるのか否かわからないからである。とはいえ、これだけの検査結果からでも、ウマは一般に生来的に聴覚連合の形成が得手ではなく、聴覚連合の数はこれまで世間一般に信じられていたよりもはるかに少ないといっても間違いないだろう（それに対して、例えばイヌは一般に、私自身が別に実験した結果からも聴覚連合の形成も容易だと見ていいと思う）。要するに、他のウマについてこの種の調査をするまではひょっとしたらと予想したように、ハンスは聴覚連合という点で他の一般のウマと比べて特に劣っている、というわけではないらしいのである。[71]

8　音楽的才能があるかのような現象について

ハンスの**音楽に関する応答行動**はどれも、フォン・オステン氏がハンスの前で鳴らされる音を知っていたからだということで容易に説明がつく。アコーディオンを鳴らして質問するときは、弾くのが氏自身だろうと他の人だろうと、氏には鍵・キーが見えるから当然、氏の頭には当該の音に相当する数が浮かび、その数だけハンスが叩くのである。それを氏やその主張に賛同する人たちがハンスには絶対音感があるからだと確信し、次のような有名な作曲家マックス・シリングス教授（もちろん動物学者のシリングス氏とは別人）の体験談が人々の確信をいよいよ深めさせてしまったのだ。私は教授自身から直接ことの経緯を詳しく聞いてみた。教授の話は他のどの例や現象にもまして、どんなにハンスの事例全体がまるで糸が絡み合うように複雑に錯綜しているかを如実に示している。それは、教授がハンスの音感の有無を確認しようと例のアコーディオンを用いて1度に1音ずつ鳴らしてテストしていたときのことだった。初めの3回は、フォン・オステン氏の希望を入れて音を鳴らす前にその都度、教授は氏に何の音かを教えておいたそうだ。ハンスは3回とも見事に正しく答えた。そこで4回目に、教授は決定的な確証を得たいと考え、フォン・オステン氏を含め他の誰にも知らせないで、氏に告げた音よりも3音低い音を鳴らしてみた。するとハンスは実際に教授が鳴らした音を示す数だけ叩いた。氏は必死で「慎重に」と注意したが、ハンスは2度目も同じ答えを出し、3度目になってやっと、教授が氏に前もって告げておいた音を示す数だけ叩いたのだという。当時、教授からこの驚くべき実験結果を知らされた人々は、これこそはハンスに絶対音感が備わっているなによりの証拠だと思い込んだのだ。

しかし実際は、シリングス教授自身が気づかぬうちに、しかもそのつもりもなく、ハンスに刺激を与えていたのである。詳しく説明すると、こういうことだろう。2度目までは、ハンスの右側の肩よりやや後ろ（尻尾寄り）の位置に立っていた教授が不随意に「終わりの動き」をしたことによって、（すでにフォン・オステン氏からの指令で叩き始めていた）ハンスに叩くのを中断させ（次いで完全にやめさせ）

たのである。その間フォン・オステン氏は同じ右側の脇腹の傍らで前傾姿勢のまま少しも動かず、もっと叩くのを待っていた（74頁で述べた、2人の実験者のうちの1人がすでに叩かせているのを他の1人がそれを中断させる実験の場合と同じことだ）。ところが3回目のときは、もう2度も続けて間違った（と氏は思った）なんて許せないと腹を立てた氏が、〔音が鳴らされるとすぐに〕ハンスに近寄って行ったに違いない。そのため氏の方だけにハンスの注意が向くようになり、教授の動きは完全に無視され、本当に鳴らされた音よりずっと高い音を示す、間違った答えが返ってきたということだろう[72]。

2つの音の高さの間隔つまりは音程がわかるという話も、絶対音感云々と同じことだ。ハンスの前でアコーディオンの2つの鍵が同時あるいは順に押し下げられて弾かれるときも、フォン・オステン氏にはその2音の間にある鍵の数を数えて何鍵あるか知ることができるから、ハンスはその数だけ叩くのである。ところが、その2つの音を人間が発したり口笛で吹いたりするときは当然、鍵を数えるようなわけにはいかないから、音感がまるでない氏には答えの見当もつかず、ハンスも答えられない。だが、そこで2音の間の音も加えて順に発声されたり吹かれると、すべてがまた順調にいく。長調や短調の協和音は「快い」、その他の和音は「不快」とハンスは答える（この程度のことでも誤答は生ずる）が、それも以前ある音楽家がフォン・オステン氏にそのように教えたので氏が知っていたのである。〔一種のミュージック・ボックスである〕手回しオルガンで奏でられるメロディーを聞き分けるというのも、氏が何の曲か知っているからだ。氏はあらかじめそれらの曲に番号を付けており、氏が思った番号の数だけハンスは叩くのだ。同じことが拍子についてもいえる。ハンス自身はメロディーと同様、区別などつきはせず、ためしに2拍子や3拍子などといった一定の拍子で歩かせようとしてもできはしなかったのである。このようにフォン・オステン氏を質問者としてテストしただけではなく、氏の不在の状態で他の人を質問者としても調べてみた。ハーン教諭が質問者となった場合には、教諭が音楽に造詣が深く自分で音や拍子を聞き分けられるので、たとえアコーディオンの鍵が見えなくても、ハンスから正答が返ってきた。

ウマ一般の、いわゆる音楽的能力について、われわれが文献やら人々の話から知り得たことから考えると、それはかなり乏しいもののようだ。唯一、大方の人が認めているのは、軍馬がラッパによる信号の意味を理解している、それも新兵などよりもよほど速やかに判断できる[81]ということだけである。しかし、それが音楽的能力によるものか否か、これまで誰も検証したことがないので、私は208頁の命令についての検証のときに用いたと同じ騎兵隊のウマを使って、やむなく簡単なものになってしまったが、次のようにして調べてみた。前のときと同様に、兵舎の中庭の片側に3頭のウマを2馬身分の間隔をあけて縦一列に並ばせ、それぞれのウマに常日頃より慣れた兵士に騎乗してもらった。その兵士たちは手綱は持ちはしても、ウマを進ませたり止まらせたりする、いかなる種類の扶助も決して与えたりはしていない。中庭の反対側から、ラッパ手に様々な信号を吹いてもらったのだが、調べる前は誰もが「絶対に正しく反応する」と言っていたのに、それを完全に否定する結果となった。3頭のうち2頭はまったく動かず、反応したのは13歳の去勢馬ただ1頭だけで、それもラッパが鳴る度に驚き、たとえそれがトロット信号であっても、兵士を乗せたままギャロップで荒れ狂ったように走り出しただけだったのである。けれども、これらの検証の結果だけから、ウマ一般の音楽的能力について結論づけようなどと私は思ってもいない。判断を下すには、殊に騎兵隊のウマについては、もっと様々な検査をしてみなければならないからである。[73]

9　人間に近い情緒や性格ゆえになされるかのような現象について

最後に、ハンスには極めて人間に近い情緒や性格が備わっているとされる現象について説明しておこう。まず、様々な人に対して**好感や嫌悪感**をあらわにするといわれている点について。質問者によってそういった異なった情感を抱いているかのように見えるのは、ハンスから答えを引き出す質問者側の能力に個人差があるのに、それを知らずに正答が多く返ってくる質問者は好感を持たれているからだと誤解してのことに過ぎない。また、例えばフォン・オステン氏が「シュトゥンプさんは好きか？」と訊ねると、ハンスが頭を強く左右に振り、次に「ブッシュさんは好きか？」と問うと頷くといったように、質問者ではない誰かに対しての好感や嫌悪感はその人自身のそれらが思わず吐露された、いわば告白なのである。前者の問いに対して飼い主は心の中で「いいえ」、後者の問いには「はい」と思っていたので、それらの観念に付随して頭が動き、その動きにハンスが機械的に反応したのだ。さらに、ハンスが私に非常に好意を抱いているように人々に見えるのも明らかに〔そのような情緒があってのことではなく〕、単に私だと、合図に首尾よく反応すると必ずたっぷりとニンジンやパンがもらえ、〈誤答〉のときとて、フォン・オステン氏やシリングス氏のように、声を荒げないからに過ぎない。とにかく、この2人は誤答の原因が己の過失によるとはつゆ疑ってみようともせず、安易にハンスが意固地だからとか気まぐれだからだと言ってひどく叱りつけるのである。人に対して愛情を抱いているとか、せめて懐いているとか見なせるその範囲をかなり広げてみても、ハンスには飼い主に対してさえ、その片鱗だに窺えない。だからといって、自分にあれこれ仕込んだり試験したりして悩ませる人間に対しては、どんなに褒美をもらおうとも、恨みの念を抱いているのだとも思えない。なにせハンスは、仕込んだり試験することなどフォン・オステン氏から固く禁じられているので一度もたりともしたことがなく、しかも非常に注意深くよく面倒をみているハンス係の馬丁を、〔ハンスを使っての〕調査が終わった直後に、蹴り上げて顔にひどい傷を負わせたのである。当然ながらこの事件はハンスの恨みに基づく〈気違い沙汰〉などであろうはずはなく、ウマ一般によく見られる出来事に過ぎないのである。そう言ったら、ハンスには理性があると言って憚らない人たちばかりではなく、熱狂的なウマ愛好家たちも強く反発するだろうが、えてしてウマがそういうことをしがちなことは第一級のウマの専門家たちも認めているし、フィリス92のような馬学の権威による解説書等にも同様なことが書かれている。

気まぐれだというのも勘違いに過ぎず、ハンスに質問し慣れている人たちでさえ、ハンスを自由に操れていない証左にほかならない。そういう人たちとても、ハンスをどう導けば答えが得られるのか知らないので、まるでハンスが気ままにああだこうだと言っているかのように、いろいろな誤答を引き出してしまうことがあるのだ。例えば、ある夕方、フォン・オステン氏の動きがもうよく見えないほど暗くなって、いろいろな誤答が次々出ると、氏は気まぐれのせいにして罵った。実際はハンスがそのような御しにくい性格をしているためでは決してなく、状況が悪くて質問者の様子がよく見えなかったのである。その証拠に、あれこれ誤答が返ってきたあるとき、随意に合図を送る方法に変えたら途端に、さんざん罵られた気まぐれという現象は消えてしまったのだ。ついでに言っておくと、ハンスは「稀に見るほど繊細な神経の持ち主だ」とか「ひどく神経質である」とか評されることが多いが、そう見なすべき根拠は何もない。たしかにハンスはいささか落ち着きに欠けるが、元来、雄ウマとはそういうものだし、これまでまったく隔離された生活を強いられてきたから（中庭から一度も出してもらったことがない）、慣れない刺激を与えられ動揺しがちになってもいるのである。決して神経衰弱症の症候などは認められない。それどころか、ハンスの日常生活が不自然なものであることを考えると、意外に感じられるほど元気で実に健康そうだ。

意固地だというのも神話に過ぎない。例えば1つの問題に同じ誤答が何回も続けて返ってくると、意固地のせいではないかと疑われるのだが、実は質問者が自分の注意力をうまく制御できなかったり（165

頁参照）、あるいは166頁に述べた固執傾向に支配されていたりしているがために起ることなのである。次のシリングス氏が語ってくれたエピソードは、その恰好の例である（またも彼は、私にこの事例を解明するうえでの重要なヒントを与えてくれた）。あるとき、シリングス氏とフォン・オステン氏とが交互に同じ1つの問題をハンスに訊ねたら、ハンスはフォン・オステン氏に対しては毎回正しく2と答えたのに、シリングス氏には3という誤答を出し続けたのだという。彼は3回目までは辛抱したものの、4回目の質問をする前に憮然として「今度こそは、正しく答えるだろうね？」と訊ねると、ハンスは即座に頭を左右に振り、見ていた人々を大いに面白がらせたそうだ（このときシリングス氏は「正しく答えるだろうね？」と言いながら、なんとなく「いいえ」という答えを予測していたとのことだ）。また、大きな数のときのように1度で正答が出ず、質問者の緊張が増大するにつれて答えがだんだんに大きくなり正答に近づいていって何回目かでやっと正答が出た場合（163頁参照）や、目隠し革の実験のときのように、そもそも幾度質問しようとハンスから答えが返ってこようはずのない場合も意固地呼ばわりされている。

また、質問者への**信頼感の欠如**が云々されてもいるが、これもそう思われているだけのことだ。殊に質問者が正答を知らないまま訊ねるとあらわになるといわれているが、もちろん正答が出ないで困惑した人たちがそう解釈しているに過ぎない。また、自分の出した答えに対する**信頼感**（**自信**）の**欠如**も囁かれ、その証拠に「生徒が答えたとき、先生がちょっと沈黙したままでいると、生徒は自分は間違っているのではないかと不安になるように、ハンスが叩いて解いたとき、質問者がその正誤を褒めるなり非難するなりしてすぐに示さないと、もう一度叩き始める」のだといわれている。だがこれも、直截にいえば「ハンスが最後の1打を左足で叩いた直後に、質問者の姿勢が直立状態に戻らないと、必ずすぐにまた右足で叩き始める（59頁参照）」というだけのことである。

ハンスの性格として挙げられているもののなかには、悪いものばかりではなく良いものもあるが、いずれにしろ人間がそう解釈したに過ぎない。**意欲的**といった性格も、例外ではない。往々にしてハンスは、質問者がまだ問題を言い終わらないうちに叩き始めるので、そういうふうに見えるのだ。これは単に、意欲的な質問者がとかく前傾するのが早過ぎるというだけのことである（55頁参照）。意欲的どころか、そもそも自発性の片鱗すら窺えない。なにせ1度たりとも「ハンスはお腹が空いた、餌をくれ」といったことすら、自分から綴って知らせたことがないのである。むしろハンスは機械のような存在だ。というのは機械と同じように、まず必ず人間が始動させなければならず、そして稼働し続けさせるには頻繁に燃料（パンやニンジン）を補給しなければならないからである。といって、今のハンスは毎回毎回、食物に対する欲求を満たしてやらなければならないというのではない。ウマ一般がもともと非常に習慣に支配されやすい動物なので、ハンスの反応も習慣化してしまい、今ではパンやニンジンなしでも機械的に反応して叩くのだ。ともあれ、このように自発性が欠如していては、いかに多くの人々が口々に褒めそやそうとも聡明であろうはずもない。また、ハンスの姿や様子自体についても、眼は賢そうで巻き毛の垂れた額もすっと秀でていて、それらは天賦の才を有しているなによりの証であり、〈質問を受けているときなどの〉佇まいとても明らかに「内部で真の思考作用が進行していること」を示しているなどと褒めそやされているが、もはや説明するまでもあるまい。大体、他の場合なら冷静に物事を捉えられるような人々までもがそのようなことを言い出さなければ言及するまでもないことなのだ。そのうえ、ハンスはその芸当に対して称賛の言葉が発せられると、「その意味がわかったといわぬばかりに親しげに」その声のする方を向いたなどという報告さえ寄せられている。これは報告者たちの想像力の逞しさを立証しているに過ぎないのである。

10　多くの人が1、2度しか正答を得られない現象について――人間側の成功の要因

ハンス自体あるいはハンスと人間との関わりについての考察はひとまずおいて、ハンスを使って実験している人間側の要因に焦点を当てて考察してみよう。(74) まず最初に検討すべき重要な問題は、なぜこれほど大勢（約40名）の人間が、そのうちの大多数は初めての機会に、しかもこの事例のメカニズムについて何も知らないのに、ハンスから正答を得られたのかという点である。説明は難しくはない。人はみなハンスに向かって質問すると、本質的に同じような情緒状態になり、誰もが一様にその情緒を特定の表出運動と体勢として外面に露呈してしまうのである。まさにそういった質問者の自然な動的表出〈つ

まり自然に外面に現れた動的徴候〕(「いいえ」「ゼロ」の際の徴候すなわち合図は109、110頁で詳しく説明したように少し理由が異なる)こそが、ハンスが応答行動をするに必要な指令にほかならない。

なれば第2の問題点は、こうであろう。なぜ少数の人たちだけが決まったように繰り返しハンスから答えが得られ、なぜ大多数の者は散発的にしか答えを得られないのか、その選別の基準は何なのか?

その答えは、正答を決まったように得られるのは、次のような特質を必ず備えている特定のタイプの人である、ということだ。それらの特質を挙げ説明しておこう。

①**堂々と威厳をもって巧みにウマを扱えること**——特に大事なのは、おどおどと防御的に動いてハンスを不安がらせないことで(それは、猛獣の場合でも同じだ)、びくびくせず毅然と接することができなければならない。

②**強い注意集中力**——感覚印象(最後の1打)を期待するにしろ、観念(「はい」「いいえ」など)を心に抱くにしろ、強い集中力をもってなされなければならない。〔この数だけ叩いてほしいという〕期待と〔叩かせるぞという〕意志に基づく緊張が強いときにのみ、その後、深い弛緩が生ずるからであり、それに伴って神経支配に変化が起き、外面にハンスが知覚し得る動きが起こるからである。また、「はい」とか「上」などの観念を非常に生き生きと思い浮かべたときだけ、神経エネルギーが脳の運動野にも流れ、そこからさらに運動神経へと伝わり、その結果、質問者の頭が動くのである。人間は平常時には、幼時からの教育の結果、すべての随意筋を確実に制御している。ところが、今述べたように注意集

中度が強いときには制御力が弱まり、随意筋が不随意インパルスのなすがままになりがちだ。当然、平素の〔随意筋の〕制御力が強ければ強いほど、情動も強くなければ打ち勝つことができない。さらにハンスに特定の色布を選択させる場合も、高度の注意集中力があって初めて、求める色布の方をじっと凝視することができるのである。

③**神経エネルギーの運動神経経路への放出（運動性放出）の容易さ**——強い注意集中力が不可欠であるにしても、それだけでは充分ではなく、神経エネルギーがまるで電気が避雷針を通るように運動神経経路をほとんど抵抗なく流動できなければ、表出運動が起こらないのである。神経エネルギーが腺神経や脈管神経へ流れがちな人の場合には、強い緊張が発汗（マヌヴリエ93が顕著な例をいくつか挙げている）や、心臓の鼓動の高まり、赤面といったように、分泌系や血管運動神経系の働きとして漏れてしまうようだ。また、非常に抽象的な事柄を扱う仕事に長年にわたって従事している人の場合も、神経エネルギーの大半が〔脳の〕その源泉内での思考作用によって消費されてしまいがちになり、次第に脳の他の部分へ流出しなくなってしまうらしい。この運動性放出の容易さという特質は叩かせる場合にも頭を振らせる場合にも必須なのであるが、叩かせる場合にはもう1つ別の特質も備えていなくてはならない。

④**緊張の効率的な分配能力**——緊張を必要な時間だけ持続させ、それでいて、ここぞという瞬間にそれを解き放ち（102、103頁で想定して述べた3種類のうち、いずれかの緊張度曲線のようにして）、途中

で生じがちな緊張の変動・動揺を適切に制御する能力が必要なのである。[75]

これら4つの特質について、もう少し説明を加えておこう。これまで答えが返ってこなかったり誤答が出たりしたときに質問者側の原因として挙げられてきたのは、①で述べた威厳の不足だけだが、それが唯一の原因でないことは、ウマを扱い慣れていて毅然とした態度でハンスに接しているにもかかわらず、ほとんど正答を引き出せない人がかなりいるという事実から明らかだ。とはいえ、ハンスがある程度、威厳に影響されることは、次のような私の経験からも窺えよう。あるとき1人の男性をハンスと共に中庭に残して、私は馬小屋に隠れた。ハンスに私の姿は見えなくても存在を感じさせられるように、馬小屋の戸を少し開いたままにしておいて、男性に質問してもらったときはハンスは答えた。それなのに私が戸を閉めると一切反応しなくなったのである。

②と③の特質を共に備えている、すなわち必要なだけの注意集中力を持ち運動性放出が容易という天性を有する人は予備練習なしで、ハンスから答えを引き出すことができる。練習によって向上するのは④の緊張の効率的な分配能力だけだから、②と③の特質を備えている人たちが練習すれば成功率が上がり、特に大きな数の場合には顕著である（70頁および99頁参照）。ところが、②か③いずれかの特質が充分ではない人は、補遺Ⅲ（281頁）に記されている例のように、どんなに練習しても決して成功率が上がることはない。

かなり多くの人が最初は成功したのに、その後は正答をまったく引き出せないのは、最初に途方もないほど注意を集中し、それを〔うまく分配できずに〕一気に使い果たしてしまったがためである。こういった精神的可能出力の一時的な高まりは、リヴァースとクレペリン95によって初めて実験によって確かめられ、「起動力・動因」"Antrieb"と名づけられ、彼らは数頭立ての馬車を出発させる際の「最初のひと引き」にたとえてうまく説明している。例えば、ハンスを見にいった人たちが、フォン・オステン氏がいなくなる度に、この時とばかりに興奮して慌てふためきつつ順々に1問ずつ訊ねてみたら、それがどのような質問であれ、誰に対しても正答を返してきたそうだが、これも起動力で説明がつく。

色布の選択や頭を振らせる応答行動を〔不随意に〕首尾よくさせられる人は、フォン・オステン氏とシリングス氏そして私の3人を除くと、まず滅多にいない。ただし頷かせることは容易だ。だからフォン・オステン氏の「難題を出された場合に、ハンスがあらかじめ問題を理解したことを頷いて示さないときは、答えもしない」という言葉は、ある意味では事例の核心を突いている。というのは、難しい問題を出したとき、充分に緊張できる質問者なら自然とハンスの顔をよく見ようとして頭を上に向ける。だが、緊張できない質問者はそうしない。だから、ハンスは頷かない。そういう人はハンスの蹄を見ようと前屈みにもならないから、ハンスは叩き始めもしない。要するに、頷く動作を引き出せない人は、足で叩かせることもできないのである。「いいえ」と〔不随意に〕うまく首を振らせられるのは、私が見た限りではフォン・オステン氏とシリングス氏を除くとハーン教諭だけであり、「右」「左」になると、フォン・オステン氏とシリングス氏の2人だけしかできない。このように極めて少数の人しか成功しない原因のその一端が、成功するための他の特質はすべて備えているのに、「左」「右」等の観念に伴って頭が動くのではなく、眼だけが動く人が多い（120頁参照）ことにあるのかどうか、確かな答えは得られぬままになってしまった。もちろん私はいくつかの理由から、それが原因だとは考えていない。

いずれにせよ要するに、前掲の①から④までの特質をすべて備えた人（日常生活においてもインパルスが強く働きがちで、身動きが軽やかという特徴が見られる）が非常に少ないから、第2章の初め（22頁）に述べたように必ずといえるほど答えを得られる人は少ないのである。だから、ハンスは「人見知りする」という風評が生じたのであろう。いかにも特定の人にしか慣れないように見えたのだ。しかし、そのような風評は、かねて称賛されている知性とはおよそ相容れるものではあるまい。

最後に、**居合わせる一般観衆の影響**について一言述べておく。ハンスへの直接的な影響は、71〜72頁で述べたように、総じてないといえよう。だが質問者に対しては、明らかにプラスとマイナス両面の影響を与える。一方では質問者の功名心を強め、したがって緊張を高めるが、他方では質問者の気を散らせる要因となる、つまり質問者の注意がハンスと観衆の両方に分散するので集中力が低下するのである。フォン・オステン氏のように気が散りにくい性格の人の場合は、プラスの効果がマイナス効果を上回り、大勢の観衆を前にすると大抵、氏の成功率はいや増すのだ。他の人の場合もそうなることがあるので、ハンスには功名心があるのだと思われた。しかし、シリングス氏のように気が散りやすい人の場合には明らかに、観衆の存在はマイナスに働いている。

以上をもって、ハンス事例に見られる諸現象についての私の説明を終わりたい。読者諸氏の疑問点のほぼすべてに答えることができたのではないかと思う。われわれが知っているハンスのどの芸当も、質問者の成功や失敗もすべては、たった1つの原理〔つまり質問者の心の動きが表出して合図となるということ〕に収斂される。補助的な仮説を持ち出す必要もなければ、偶然という要素の入る余地もほとんどない。

こう言うと必ず様々な反論が出されよう。予想される反論のうちの2つについて、先手を打って答えを記しておくのもあながち無駄なことでもあるまい。その1つは、ハンスはわれわれが、あれこれ実験したがために機械的に反応するようになり、思考力が衰えた。つまり以前は本当に算数の問題を解くことができたのに、私たちが実験したので、私が与える合図に頼るという悪い習癖を身につけてしまったのだとする反論。これが誤っていることは、次の2つの事実から明らかであろう。1つは、合図は私が作り出したものではなく、フォン・オステン氏自体が発していたものだという事実である。氏を観察しているうちに初めて、そういう合図が送られていることに気がついたのだ。もう1つは私たちの調査の初めから終わりまで、フォン・オステン氏が質問したときのハンスの正答率が変化することなく同程度のままだったという事実である。実際、〔ハンスを使っての〕調査後に氏の中庭に行って見てきた信頼できる多くの人の話によると、ハンスはその当時と変わらずフォン・オステン氏等の質問に見事に答えて、その〈能力〉の程を証しているそうだ。２つ目の反論は、ハンスはわれわれが質問したときだけ質問者の動きに反応したのであって、フォン・オステン氏が質問するときは、以前から今日まで少しも変わることなく自分で考えて答えているのだというもの。そう主張するなら、その証拠を見せてほしい。この種の反論はもちろん今に始まったことではない。かの有名なファラディーが１８５３年に、テーブル傾転降霊術はテーブルの周りにいる参加者・関与者たちの不随意運動によって起こるのだと実験によって証明したとき、降霊術の信奉者たちはこう言い放ったのである。「ファラディーの実験は自分たちの術とはまるで異質なものだ。というのは、ファラディーの被験者たち（その実験が行われた後はともかく、それまでは今まさに反論している降霊術信奉者たちと同様にテーブル傾転降霊術の熱心な信奉者だった）は本当にテーブルをその手で動かしたのかもしれないが、降霊術のテーブルの周りの参加者たちは決してそんなことしはしないからだ」[96]。

第6章――ハンスの反応および飼い主の主張の起因

　これまで当事例について〔ハンスの思考力の有無の問題を皮切りに〕、様々な疑問や現象について調査し検討してきたが、そのいずれの場合も、ハンスの応答行動やそれについてのフォン・オステン氏の説明をまるで所与の事実のように扱い、それらの起因には一切触れなかった。そこでこの章では、氏がどういう方法で仕込んだあるいは導いた結果、ハンスがあのような行動をするようになったのか、そして氏はどうして奇妙な理論を抱くようになったのか、といった点について考察してみよう。

　フォン・オステン氏は氏自身が断言しているように、ハンスに小学生程度の教養ないしは知識を身につけさせようとして、補遺Ⅰ（270頁以下）等において氏が語っている方法だけで長年にわたって仕込んだのだろうか？　そうだとしても、氏の期待通りに計算したり読んだりできるようになったのではなく、そう見えるようになったに過ぎないことは今さらいうまでもない。それとも氏は、〔ハンスに思考力など備わってはいないと〕批判的な見方をしている人たちの多くが言っているように、特定の合図に反応するように計画的に訓練したのだろうか？　そしてそれを隠すために奇妙な理論を述べ立てているのだろうか。当然ながら、両者が結びついた方法によって、つまり氏が語った通りの方法で仕込み[76]もしたが合図に反応するように訓練もしたということもあり得よう。

もし計画的に訓練しただけなら、どのようにしてハンスの応答行動が形成されたのかについて、ほとんど説明する必要はあるまい。けれども、訓練しただけではないのなら、そうはいかない。もし本当に氏が語った方法だけで導いたのだとしたら、各応答行動の形成過程はどのようだと考えられようか。それらをできるだけ実態ないしは現状に則して推測し、その後で前記のいずれの方法によるのかを検討したほうがいいと思うので、以下に簡潔に描き出してみよう。

1 フォン・オステン氏が語った通りの方法だけで仕込んだと仮定した場合のハンスの応答行動の形成過程

次のような経緯を経て形成されたのかもしれない。フォン・オステン氏はこれまでの教師としての、さらにはウマ愛好家としての実地経験から得た知見を曲解してか、あるいは〔ガルの骨相学をはじめ〕様々な理論を研究するうちに思いついたのか、ともかくウマには一般に並々ならぬ知的素質が備わっていると確信するに至った。そこで、ウマに色名や文字、数字さらには計算などを覚えさせてみようと考え、実際に、あるウマを3年間にわたって鍛え、そのウマが死んでしまうと、また別のウマ（ハンス）を4年もの間、指導したのである。なぜ元数学教師のこの老人が、その卓越した指導力と情熱を人間の子供に注ぐのをやめたのかは不明だ。学校で何か嫌な思いをしたためかもしれないし、ウマにあれこれ覚えさせるのが目新しくかつ重大なことのように思えたのかもしれない。

ともあれフォン・オステン氏が最初にしなければならなかったのは、ウマの関心を氏が色名や算数等を覚え込ませるために行う事柄に向けさせることだった。ただちに利益を享受できないことに、ウマがいそいそと関心を示すとは思えない。そこで教師は褒美を与えるという手段を用いた。褒美の甘いニンジンは、子供にとってのキャンディと同じであり、しかもハンスは少ない運動量に合わせて餌も少な目にされていたから、褒美の効果は倍加した。

さてフォン・オステン氏自身の言に従えば、氏がまず最初にハンスに覚えさせようとしたのは「あお」「あか」といった色名の意味であり、次が「うえ」「した」といった表現が空間的な意味合いにおいて、どういうことを表しているのかをわからせることだった。人間の子供の場合なら、氏が言う色名の意味がつかめているかどうかを調べるのは簡単だ。子供たちが、例えば青い布を見て「あお」、赤い布のときに「あか」と答えれば、それで正しく理解していることがわかる。当然ながらハンスの場合には言葉を話すことができないから、何か別の、ハンスが理解していることを示すあるいは表現するための方法を工夫してやらなければならない。そこで教師は、あらかじめ様々な色の布片を並べておき、ハンスがそこまで歩いて行って命令された色名の布片をくわえて持ってくるという方法を考案した。「上」「下」等に対しては、頭か胴体をそれらの方向に動かして示させるという方法を思いついた。

だから、フォン・オステン氏が実際に**真っ先に**ハンスに仕込んだのが、幾枚もの〔色〕布片が〔一列に並べられている〕中から獲物〔つまり特定の布片〕のところへ行って示すあるいはその布をくわえて持って来る応答行動だったことはもはや説明するまでもあるまい。おそらく初めのうちは色の名前を言うとその都度、氏がハンスをその色の布片のところへ連れて行って鼻で触らせたり口にくわえさせたりするようにしたのだろう。その後、氏自身は色の名前を言うだけで色布列の方には行かないことにし、元の場所に留まったまま頭や胴体を期待する色布の方に向けつつ、果たしてハンスが言われた通りの色のところへ行くかどうかを見届けようとして目を凝らしたに違いない。当然、初めのうちは100回失敗して1、2回成功するといった具合だったろう。

しかし、そのごくたまに成功したときだけ待望の褒美が与えられたので、ハンスは次第に、ある特別なことをすると好物が食べられる、ということを意識するようになったのだろう。その特別なこととは、人間の言葉で表現すると「その都度、教師の体勢〔つまり眼や頭の向き方〕によって示される方向にきちっと沿って歩いて行く」ということだ。当然ながらハンスは、自分が見て歩いて行くことをそのような抽象的な表現で会得して調整しているわけはない。ただハンスは、他のウマと同様その目が顔のほぼ真横についているおかげで視野が広いから、布列に近づいて行く間ずっと飼い主と問題の布との両方を視野に入れておくことができるというその特性に基づいて、見たことに従って行き方を調節しているに過ぎないに違いない。そして、それら一連の行動は一つの流れとなって結びついているのであって、ハンスは、自分が質問者を見て理解した内容と自分の行動との関係をいちいち考えていようはずもない。ともあれ視知覚した内容とうまく合致した方向に進んだときだけ、いうなれば飼い主の視線に沿って、とりあえず手探り状態で前に進んだときだけ褒美が得られるということを幾度となく繰り返しているうちに、〔ハンスの視知覚内容である氏の体勢とハンスの前進等の行動との間に〕心理学的な意味での連合が成立したのである。イヌの場合も、197頁で述べたように繰り返し学習することで連合が成立したので、飼い主が凝視するだけで対象の名前を声に出して言おうが言うまいが、それを持ってくるようになったのだ。ただイヌの場合は、その対象のところに行く間ずっと飼い主をその視野の中に入れておくことはできないが、走り出す前にすでにその物がどれか見極めているから、飼い主を見ながら行く必要はない。ちなみにフォン・オステン氏が意識的に自分の体を期待する色布の方へ向けて、その体勢に基づいてその色布のところに行くように意図的に訓練したと見なせば、この過程をもっと簡単に説明できるかというと、決してそうではない。その場合にも、どのようにしてハンスの注意をその体勢による合図に向けさせせられたのか、を説明しなければならないのである。

しばらくすると氏は、色布を選択させている最中に自分が動くとハンスは必ず失敗するということにも気がついた。それなのに、自分の動きが偶然、ハンスを攪乱させてしまったのだとしか捉えることができず、以後せいぜい動かないようにしただけだった。

並べる布の数を増やすと、もはやハンスに明確な指示を与えることはできなくなり、そのため誤答の数が増えた。氏はそれらの誤答が生徒の注意力散漫によって生じるのだと思っているので、注意を呼び覚まそうと「用心しろ！」「あっちを見ろ！」などとしきりと掛け声をかけた。ハンスの注意集中の有無ないしは度合いが、自分の期待した色布へ向かうか否かを決めているのだと思っているのである。ハンスにはその掛け声の意味など何もわからないながらも、飼い主の声がする限り動き続けなければならないことはわかっている。そうすると後で必ず褒美がもらえるからだ。そういうことで、掛け声と〔ハンスの〕左右への運動インパルスとの間にも結びつきが成立した。このようにして、2種類の連合がハンスの中で成立した結果、あたかも色の名称の意味を理解したかのような印象を氏に与えたのである。

「うえ」「ひだり」等と言うと〔ハンスが〕その方向に正しく頭を動かすようになったのは、次のようにした結果と考えて間違いない。まずフォン・オステン氏は、例えば「左」と言うと同時に、ハンスの頭を手綱などで左に引っ張ったり、左側のちょっと離れたところに褒美を置いたりするといった具合に外的な働きかけによって動きそのものを練習させ、その後で氏はハンスの頭を期待で緊張しつつ見つめながら、ただ「上」とか「左」とか言うだけにしたのだろう。氏は「上」などと言いながら、その方向にハンスを是非とも向かせたいと思い、つい知らず知らずのうちに、つまり不随意に自分の頭をそちらに向けてしまったのである（この行動はまさに、ダーウィン97の言葉そのものだ。「われわれが対象に、ある特定の方向に動いてほしいと願うと、抑えようもなくどうしても自分の身体を不随意に無意識のうちにその方向へ動かしてしまう」。これが正しいことは日常のあらゆる面での体験が立証していよう。例えば、九柱戯やビリヤードに熱中している人が球の動きを眼で追っているときに、球にころがって行ってほしい方向へ身体をねじ曲げている様子を思い出してみればいい)。その場合、氏は今もまだ必ず期待するハンスの頭の動きを意識にのぼらせているのだろうか。それとも初めのうちはそうしていたが、後にはシリングス氏や私と同じように、それらの観念を抱くだけになったのだろうか。そして、これまた私たちと同じように、それを識閾〔つまり意識作用の生起と消失との境界領野。すなわち意識の注意が払われがたい領野。註(74)参照〕にとどめているのだろうか(111頁参照)。いずれとも断定はできないが、この問題はあまり重要ではない。たとえ氏が〔ハンスに〕期待する動きを意識的に思い浮かべているとしても、だからといって、それと〔つまりそのイメージと〕結びついている動きを自分自身がしていることに気がついているとは決していえないからである。

さて、いよいよ**計数や計算**が教授の対象となった。たとえ色布の選択や(空間的な意味合いでの)方向を示すといった行動のいずれもが結局、単にハンスの記憶力に基づく観念結合(連合)によるということで説明がついてしまったにしても、今度こそはフォン・オステン氏は概念思考の領域へと舵をきったのだろうか。この場合も、氏が真っ先にすべきことは、誰にでもわかるような、答えの数の表現方法を考案することだった。またも身振り言語の中から借用するほかなく、程なく教師は蹄で叩かせるという方法を思いついた。これなら、ウマ一般の自然表出運動〔つまりウマ一般が心の動きに従って自然にしてしまう動き〕だ、なればこそ昔からウマを意図的に訓練するときにも使われているのだ〔と氏は考えたのだろう」。この動きを習得させるためにこれまで必ず、ウマの脚を手でつかむなり軽く叩いたりその他いろいろな方法が使われてきはしたものの、どの方法とて結果に大した差はないから、どの方法だっていい。

それにしても、そもそも大抵の人は、言葉を話せない動物に数概念を把握させようなどと企てる[77]こと自体バカげていると思っていよう。その理由として、数概念形成には運動性基盤〔つまり数に関する運動とそれに基づく運動感覚心像〕が必須なのに、ハンスは口がきけないから運動感覚心像が欠けているということを挙げるに違いない。おそらく聴覚心像だけ、もしくは視覚心像だけでも数概念の形成は可能だと〔私は〕思うが、その点についてここで論ずるつもりはない。いずれにせよ、フォン・オステン氏も数概念形成には数に関わる**運動**という土台が不可欠だと信じている。人間の場合には、数詞を言うこと〔発語運動〕や10本の指を折ったり立てたりすること〔運動〕が運動性基盤となっている。ともあれ氏は、ウマも〔人間と同様に〕心の中で言葉をはっきり声に出して言っている[78]〔つまりウマの場合も内面で発語運動をしている〕、と考えているのである（そのような考えが人々に奇異な感じを抱かせ、すんなりとは受け入れてもらえないだろうことを、氏とて承知してはいる）。それに対して足で叩く動作は、心の中で今どの数を唱えているのかということの**表現手段**でしかなく、それ自体は運動性基盤ではないと氏は考えているらしい。というのは、**1本の足**だけでは、一つ一つばらばらに存在しているものが全体で幾つあるのか知ろうと数えていったときに〔例えば、物が実際は3つ存在している場合に数えていくと「1、2、3」という数の集合体になり、また物が5つ存在している場合に数えていって「1、2、3、4、5」という数の集合体になっても、同じ運動感覚像が心に生じるだけなので〕、個々の数の集合体の違いをはっきりと区別することができなかろう。それは人間の子供が**1本の指**を使うだけでは物の数がいくつあるか把握することができないのと同じことだと氏は信じているのである。要するにフォン・オステン氏はこう想像しているのだ。ハンスは、例えば5まで数えなければならないとしたら、心の中で1から5までの数詞を言っている〔つまり運動感覚心像をもたらす〕、そして数詞1つを言う都度1打ずつ足で叩いて〔いま幾つ目を数えているのだということを示して〕いるのだ、と。〔そのように数の運動感覚心像はウマにもあるのだから〕児童に**実物教育**を施す際と同様にして九柱戯（ボーリング）のピン（標的柱。**図24**参照）や百玉計数器（第2章の図2参照）の玉を用いて、数に関する視覚像を与えてやりさえすれば、数の視覚心像も利用できるわけだから、数の概念形成に不可欠な条件はすべて整うと氏は考えたのだろう。

【図24】九柱戯のピン

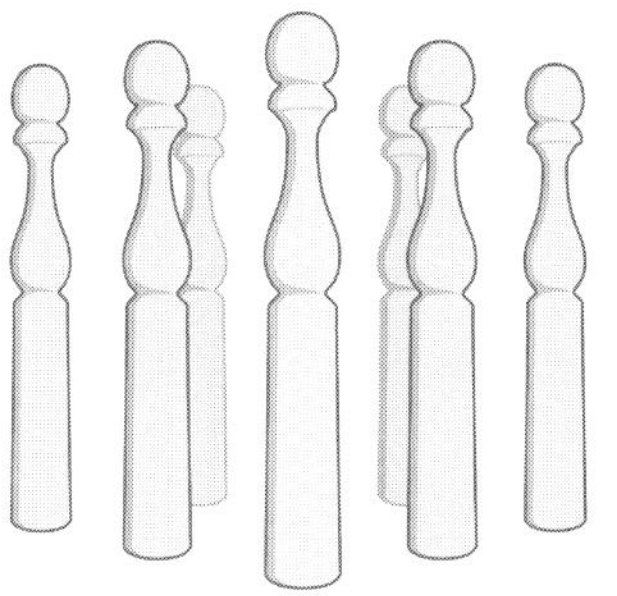

それにしても、こういうことを考えるその根底には当然、「ウマには生まれつき、あらゆる領域について概念を形成する能力が備わっており、[79] 今までその能力が伸ばせなかったのは外的および内的誘因が欠けていたからに過ぎない」という前提がなされていなけれ

ばなるまい。実際、フォン・オステン氏は〔調査の間に私が見聞きしたことから推測する限り〕初めから、そう信じきっていた。なればこそ氏は、無限の忍耐をもって〔ウマに概念思考力をつけさせる〕試みを続行したのだ。

では、計数や計算を覚えさせたその実践過程を推測してみよう。ハンスは最初に仕込まれたというべきかどうかわからないが、ともかく、いつしか「叩け」と命令されると〔おそらくフォン・オステン氏の前傾姿勢を見て〕繰り返し蹄で叩くようになっていた。なにせ、この機械的な行動をするだけで褒美がもらえたのである。ともあれ次は、ハンスの前に九柱戯のピンが立てられ、それが1本なら「いち」、2本なら「いち、に」といったように飼い主が言いながら、その都度、手をハンスの足に添えてピンの数と同じ回数だけ持ち上げたという（補遺Ⅰ参照）。その後、氏が試しにハンスの横に立って例えば「3つ叩け」と命令してみると、ハンスは（氏の姿勢を見て）繰り返し叩けということだと気づいただけなのだが、叩き始めた。3打目が叩かれると、それまで叩いているところを見ようと蹄の方に前傾していた氏の頭がピクッと上へ動いたのである。だが氏自身はそうすることで合図を送っているのだとは想像[80]だにしていない。ハンスはその動きにハッとして叩きやめるときもあれば、そうでないときもあった。ともかく、叩きやめたときだけ褒美が与えられたのだ。それがために〔質問者が〕意図的に仕向けたわけではないのに、ハンスの心の中で、質問者の頭のピクッと上がる動きと、自分の叩くのを中断する行動とが結びついたのである。もちろんハンスは叩いている間に、氏の頭のピクッとする動きだけではなく、眼前に置かれたピンの視覚印象や、氏が言う数詞の聴覚印象も受容していた。本来なら、これら2つの印象をもとに数の概念が形成されてしかるべきだった〔しかし、ハンスの場合には残念ながらそうはならなかった〕。その代わりハンスは、次々変わる視覚像（ピンが2本、3本、4本と増減したり、時にはピンの代わりに百玉計数器の玉が1つ、2つ……と現れる）や、次々変わる音声像・聴覚像（ハンスにとっては明らかに騒音に過ぎない）の混沌の狭間に、質問者の頭のピクッと上がる動きが決まったように現れるのに気がついたのである。それはハンスにとって、まるで激動の最中に現れた頼れる人のような存在だっただろう。この動きに反応して叩きやめるとすぐに教師が大喜びして好物をくれる。そこでハンスは、次第にこの動きに注意を払うようになり、それにつれて教師の動きは徐々に小さくなっていった。といって教師の動きが小さくなっていったのは、ハンスの正答率（成功率）がだんだん上がっていったことの当然の帰結に過ぎない。ハンスがこの反応を次第に習得して成功率が上がるにつれて、自然に教師の期待からくる高度の緊張と興奮が弱まったからで、そうなると不随意の表出運動も次第に小さくなり、ついには今日見られるような微細なものとなったのである。事実、目隠し革を着けての実験のように新しいことをさせるときには必ず、フォン・オステン氏の動きはまた大きくなった。それは、氏がハンスを新しい問題に戸惑っている生徒のように思っているからで、決して意図してではない。目隠し革を装着していると、ハンスには氏の姿は見えないのだから、氏が大きく動いたって何の意味もないのである。

今や計数や計算に関する、どんな現象や事象も適切に説明することができる。まず、ハンスが大抵は右前足で叩き、左前足は時々、最後の1打を叩くときにだけ用いる点について説明してみよう。フォン・オステン氏によれば「初めのうちは右足で叩こうが、左足で叩こうが、ハンスの勝手にさせていた。だがその後、勝手は許さず右足だけで叩くようにさせ、左足で叩き始めたらその都度、ただちに中断させたのだ。が、最後に1つポンと左足で叩くことだけは大目にみることにした。だから、この最後の1打は初期に生じた習癖の名残なのである」ということだ。実は左足で最後の1打を叩かせる信号は、質問者の頭がピクッと上へ動いた後もなお真っ直ぐになりきらない質問者の姿勢なのである。また、ハンスから小さい数が返ってくるというのは、そのときフォン・オステン氏の身体がわずかしか前傾していないということなのだ。大きい数を期待するときは、氏の身体は大きく前傾する。大きな数を扱うような難しい問題のときには、大丈夫かどうか叩いているところをよく見ようとするから自然にそうなるのである。つまりハンスは、氏の前傾角度が小さいときには短時間だけ叩けばいいし、角度が大きいときには長時間叩かなければならないと気づいているのだ。後者の場合には、ハンスは前者の場合よりも速く、しかもより低くしか足を上げないで叩く――そうすることで、精力を節約しようとしているのかもしれない。ウマにもそのぐらいのことは考えられるのだろう。要するに、教師の身体の前傾角度と、生徒の叩く速度との間にも結びつきが生じたのである。

このようにしてハンスが計数や算数を自由自在に操れるかのようになると、この老教師は次々と他の様々な知識や技能を覚えさせようとし始めた。これらの場合の答えとなる言葉や記号はすべて「蹄の言語」〔つまり幾つ叩くかという数値〕に置き換えられているのだから、〔元数学の教師とあらば、当然のことなのかもしれないが〕そのメカニズムは算数の応答行動の場合とまったく同じである。老教師はハンスの理解力が次第に深まってきたのだと信じ込んでいて、よもや自分の発する言葉とそれに対応するハンスの行動との間に、自分の不随意運動が介在している、つまりハンスが氏の望み通りに理解して応答しているのではなく単に感覚刺激に従っているに過ぎないのだとは思ってもいない。その理由は、昔からの経験により明らかだろう。とかく人間は、自分の無自覚的な不随意運動が原因で何らかの作用が生じたとき、よもや自分の運動が原因かなどとはつゆ疑いもせず、何か自分以外のものに原因を求めてしまいがちなのである（例えば、棒占術）[81]。まして、その作用が何事かを示唆しているように見える場合には、自分以外の、知性を有する存在が行っているのだと思いがちなのだ。例えば、心霊主義者は叩音降霊術で示される「お告げ」を知性を宿している霊魂のなせるわざと考える。それと同じようにフォン・オステン氏も、自分の不随意運動による合図（これこそが計数や算数問題の場合の、真の原因）が原因だとは思わず、ハンスの有する知性が答えをもたらしているのだと信じているのだ。

さらに次の2つの現象が、ハンスには知性があるという氏の思いをいよいよ揺るぎないものにしてしまった。その1つは、実際は質問者の注意集中力が不適切なために誤答が生じているのに、それがまるでハンスに計算能力があって、たまたま計算間違いをしたかのようにしか見えないこと。例えば、大きな数の場合に正答を得にくいのは、実は質問者にとって1つの数に長い間じっと注意集中しているのが難しいからなのに、それが大きな数を扱う計算が小さな数を扱うものより難しいからのように見えてしまうのである。また頻発した1打多過ぎたり少な過ぎたりする誤答も、もちろん質問者の注意集中度の過不足の現れに過ぎないのに、ハンスの数え違いと見えてしまうのだ。もう1つは、ハンスがしばしば氏の期待する答えと違う答えを出すことがあり、大抵はハンスが間違っていたということになるのだが、ときおりハンスの答えが正しいということがあって、それがいかにもハンスが独自に計算してそうなったかのように見えたこと。だから氏は、概念形成という目標にとうとう到達したのだと信じてしまったのである。いうまでもなく、実際は目標からいよいよ遠ざかってさえいたのだが。

2　推測した応答行動の形成過程は訓練なのか否か
――訓練の定義に基づく起因の特定

さて、以上に描き出したハンスの応答行動形成の全過程は、込み入っていて、どの方法によるのかまぎらわしい部分があるにしても、本質的には**訓練**ではないのではないか。したがって、さらに「実際の（真の）応答行動の形成」が、フォン・オステン氏が語った通りの方法でなされたのか、それとも一般的な意味での訓練によるのかを特に調査する必要があるのだろうか、とおそらく多くの人は疑問に思うだろう。

それに答えるには、まず、訓練という概念を明確に定義しなければならない。われわれは訓練を次のように理解しており、これが通常の定義である。「動物に特定の明確な感覚刺激を意図的に与えて、特定の運動をするように(動物を)意図的に習慣づけること。ただし習慣づけ(つまり習慣の形成)の際にも、運動が行われる際にも、連合よりも高度な(動物の)思考作用が関与しないこと」。そのような定義であれば、この概念は当然、もし連合よりも高度な思考作用の関与を完全に排除できるならば、何一つ変えなくても、人間にも適用できる。「動物」という言葉さえも変える必要がない。というのは、近代動物学では「動物」という言葉が再び、"Zoon"[82]の古代ギリシャでの意味と同じような(人間をも含めた生き物という)意味合いで使われるようになっているからだ。

しかしこの定義を、意図(目的)を明確にしないとか、あるいは特定の感覚刺激と習慣的に連合を形成するものを単なる観念(運動の代わりに)までも認めるとか、さらにはある程度まで連合以上の思考活動の関与も許すといったようにまで拡大解釈してしまったならば、世間一般も、われわれも認めている訓練の概念から逸脱してしまうことはいうまでもない。殊に(刺激を与えたり、習慣づけたりする)意図が不明確なときはそうである。そうなったら、訓練の概念は「習慣づけ」という非常に広範な概念にいわば吸収されてしまい、訓練についての議論はすべて単なる言葉の争いに過ぎないことになってしまう。

それを避けるために、以下では訓練という言葉を必ず従来通り本来の意味で用いることにする。それでもまだ、訓練という言葉が、特定の運動をするように意図的に習慣づけるための、その発端の**活動・行為**だけをさすのか、それとも、その行為の結果生じた効果つまり習慣的に特定の運動をすることまでをも含むのかは曖昧なままだが、後者の効果まで含むと考えれば、その問題も解消される。今や、どのような例に適用するのであれ、訓練という概念自体の明確さに一点の曇りもあるまい。

定義が明確になったところで、本題に戻ろう。つまり229〜242頁に記した「フォン・オステン氏が語った通りの方法で仕込んだと仮定した場合の、ハンスの応答行動の形成過程」は、訓練なのだろうか？まず、計数や算数の問題の際の叩く応答行動の形成についていうと、これは決して訓練ではない。なぜなら氏が、木製のピンや百玉計数器の玉や言葉による感覚刺激を意図的に与えたその目的が、ハンスに運動・動きを起こさせようというのではなく、概念思考ができるようにしようというものだったからである。氏にとってハンスの〈答え〉に相当する数だけ叩く〉動きは概念思考ができるようになったら現れるはずのものだったのである。しかるに、氏が意図的に与えた感覚刺激によっては、概念思考はまったく生じなかったのだ。実際は氏自身は意図して起こそうとしたのでも気づいてさえもいない氏の微細な動きが、キーポイントというべき刺激になって〔ハンスの右足を戻させ、ひいては叩きやめさせて〕いるのである。

「上」や「下」、「はい」や「いいえ」等々の応答行動の形成過程もまた、訓練とはいえない。というのは、この場合もフォン・オステン氏は「上」や「はい」といった概念の形成を目指していたのであって、ハンスの理解できない例えば「うえ」という音声と〔ハンスの〕運動・動きとをただ単に外面的に結びつけようとしたのではないからである。なればこそ、氏はハンスには質問者の立場に自分を置き換えて考えることができるなどと思いもしたのだ(7頁参照)。もちろん氏自身、「上」という概念〔の形成によって「上」を向くこと〕と、「うえ」という音声と〔「上」を向く動きとが結びつくこと〕の違いなどほとんどわかってはいまいが。

色布を選択する応答行動の形成過程、ましてやジャンプや棒立ちを仕込む過程となると、訓練と氏の語った方法との間に差はない。だから、この種のハンスの応答行動のみを取り上げて論ずるならば、こう言ってもそうひどく間違ってはいまい。「フォン・オステン氏自身が語った方法と通常の訓練との違いは、聴覚的合図(発語)に反応するように訓練しようとしたのだが、図らずも視覚的合図に反応するように訓練してしまったという差でしかない」。しかし、ことの主戦場は〔つまりそもそも氏がハンスを訓練したのか否かが問われているのは〕、この種の行動についてではない。

要するに、フォン・オステン氏の**教師の仕事・活動**を訓練にほかならないと考えるのも大きな間違いだろうし、また、実際に達成した効果・成果を見て訓練と解するのも決して妥当ではない。というのは、実際に効果のある感覚刺激が、すでに述べたように、意図的に与えられてはいないからである。

もちろんハンスの側からみれば、与えられた刺激が意図的に与えられたものであろうと、無意図的なものであろうと何ら違いはない。そもそもハンスに人間の意図など窺い知れようはずもなく、もしサーカスに移されたとしても、これまでとは違って鞭が振るわれるのだなとその点に気づくだけで、氏が今させている方法と一般のサーカスなどでの方法との本質的な違いなどわかりはしないのである。

ともあれ概念の定義は、あくまでも人間の側に立ってなされるものであって、ウマの側から考えてなされるのではない。だから私は最終的な結論として、こう言ってよいと思う。「フォン・オステン氏が語った通りに行ったと仮定した場合のその方法は、適用の仕方から見ても、効果・成果から見ても、決して訓練とはいえない。たとえその効果・成果だけを見れば訓練と似通っていてまぎらわしくはあっても」。

3 応答行動の実際（真）の起因は訓練か教育か——情況証拠に基づく特定

これまでの考察で訓練と〈それ以外の、思考力の涵養を主目的とする仕込み方、つまり〉教育的試みとの本質的な違いが明確になったから、次はそれをもとに応答行動が**実際（真）**に形成されたのは、いずれの方法によるのかを決定しなければならない。その判断が情況証拠・間接証拠を検証する方法によってのみ可能であることは、縷々説明するまでもあるまい。そこで以下に記すように、われわれが知り得た諸々の事実を〈訓練の場合のあり得べき情況を比較勘案して〉検討してみた。その結果を総括すると「極めて多くの証拠や理由から、たとえ一部であれ訓練によって仕込まれたあるいは導かれたという推測は否定される」というほかないのである。

その証拠ないしは理由の1つは、〔フォン・オステン氏の仕込む方法についての説明のよどみなさとか、それに使ったという道具の古びれ方(補遺I参照)といったことに基づく〕われわれの直観や、充分信用できる人たちの証言のいずれもが訓練という見方を否定するものだったこと。2つ目の証拠は、習得させるまでに長時間かかったこと。長い年月の間フォン・オステン氏はひたすらハンス(前のウマを仕込んだときも)の指導に専念していた。訓練なら間違いなく、もっと速やかに習得させられたはずなのである。3つ目は大型の雄馬を選んだこと。この種の訓練をするつもりなら、小型の雌馬のほうがはるかに適しているのである(「序文」x〜xi頁に記した「りこうなローザ」も雌馬)。4つ目はムチを使っていないこと。〔痛みや脅しを与えられる〕ムチはすべての訓練者・調教師〔つまり自分の特定の意図的な合図とウマの特定の動きとを結びつけることだけを願っている人〕にとっては魔法の杖あるいは打出の小槌ともいうべきものなのである。5つ目はハンスがあのような応答行動を示すようになってからの氏の一連の行為。ここにはその一部しか記せないが、そのどれもこれもが、もし訓練したとしたらその暴露を促さずにはおかないことばかりなのである。なんといっても、科学的調査を強く望んでいた人たちにハンスを自由に使うことを許してくれたこと(カステル伯やマトゥシュカ伯、シリングス氏だけではなく、われわれにも好きなように試させてくれたのである)や、調査を願って幾つかの関係省庁に繰り返し請願書を提出したりしたことは、〔氏の語っていることが〕嘘偽りなどではないからこそのことだろう。6つ目は〔金銭的な利益を目論んだとは思えないこと〕、一体何を儲けたというのか。当然、訓練して金儲けをしようとしたのだという人もいよう。彼らは氏が1902年6月に軍隊関係の週間新聞に「りこうなハンス」を売り出す旨の広告を出したことがそのなによりの証拠だと言っている。それについて氏自身は、そのとき自分が病気になって気骨の折れることが嫌になっていたからだと説明している。それにしても、すでにそのとき氏は「ほかのどんなウマでも、同じ方法で教育すれば『考えるウマ』になる」と思っていたと言っているのだから、「考えるウマ」とて最終的に売りたいと思ったって何の不都合があろう。なぜ一頭たりとも売ったらいけないのか。それに、確かな筋から聞いたことだが、「九月鑑定書」が発表された直後に、法外な値段で買うとか借りたいといった申込みがいくつもあったのに、氏はそれらの申込みをことごとく断っているのである。例えば、地元のある興行会社は1ヵ月3万ないし6万マルク〔現在の価格にして数千万円〕で借り受けたいといってきたそうだ。もっと大金を望んでいたから断ったのだという人もいようが、本当に金儲けを企んでいたのなら当然、ハンスについての審判の日が近々来ると考えて、晴れているうちに草を刈れとばかりに、さっさと貸して大金をせしめたに違いなかろう。それこそ二度とない、絶好の機会だったはずなのだ。さらに、氏が決して入場料をとろうとしないのも、金銭が目当てではない証拠だろう。ハンスの応答行動を見たがる人は多く、遠路はるばる見に来る人さえ大勢いるのだ。そして氏はかなり高齢で、しかも生涯独身で扶養すべき家族もいない資産家だ。それでいて生活は質素で、無欲恬淡として静かに日々を送っており、ほとんど他人と付き合わず交際相手といえばハンスしかいないのだ〔したがって、余分なお金など必要があろうはずがない〕。そのうえ家柄の良いことをなによりも誇りとしているような人間が、あの年をして、お金に目が眩んでペテンを働いたりするだろうか。

7つ目は、フォン・オステン氏の合図の送り方が**確実性に欠けていること**。このことも、すべての合図が不随意に送られていること〔つまり訓練でないこと〕をとりわけ如実に物語っている。氏が比較的長い時間叩かせなければならないような問題をさせているところを見た人は誰でも、氏がハンスを完全に制御できてはいないことや、一般の訓練されたウマの場合のように、ある特定の行動をある瞬間にすばやく正しくさせることができないことに気づいたはずだ。脅したり注意したりしても、ハンスからはしばしば間違った答えが返ってくるのである。例えば、大勢の見物人を前にして20と叩かせるのに4回も失敗し、5回目にやっと成功した。その4回の失敗の原因はすべて、氏が不随意に早く動いてしまったためで、私にはそれがはっきりと見て取れた。もう1例は、大観衆の前で見事に、比較的長時間叩かせなければならないような分数の計算問題の正答を得たのに、その直後に「分数の分子の位置はどこか」といった簡単な質問に、最初は左を向き、こっぴどく叱られると今度は下を向き、次にようやく上を向いたというもの。このように始終、ハンスはその最も慣れた相手に対してさえも、逆の頭の動きを示したりするのだ。色布の選択の場合となると、正答率など予測すべくもない。同じテストを同じ回数だけ行っても、日によってまちまちで半分しか正答が出ない日もあれば、5分の4も正答という日もあり、さらに10分の1の日もある。それに、ハンスが「調子に乗れない」らしいような日が何日間も続くこともしばしばで、実際、色布の選択の場合には、氏の怒声と共にテストが打ち切られ、そのためハンスが驚いて中庭を駆け回り、危なくて近寄ることもできなくなるという惨憺たる事態に立ち至ることも稀ではない。そういった失敗は、フォン・オステン氏が喜劇を演出しようとして、わざと成功の間に組み込んでいるのだという見方をする人もいよう。しかし失敗の大多数は、大勢の熱心な観衆の前で、是非とも成功させ拍手喝采を浴びたいと願わずにはいられないような場合に起こっているのである。それに失敗した後で、氏がハンスの意固地さを呪いつつがっくりと肩を落とす様子を見れば、とてもそうとは受け取れない。そのうえ重大なことに、フォン・オステン氏の誤答率(失敗率)が一部では(つまり色布選択の場合などでは)私の「不随意に合図を発する」テストでの誤答率(失敗率)とほとんど同じであり(91頁参照)、また全問正解など一度たりとも達成したことがないのである。「意図的に合図を送る」方法でなら私にも全問正解できたのに。

8つ目は(大きな合図には気がつきはしても、その意義を理解しておらず、また微細な合図に気がついたとは到底考えられないこと)、前記のように、不随意に合図を発しているとしても、必ずしも当人がそのことに気づいていないとはいえないのである。気づいていたか否かについては、大きな合図と微細な合図とに分けて考察してみなければならない。フォン・オステン氏は**大きな合図**、つまり叩く応答を開始させてしまう前傾姿勢、その終了時の完全に真っ直ぐな姿勢、そして色布選択での静止したままの体勢には気づいていたし、掛け声が効果があることも知っていた。知っていたどころか、氏は何も隠そうなどとはせず、それらについて、あれこれ語ってくれた。だが、それらの真の機能・働きについて少しも理解していないことは明らかだった。例えば（もちろん、われわれがすでに知っていることばかりだが）「身体を真っ直ぐにしたままだと、ハンスは答えない」とか、「身体を前に傾けたままだと必ず、ハンスは間違えて多く叩きすぎる」とか言いながら、実際にやってみせてくれたのである。また、「ハンスが叩いている途中で身体を真っ直ぐにすると、ハンスは叩くのをやめてしまう」ということも気づいていて、ハンスに「お前は7まで数えなさい。でも、私は5になったら身体を真っ直ぐに戻すからね」と言ってやらせて見せてくれた。5回やって5回とも、ハンスは飼い主の身体が真っ直ぐになると叩くのをやめた。同じようなテストを繰り返しやってみせてくれたが、結果は同じだった。それでも氏は、こういった結果はハンスが意固地だからだと解釈していて、「悪い性格を直して、ちゃんと終わりまで叩くようにしてみせる」と言っていた。もちろん後には「どうしようもない」とあきらめたのだが。そして氏は色布選択の際に特に「ハンスが布の方に向かっている最中は、命令した人間はじっと動かないようにしていなければいけない」（すでに私は知っていたことはいうまでもない）と注意したのである。さらに「度々声をかけてやるのはよい。そうするとハンスの注意が正しい布に向くから」と語っているのだから、掛け声の効果にも気づいている。それでいて、ハンスの色布の選択に影響を与えるから、声をかけないように頼むと「いやあ、掛け声でうまくいくなら結構なことだがね」といとも屈託なげに言った。だが、フォン・オステン氏が大きな合図に気づいていた(氏が決して人を騙そうとしているのではないことは、すでに述べたように私に何も隠そうとせずに語ってくれたことがそのなによりの証拠である)からといって、決してハンスをそういった合図に反応するように訓練したということにはなるまい。なにせ氏は、前述のような自分の観察結果の意義すらわかっていないのに、それを利用するはずもなかろう。科学的知識を有している人間とて氏と同じことだった。シリングス氏は数ヵ月もの間、フォン・オステン氏と同様、微細な合図ばかりか大きな合図も送っていたのに、私が真相を説明したその瞬間まで一度たりとも大きな合図にさえ気づかず、ましてフォン・オステン氏の語っている観察結果が何か意味のあることだとは想像だにしなかったのである。実は私自身にしても、氏の話がどういうことを意味しているのか、今となれば極めて簡単なことだが、当時はとんと見当もつかなかった。

他方、**微細な合図**、つまり「終わりのピクッとする動き」や上下や左右に「頭を振る動き」については、フォン・オステン氏は気づいていなかったとしか考えられない。これまで述べてきたような調査や考察の方法以外の方法で、微細な合図を突き止めることができるとは思えないからである。しかし万が一、そのような微細な合図に気づいていたとしたら、どういう方法によって、あるいはどういう経緯からだと考えられようか。可能性があるとしたら次の4つの場合だけだろう。

その1つは、氏がそういった合図を**偶然に**思いついたという場合。だが合図となり得る動きは数限りなくあるというのに、偶然思いついたのが不随意な表出運動と同じものだったなどということはあろうはずがない。

2つ目は、関連**文献**を調べて、そういう合図があることを知った場合。私は古今の文献という文献を随分渉猟したが、そういう可能性のある例は1例たりとも見つけられなかった。たしかに16世紀以降になると、文字を綴ったり算数の問題を解く能力を持つウマについて数多くの報告がなされており、学者イヌについての報告となると、6世紀中葉[107]のユスティアヌス時代にすでに散見されはするものの、それらのウマもイヌもすべて投機の対象で金儲けのために飼育され見世物にされていたのだから、どんなトリックが使われていたか知れたものではない。それに、何にもまして科学者たちの関心をかき立てた「飼い主以外の人でも、難なく正しい答えが得られる」[83]という、ハンス事例の特徴と符合するような一文が記されている例は一つとてなかったのである。ともあれウマ一般が反応する合図に触れている文献は結構多く、なかにはこれまで述べたような合図も含まれている。例えば蹄で床などを掻くように叩かせたり足を踏み鳴らさせたりする場合の開始や終了の合図は、訓練者（調教師）の視線の上げ下げによる[113]とか、ムチや腕の上げ下げによる[114]とか書かれていたり、あるいは訓練者が前に足を踏み出したり後ろへ退く[115]のも有効だと記されているし、さらには身体を少し前傾させることが終了の合図だと述べられていたりもする[116]。イヌの場合の吠え始めさせたりやめさせたりする合図としては、「話せ」と命令すると同時に凝視し、その後すぐ視線を外す[117]とか、訓練者が口を動かし、それから腰のところに引きつけていた左手を離す[118]といったことも書かれている。頷かせたり頭を振らせる合図としては、手や腕[119]、ムチ[120]を上げ下げすると記されている。また、ウマの鼻先に手を突き出すのを頷かせる合図にしていたり、腕を上げるのを首を左右に振らせる合図にしている例[121]もある。この首を振らせる合図としては、ウマやイヌに軽く息を吹きかける方法も有効だとされており[122]、特にイヌの場合には、口笛を吹くように口を丸めたり、指を数本揃えてクルッと回すのもいい方法[123]だという（色布選択の合図についても多くの文献が言及しているが、249〜250頁で述べたことで充分だと思うので、ここでは触れない）。以上に記した合図はすべて明らかに随意に与えられた、人為的な合図である。それに対して不随意な合図の例としてフォン・オステン氏の目に触れた可能性があるのは、ハギンズのイヌの事例だけだ。だがこれは、197頁で述べたように、実際に何が有効なのかが突き止められていないのだから、考慮に入れるまでもあるまい。

3つ目は、氏が**他人を観察**して知った場合。そのためにはフォン・オステン氏がもう1人のフォン・オステン氏ともう1頭のハンスとを観察する機会が必要だろう。そうしたら秘密を探り出し得たかもしれないが、そのようなことはあり得ようはずもない。

4つ目は、**内観**（**自己観察**）によって気づいた場合。そうだとすれば次のように推測できようか。フォン・オステン氏は最初は本当にハンスに思考力をつけようとして教育したが、やがてそのような企ては無駄と悟る。だが同時に、自分が例の不随意な動きをしていることや、それがハンスに及ぼす効果にも気づいた。そこで、随意にその動きをして利用することにし徐々に微細にしていった、と。しかし、この可能性も次のような幾つかの理由から否定せざるを得ない。その1つは、大きな随意運動・動きを、常に一定した微細な随意運動に変えることが非常に困難だということ。そうするには、注意集中力を調整しなければならないのだが、それにはフォン・オステン氏にできるとはとても思えないような、かなり高度な技が必要なのである〔112頁参照〕。2つ目の理由は、〔たとえ氏が内観で自分の動きに気がついたとて〕そもそもいかなる方法を用いれば、後に試しに質問してみることになった人たちの誰もが自分とまったく同じ動きをするなどということを氏は知り得たろうか、知り得ようはずはあるまい。たしかにE・ツオーベル少将が自ら書いた記事によれば、「彼（フォン・オステン氏）はそのウマを初めての人にも喜んで試させてくれるし、どのような質問でもさせてくれる。また彼は、ハンスは慣れてくると誰にでも、師匠である自分が質問するときと同程度に正しく答えるようになると断言してもいる」（「文字が読め計算できるウマ」『ヴェルトシュピーゲル紙』1904年7月7日付。ちなみに、これがハンスについて書かれた最初の、いわばハンスの出世の糸口となった記事である）ということだが、そのことの正しさを立証してくれることになるシリングス氏はまだ登場していないのである。3つ目は、後に、氏の不在の状態にもかかわらず答えを得た多くの、社会的地位や世評から考えて嘘をつくとはとても思えない人物たちが、自己を観察してみても誰もが自分の微細な上への動きを見出せなかったこと〔なのに、どうしてフォン・オステン氏だけが内観で見つけることができたなどと思えようか〕。それはこういう人物たちだ。まず、先程の記事を書いたE・ツオーベル少将（『ナツィオナル＝ツァイトゥング紙』1904年8月28日付参照）、カステル伯、マトゥシュカ伯、アイクステット・ペーテルシュヴァルト伯、ケーリング将軍、ザンダー軍医大尉、H・ズェルモント氏、H・フォン・テッペル＝ラスキ氏。しかも、これらの人たちのうちの幾人かは現在に至ってもまだ、自分が動いたとは絶対に認めようとしないのである。例えばフォン・テッペル＝ラスキ氏は、10回もハンスを見に行き、その間、度々、1人でハンスに質問し正答を得ているのだが、頑強に否定している。またアイクステット伯は、最初にハンスを見に行く前に問題の動きがどういうものなのかを聞いていながら、フォン・オステン氏を繰り返し観察したり、さらには特別に氏に頼んで1人にしてもらって7回も質問して成功したりしているのに、氏にも伯自身にもピクッとするような動きは認められないと言っている。それどころか、実験室実験の被験者たちも、なかには私が自己観察（内観）に長けていると認めた人もいるのに、私が説明する前に自分の動きに気づいてことの真相を発見した人は皆無だったのだ。私があれこれの事実を挙げて説明するとひどく驚いていた。かくいう私にしても、111頁に述べたように、フォン・オステン氏の動きを見てとることができて初めて、自分自身がピクッと動いていることに気がついたのである。

要するに、以上に述べたすべてのことが、フォン・オステン氏は意図的に人々に錯覚を起こさせようとしたのではないことを証明していよう。そして何もかもが、氏が自己欺瞞に陥った結果であることを示してもいよう。(84)

4　フォン・オステン氏が自己欺瞞に陥り、それが肥大した理由

フォン・オステン氏が自己欺瞞に陥り、しかもそれが途方もないほどのものになってしまったのは、なぜだろうか。それは氏の性格を知れば自ずと明らかだ。そこには、そうさせずにはおかない2つの特徴が備わっているのだ。その1つは教師にありがちな杓子定規に物事を進めようとすること。もう1つは、独創性のある人間にありがちな単一観念への偏執癖（つまり何か1つの考えに捉らわれやすく、それに執着しがちだということ）。杓子定規に物事を進めたい性格だから、氏はハンスを導く際に、あらかじめ自分が決めた計画に固執せずにはいられず、その範囲や順序を汲々として厳守したのである。例えば、ハンスが4という数を完全に把握したと確信するまでは5に進まなかったし、簡単な九九がすら言えるまではより難しい九九にとりかかろうとはしなかったのだ。もし氏が一度でも試しに計画通りの順序ではなく少し飛躍したことを訊ねていたならば、ハンスには難しい問題などなく新しいことも即座に覚えてしまうことに気がついて驚き、ショックを受けたに違いない。そうすれば、ドイツ硬貨の代わりに中国硬貨について訊ねてみたり1000の対数といった問題を出すという実験をしてみただろうのに、残念ながらそういうことは起こらなかった（そして、自分の考えに疑問を抱く契機すら逃した）。ともかく氏は、一度たりとも自身の決めた道を踏み外すことなく、ひたすら計画通りに実行したのであ

る。そのうえ、「**2足す2**」"2 und 2"と質問すべきで、決して「2プラス2」"2 plus 2"と言ってはならないとか、教材に使う文字はドイツ小文字だけでドイツ文字の大文字やラテン文字は使用してはいけないといった枠を設けて自己にも他にも強いている。おそらく人に請われたからであろう、それらを使って1度、質問してみたが、ハンスは正しく答えなかったと言っている。正答が得られると思っていないのだから、正答が返ってこようはずがない。それについて氏は「ラテン文字を使うと、ハンスが混乱してしまうのだ。その後、幾週間も調子が悪い」と説明している。氏は、心理学者つまり「〔人間の〕心の解剖者」という側面を微塵も持ち合わせておらず、徹頭徹尾、教師なのだ。一体どこに、学童が面食らうような問題を出す教師がいようか——そう、ハンスは氏にとって学童のような存在なのだ。だから氏は、自分は動物の心が着々と発達するのを目撃しているのだと信じ込んだのである。その発達は実は彼の空想の所産でしかなかったのだが。

このような杓子定規な性格に加えて、フォン・オステン氏にはまた単一観念への偏執癖としかいいようのない、ある1つの考えに異常なまでに無批判にのめり込んでしまう性癖があるので、いかなる反論にも耳を貸そうとしないのである。都合の悪い観察結果には次の2つの方法で対処する。1つは、ハンスには並外れた鋭敏な聴覚とか途方もない記憶力がある、あるいは気まぐれだとか意固地といったような、ありもしない長所、短所を挙げて、それによって強引に解釈するという方法であり、実際、大抵うまく言い逃れているのだ。例えば、ある男性の名前を、ハンスがずっと以前にたった1度聞いただけなのに即座に当てると、「素晴らしい記憶力があるからだ！」と言った。また、ハンスが「2の2倍は5」と繰り返し答えたら、やっかいな意固地な性格をしているからだと語った。[85] 2つ目は（氏にとって不都合な観察結果について）強引な解釈すらせず、いわば無視するというさらに安易な方法である。例えば、数の体系において最も単純でかつ計数や計算すべての基本である1という答えは、ハンスから最も得にくいのだが（69頁参照）、氏はこのことに気づいていたらしいのに、それがなぜなのか氏なりに解釈しようとすらしないのだ。シュトゥンプ教授が初めて現場を見に行ったとき、フォン・オステン氏がハンスに「分数8分の7を整数にするには、分子にいくつ足したらいいかね？」と質問したところ、何回繰り返しても1よりも大きい数を叩いたのに、8分の5について同じような質問をすると即座に正しく答えた（答えは「お気に入り」の3である）。すると氏は、いともこともなげに「やっぱりそうだ。差が1だとハンスはいつも間違えるんですよ」と言ってのけたのである。また、「ハンスにとって左右の区別は、当初から分数のどんな問題よりも難しく、今でも完全ではなく始終間違っている。それに色布を取ってくるのも、一番初めに覚えさせたことなのに、ともすると失敗しがちだ」としきりに言うだけだ。そのような性格だからさらに、ハンスが披露している「りこうな」芸当のすべてが、見世物用に訓練された非常に多くのウマがその定番のレパートリーとしていることと同じで、しかもそういったウマが調教師からの合図のおかげで博識に見えるのだという世間周知の事実に対しても氏は一顧だにしなかったようだ。そのことを直視していたならば、一度なりと自分に批判の目を向けもしただろうに（残念なことに無視し続けたのである〕。

そういったフォン・オステン氏の性格もさることながら、ハンスの名がヨーロッパ中に轟きわたると共に、フォン・オステン氏自身も熱狂的な崇拝の対象になったり、あるいは猛烈な非難の対象になったりしたことも、その自己欺瞞に拍車をかけてしまったに相違ない。それが崇拝であれ非難であれ、人々が押し寄せ、そういう人たちがああだこうだと質問するうちに、ハンスの知識の範囲が急速に広がったように見え、なんと、ある日あたかもフランス語さえも理解できるかのようになると、今までその十二使徒のような風貌が人々に強い暗示を与えていた老フォン・オステン氏が逆に、集団暗示にからめとられてしまったのである。もはや、次々と誤答が返ってこようとも、氏の自己欺瞞を阻止するようすがともならない。それどころか、「知らない試験」の際に「質問者が正答を知らない」テストで当然のことながら誤答が連続して出たら、「ハンスの意固地な性格を直さなければならない」と言って憚らない始末だ。今や〔氏の「すでにハンスには思考力が備わっている」という主張に〕批判的ないかなる言動も、自分への侮辱と受け取る。例えば動物愛護協会の幹部の一人が、「答えを知らない」状態でハンスに時計を見せ時間を訊ねたら、フォン・オステン氏はドアを指さして出ていくようにと言い放った。似たような経験をした人は枚挙にいとまがない。

この章での諸々の考察結果をもとに判断すると、われわれはこう言わざるを得ない。フォン・オステン氏が入念に計画を立ててハンスを訓練したとか、あるいは一部なりと訓練を取り入れたとかいうことは到底考えられないし、さらに質問する都度、氏自身が合図を送っているということに気づいていたとも決して思えない、と(ただし「十二月鑑定書」が発表された後のことについては、一切、判断は差し控える)。訓練したとか、合図に気づいていたと考えたら、多くの事実が互いに矛盾して収拾がつかないし、本章において諸々の情況証拠を訓練の定義を基づいて検討した結果、実際になされたに相違ないと判定した方法(つまり教育)によって仕込まれたと考えれば、すべて撞着することなく説明がつくのである。もちろん氏の性格があれこれ奇妙に自己矛盾していることを念頭に置いて、その話や行動を判断しなければならないことはいうまでもない。けれども、そんな程度の矛盾は誰にだって、その性格を詳細に分析すれば見つかるものだろう。氏にすれば詩人と共にこう言いたいに違いない。

「私は考え抜かれた末にものされた書物でない
矛盾に満ちた人間だ」

第7章――結論

これまでの種々の調査結果に従えば結局、フォン・オステン氏のウマ・ハンスは今、どのような心的状況、つまりどのような能力や情的側面等々を有していると見なせるのか。そして、どのような理由ないしは経緯から、種々の応答行動をするようになったといえるのか、そういった点について要点をまとめておこう。さらに、それをもとに動物一般の心の問題についても考察してみよう。

1　りこうなハンスの心的状況と当事例成立の要因

ハンスの「りこうな」応答行動のいずれも、それが今有している次の3つの能力に基づいてなされているのである。なんといっても重要なのは、質問者の非常に微細な動きを感知できるほど発達した動態視知覚力・動態視力。2つ目はほぼ絶え間なく働く、かなり鋭敏な感覚的〔つまり感覚器官を通しての刺激に対する〕注意力。これら両者ともハンス側だけに一方的に発達し備わっている〔つまり普通の人間のそれらを超えている。なればこそ、「りこう」に見えたのだ〕。3つ目はわずかながら備わっている記憶力。決して広範にわたることを覚えていられるわけではないにしても記憶力があればこそ繰り返し練習しているうちに、視知覚した質問者の幾つかの動きと、ほんの数種類の自分の動きとの間に連合を形成することができたのである。

ハンスの今の動態視知覚力・動態視力が、平均的な人間のそれをはるかに凌駕しているのは、もともとウマ一般の網膜の構造が人間のそれより動態知覚に適しているためかもしれないし、脳の構造の違いも多少なりと関係しているのかもしれない。

聴覚への刺激はごく少数のものしか有効ではない。

情緒（意固地等々）と見なせるものは、あらゆる観点から検討してもその存在の根拠を見出せなかった。感情的側面ないしは活動で確かだと思われるのは、食物への欲求〔に基づく快不快〕がハンスのあれこれの行動の動因だったのだろうということだけである。

前述の、ハンスが視知覚した〔質問者の〕幾つかの動きと、ハンス自身のほんの数種類の動きとの間に徐々に形成された連合は、訓練の成果ではなくて、教育の意図せざる副産物といってまず間違いない。つまり、教育したのにその本来の成果は生ぜず、図らずも訓練に類似した成果が生じたということである。

ハンスの行動によって表出されている、高度な心的作用に基づかなければ生じようはずのない成果〔つまり〈答え〉〕はいずれも、質問者の心的作用の成果にほかならない。質問者の心的作用の成果とハンスの行動とを結びつけているのは、質問者当人の極めて微細な不随意運動である。このように、〔それを思うと人間の心に運動〕興奮を容易に呼び覚ましがちな観念と〔それを思う人間の〕筋肉との間に密接な関係があること自体は決して目新しい事実ではない。しかし、観念と筋肉との微妙な関係を実験によって詳細につかむことは非常に難しいから、その点についての、本書に記した実験結果は決して価値の低いものではないと自負している。

2　動物一般の心についての考察と結論

さて、ここで第一章で述べた「動物にも心があるのか」という問題に立ち戻り、以上に述べてきた現在のハンスの心的状況をもとに、いったい当事例は3つの見解のなかの、どの見解を裏づけるものなのかという問いに対して答えるならば、こう述べるほかない。ハンスは非常に多くの人々が待ち望んでいた「動物にも思考力があるとする見解」を正当化する証拠をもたらしはしなかった。それどころか、そういった見解を熱烈に信奉する人々の立場を決定的に悪くさえしている、と。

もちろん軽々に、われわれのハンスについての否定的な結論が動物一般に広く当てはまることだとは言えはしない。それは、ハンスが正常な状況〔つまりウマ本来のあるべき状況〕下で育ったとはとてもいえないからだ。ハンスはほかでもない**家畜**なのだ。一般に、家畜は野性の動物よりも知的能力が発達していると思われがちだが、実は家畜化される過程で知的発達が阻害されてしまっている可能性が極めて高いのである。

というのは、家畜は野性種に比べて、その種の特性——種によって様々だ——が著しく発達させられたり(例えば猟犬)、すっかり人間の要求に合致するように習慣づけられたり(「りこうな」イヌやウマ等の話に出てくるイヌやウマはまさにそうである)はするものの、自己(の生命の)保存や子孫の保存(種の保存)の本能は人間によって勝手気ままに抑えつけられているので、心的発達のための強い梃子が失われた状態にあるからだ。それに動物の飼育は大抵、まさしく脳の発達を犠牲にした状況下で、筋肉や腱、脂肪や毛を大いに増やして利益を得ることを目的になされてもいるからでもある[86]。

そのような家畜のなかでも殊に、飼育されているウマの生存状況はなべて劣悪だ。一生の大半を馬小屋に、それも大抵は薄暗い馬小屋に繋がれ、しかも他のいかなる家畜にもまして長い間、実に何千年にもわたって、手綱とムチで訓練され隷属させられてきたのである。だから家畜ウマはその自己保存や種の保存の自然な欲求も失われているに違いない。それに、ほとんどいつも馬小屋に閉じ込められていたせいで感覚も鈍化してもいよう。

わけてもハンスのこれまで置かれてきた状況は過酷というほかない。本来、群居性の動物であるのに常に独居を強いられ、広い場所を走り回っているべきものが狭い中庭に閉じ込められ、れっきとした雄なのに生殖の機会も奪われてきたのである。

そのような状況下で、氏が語った通りの方法で無理やり仕込まれたがために、ハンスはその本来の素質を伸ばすべくもなく、氏の願いとは裏腹な方向へと発達させられてしまったのだ。たとえ仕込む方法が違っていたとて、かくも厳しい生存状況のままでは、思考力が生じたとはとても思えない。だが、ハンスの生命活動の欲求に少なくとも今よりは合致した〔状況下で〕より適した教育的な方法が施されていたならば、心的活動は現状よりも豊かなものになっていて、今ハンスが求められている〔計算したり文字を読んだりする〕ことが多少なりとできるようになったかもしれない。

要するに、われわれの調査結果は、動物の心について、例えばブレームスが動物の知性について語った夢のような話を裏づけるものではないのである。といって、〔ハンスの応答行動は思考力によるという見方を〕徹底的に批判し否定する一部の研究者が言っているように、デカルトが提唱した動物機械説のその復活に資するものでもない。

むしろ、この調査で判明したハンスについての諸事実を人間心理学に照らし合わせて、動物一般の心について類推すると、次のような結論に至らざるを得ない（類推結果の妥当性を否定するならば、動物心理学の存立の可能性を否定する、いやそれどころか人間心理学そのものの存立の可能性をも否定するほかない）。

動物にも感覚的〔感覚器官を通しての〕知覚力があって、その得た感覚をもとに単純な観念が生じ、それらを人間と同じようにその時々に応じて想起することができ、そのことによって〔心の知・意的側面である〕精神的活動の大部分は営まれている。それどころか単純なものながら観念の連合さえもなされている。また経験からも学習する。さらに感情面についていえば、快不快だけではなく、その生存条件を直接、左右するようなときだけとはいえ、情動（例えば、嫉妬とか恐怖）も生じる〔情緒はハンスには認められなかったから、おそらくウマのような四足獣までの動物にはないのではないか〕。当然のことながら、系統的に見て人間に非常に近い動物の場合となると、自然の中に棲息しているものであろうと人工的な環境で飼育されているものだろうと、概念思考がほんの兆し程度であれ、なされている可能性もはなから否定はできない。なにしろ動物がどういう行動をとれば、たとえそれが萌芽程度に過ぎなかろうと、概念思考をしていると見なせるのか、それすら今もってわからないのだから否定など許されはしないのである。確かなのは、これまでのところ概念思考の兆しなりとその存在が証明されたことはなく、しかもそれを証明するための適切な方法すら見つかってはいないということだけだ。

概念思考の存在が確認できようとできまいと、先述した程度の初歩的な心的活動は動物にもあって、いうなれば人間と共有しているのだから、動物と人間とは決して画然と異なった存在などではなく、互いにつながっているというだけで充分ではないか。なれば動物を搾取と虐待の対象としてではなく、その欲求をよく理解し愛情をもって世話すべき対象として見なければなるまい。

補遺Ⅰ

フォン・オステン氏の算数の教授法

（フォン・C・シュトゥンプフ）

これから述べるのは、フォン・オステン氏がハンスに数を数えたり計算したりすることを覚えさせるのに使ったという方法である。氏はこのほか、様々なことを仕込むのに用いた方法についても、実際にハンスにいろいろやらせながらシューマン教授と私に説明してくれたのだが、ここには算数に関わる教授方法のみを記しておく。ちなみに、これらの教授方法についてはすでに、ツォーベル少将とハーン教諭が〔別々に〕聴取し、概要のみではあるがほぼ同一の内容のことをいくつかの新聞紙上で公表している。さて、果たしてフォン・オステン氏が4年間にわたって終始われわれに語った通りの方法で仕込んだのかどうか保証の限りではないが、あれこれの理由から考えると、ここに記す方法が後から巧妙に捏造されたものだとは決して思えない。その理由ないし根拠を5つ程挙げておこう。1つは、フォン・オステン氏の説明の途中でわれわれが発する質問に対して、氏が一瞬のためらいもなくただちに答え、しかもその際の説明が前よりももっと詳細なものであったこと。2つ目は、フォン・ケラー少佐の書面による証言。少佐は15年来の知己なのである。3つ目は、ツォーベル少将の鑑定（証明）書。それを見れば、ハンスが一般に公開される1年も前にすでに、少将がフォン・オステン氏からあれこれ仕込む過程をつぶさに聴取して知っていたことがわかる（少将の鑑定書の仕込む方法についての内容と、いささか日時が経ってからこの度われわれが聞かされた内容とが同じだ）。４つ目は、フォン・オステン氏所有のアパート借家人たちの次のような口頭での証言。「何年も前からフォン・オステン氏がアパートの中庭で、まるで学童に接するようにして小学校の実物教育用教材を駆使したりしてハンスにあれこれ仕込んでいるのを見て知っているが、一度たりとも合図の練習をしているのを見かけたことはない」。５つ目は、仕込むのに用いられたという器材の、いかにも使い古したような外観。作り話の補強のために後から買ったのだとしたら、とてもこうはなるまい。このほかにも理由は枚挙にいとまがないほどある。

主要な教授器材を列記しておこう。まず算数用は、九柱戯の木製ピンが大小数本ずつ（小さいピンは子供用の玩具（口絵写真に見える、黒板の後の台上の、こけし人形状のもの。237頁の図24参照）と小学校で使われる百玉計数器（10本の横棒それぞれに10個ずつ玉が通されてある（口絵写真の台上の、ピンの後ろに立っているもの。33頁の図2も参照））、1から100までの数字が貼り付けられた1枚の石板、そして真鍮板を切り抜いて作られた大きな0から9までの数字（紐で吊るして使う）。読み方用は、筆記体でドイツ・アルファベットの小文字が書かれ、その左脇に数字が記されている黒板（口絵写真参照）。それらの数字は、ある字が何列目の何番目に位置するかを示している。音感を養うための、C_1からC_2（ハ長調の1点音ハから2点音ハ）までの全音階を備えた子供用のアコーディオン。色名を覚えさせるための、比較的大きな色布片。赤い布、青い布といったように全色の布が幾枚かずつ揃っている。

さて、算数の指導は、ハンスの前に大きいほうのピンを1本立てて、その方に向かって「足を上げて！――1！」と叫ぶことから始めたとフォン・オステン氏は言っている。ということは、その前に「足を上げて！」がどんな場合でも、叩くことを命じる言葉であることを習得させておいたということだろう。とにかく「足を上げて！――1！」と命令されたら、1回だけしか叩いてはいけないのだということを覚えさせるために、まるで教師が生徒に字を教える際に手を添えてやるように、氏はハンスの脚に手を触れて導いてやったのだという。何度も同じ命令を言いつつ繰り返し手を添えるうちに、そうされなくても1打だけ叩くことができるようになった。その際、必ず右前足が使われ、成功すると必ずパンやニンジンが与えられた。

次いでピンを2本立て、氏は「足を上げて！――1、2！」と命じた。今度も最初は手を添えて、ピンを1本ずつ1、2と指さしながら、足を上げて叩くのを2回するように練習させた。指さす順序は左から右と決まっている。だんだんに脚に手を添えたりピンを指さしたりしないようにし、その代わり「何本？」とか「そこに何本あるか？」とか質問するようにした。その質問を契機に叩き始めるようにさせたかったのである。

ともかく初めのうちは、ピンを3本立てると、氏は「1、2、3！」と言い、4本なら「1、2、3、4！」、5本なら「1、2、3、4、5！」といったように言って聞かせた。つまり初めのうちは、立っているピンの数に相当する数詞だけを言うのではなく、同時に数の順序を覚えさせるために、1に始まってその数に至るまでの整数の数詞をすべて順番に言ったのだ。しかし後になると、前の数は省いて当該の数詞、すなわち最後の数の名称を言うだけにしたが、それでもハンスは正しい回数だけ叩くようになった。最後の数詞〔例えば5〕が今や、その当該の連続した数全体〔つまり1、2、3、4、5〕にとって、それを他のあらゆる連続した数群と区別する特徴的な、あるいは象徴的な存在となり、その当該の連続した数全体の標識として働くようになったのである。よって、最後の数詞が言われると、ハンスの中で(1から始まりその数に至る)個々の数のピンの記憶像が順々に喚起され、その都度ハンスは1回ずつ叩くというわけなのだ。少なくともフォン・オステン氏はそうなったと考えた。

しかし、このように機械的で、とても本来的な意味での計数とは認められないような計数を習得させるだけではなく、個々の数の持つ価値もハンスに理解させなければならない。それにはまず「足す」"und"〔英語の"and"〕という概念を把握させなければことが始まらない。この言葉の意味を把握した者だけが、例えば、2は「1足す1」"1 und 1"であり3は「2足す1」"2 und 1"であるといったように真にそれぞれの数の価値を理解できる、つまりは数の概念を形成することができるのである。そのためにフォン・オステン氏は、ハンスの顔の前の、今まではピンを立てていたところで大きな布をその下端が地面に届くようにして掲げ持ち、それからこの布をさっと上へ取り払い、すかさず大きな声ではっきりと「足す」"und"と言うことにした。それを幾度となく繰り返した後、氏は掲げている布の後ろに隠すようにしてあらかじめピンを2本立てておき、それから布をさっと上げて取り払い、すかさず「足す」と言った。するとハンスは前の練習の通りに（フォン・オステン氏の見解では）2本のピンを見て2打叩いた。次は3本のピンで、その次は1本のピンで、といった具合に次々と異なる数のピンをあらかじめ立てておいて布を取り払うと、ハンスはその都度、現れたピンの数に相当する回数だけ叩いた。

そこで次は、ピンを5本立て右側の3本だけを掲げた布で隠すようにした。するとハンスは2打叩き、フォン・オステン氏は「2」と言って聞かせた。次いで布がすっかり取り払われると、ハンスは3打叩き、氏は「足す3」と力を込めて言った。

こうした単純な方法で、フォン・オステン氏はハンスに、この3が前の2に所属するものであり、両方を合わせて5になることを理解させようとした。先程の練習によってすでにハンスの心の中に刻み込まれている5本のピンの像と、現に目の前にある2本のピンの塊と3本のピンの塊とがハンスの中で結びついたはずなのである。逆に、2本のピンの塊と3本のピンの塊とが目の前に現れたら、5本のピンの像が心に浮び上がってくるはずなのだ。その後、布もピンも用いずに、氏が「2足す3でいくつか？」と質問するとハンスは5打叩いた。ということは、ハンスはすでに足し算を習得したということになる。

しかし、ハンスが今述べた方法で一度であれ結合させてみたことのある2つの数のときしか足し算ができないのであれば、それは単なる機械的な作業以外の何物でもないということになるかもしれない。それに、叩かせる数が10までの数ならば、和が10を超えない2数の組み合わせは25組、加数と被加数の順序を逆にした場合まで入れても45組しかないから、ハンスに一つ一つ全部、覚え込ませたと考えられなくもない。しかし実際はそのようなことをさせてはいまい。フォン・オステン氏は多くのことをハンス自身に発見させるようにしたと言っているし、「ハンスは自分の頭の中でちょっとした掛け算の九九表を作り上げなければならなかった」とさえ語っているのである。それに、叩かせる数が10以上の場合や、加数や被加数の数がもっと大きい場合のことまで考えると、組み合わせ数は膨大になるから、それらを1組ずつやらせて覚えさせるなどということなどできようはずがない。

以上に述べたような方法で繰り返し仕込んでいるうちに、とうとうハンスは様々な新しい問題にも正しく答えられるようになったのである。だからフォン・オステン氏は、これでハンスに数概念を形成させることができたのだと考え、単に〔ピンの〕記憶像と特定の〔ハンスの〕動作とが表面的に結びついているのではないと確信するに至った。しかし氏は、これまでに説明したことのある概念を駆使する以上のことは質問しないし、しかもこれまでにしっかりと覚え込ませたことのある言い方と語彙でしか訊ねないようにしている。もし新しい概念や新しい言葉を使わなければならないときには、その都度、新たに実物教授用教材を用いて説明するのだ。

当然ながら、そもそもウマに数の概念を形成させようなどということ自体、バカげているという人もいよう。もしそれが、ウマが言語を理解していないとか、第一、話すこと自体が不可能だといったことをもとにしてのことなら、本末転倒していると言わねばなるまい。このウマに言語の理解力をつけることころそがフォン・オステン氏の望みなのであり、それを何か適切な直観的な体験〔つまり具体的なものの感覚像を通して物事を把握する体験〕によって習得させようとしたのである。なにしろヘレン・ケラーをはじめとする視覚や聴覚の助けを借りようにも借りられない全盲にして聾唖の人々などは、触覚だけで言語を理解しているのである。すべては言語を理解する素質があるかどうかにかかっているのだ。ともあれ、フォン・オステン氏が言語理解力をつけさせるための最初の一弾として、数を数えたり計算したりすることを選んだのは、まことに理に適っている。なぜなら実際、数を扱うことほど直観内容を概念となすことが容易な領域はないし、ハンスの成果つまり〈答え〉が氏が仕込んだ結果なのかどうかが確実に判断できる領域はほかにはないからだ。ただ一つ残念なことは、氏が途中で例えば〔暗算では解けようはずもなく、正しく答えたとしたら数学的能力によるのだとは考えられない〕「729の3乗根」を質問するといった方法で逆検査してみようともしなかった点だ。氏は自分の教育原理に確固たる自信を持ち、すべてがうまくいっていると確信していたためか、一度も試していないのである。

掛け算の指導には百玉計数器が用いられた。10本の横棒の中の1本の横棒に通されている玉10個のうち2個を○○というようにくっつけて棒の左端に持っていき、その2個を指さして「玉はいくつあるか？」と質問すると、ハンスは2打叩いた。「よくできた。これが2の1倍だ」。次は〔同じ棒の〕前の2個と少し離れた所に玉をもう2個を○○　○○となるように左に寄せて〔33頁の図2の玉の置き方参照〕、一塊ずつはっきりと手で示しながら質問する。「2個の玉の塊が何倍あるか？」。ハンスは2回叩いた。「では2の2倍はいくつか?」。ハンスは4打叩いた〔33頁の図2参照〕。

要するに、玉を一塊ずつに分けていくことで「何倍」という言葉の意味を直観的に理解させようとしたのである。一方では幾つかの玉の集まりを1つの塊として捉えさせ、他方では各塊の内部に目を向けさせて1つの塊が幾つの構成単位〔玉〕からなっているかを学習させようとしたのだ。2の3倍とは、2個の構成単位からなる3つの塊を意味するにほかならない。それを覚えさせる際に、フォン・オステン氏はハンスの理解を助けるために次の3点に配慮した。まず、塊と塊の間は一定の幅だけ離すようにし、それとは対照的に各塊の構成単位の間は密着させておくこと。そして塊をさすときには、一塊ずつを密着させながら、1つ目の塊を「1倍」、2つ目の塊を「2倍」……とはっきり言って示すこと。3つ目は、そういった観念と足の動作とが氏の期待通りに結びつくまで、ハンスの脚を手で持って導いてやることである。

引き算は、次のようにして覚えさせた。まず、ピンを5本立てると、ハンスは足で5回叩く。次にフォン・オステン氏はその5本のピンの中から、はっきりした身振りで2本を取り除きながら、「取るぞ——引く。あとに残っているのは何本か?」と訊ねる。ハンスは3打叩く。この場合も初めはもちろん、脚に手を添え導いてやった。

割り算は、以下のようにして仕込まれた。初めに百玉計数器の玉4個を棒の左端の方に○○○○というように寄せておき、「左側に玉はいくつあるか?」と訊く。ハンスは4打叩く。次にその4個の玉を

2個1組にして○○　○○のように分ける。そして一塊を指さしながら「1つの塊の中に、玉はいくつずつあるか？」と質問する。ハンスは2回叩く。次は、○○　○○　○○というように左に寄せる塊を3組に増やす。「さて、左の方の玉は全部でいくつになったか？」。ハンスは6回叩く。そこで塊を順々に指さしながら、「では、1つ1つの塊に、玉はいくつずつあるか？」と訊ねる。ハンスは2回叩く。そして今度は、塊を1つずつ押さえながら「では6の中に2はいくつあるか？」。すると3打叩く、といった具合だった。

「部分」「全体」そして「部分の統合」といった概念は、白墨で線を引き、それを黒板消しで1ヵ所もしくは数ヵ所消して切れ目を入れる方法で説明された。

これら四則の計算に関わる質問をする際には、次のような決まりを厳守するよう、フォン・オステン氏は氏自身のみならず他の者にも課している。1つは、計算されるほうの数つまり被加数や被減数などを常に先に言わなければならないということ。例えば、「3を7から引け」という言い方は許されず、「7から3を引け」と言わなければならない。そうしなければハンスの頭はすぐに混乱してしまうのだという。もう1つは「掛けろ」と言ってはならず、「（ある数を）何倍せよ」と言わなければならないということである。フォン・オステン氏自身がこの決まりを破ることは決してない。

ハンスにどのような方法で、数字や加減乗除の記号、序数〔物の順序を示す数〕の概念を理解させ、さらには10を超える数とその概念（10、20、30等の十位の数と、0〜9までの一位の数〔とで構成されているということ〕をわからせたのかについてはここで触れない。ただ、和が10を超す足し算の指導法についてだけは述べておこう。必ず10を単位にして考えさせるようにした。例えば、9と5を足し算させるときには、まず「9にいくつ足せば10になるか?」と訊ねる。ハンスは1回叩く。それから「しかし、お前が足すのは、1ではなく5だ。さて、10にもういくつ足せばよいか?」と言う。ハンスは4打叩くという具合である。同じようにして、被加数が20あるいは30未満で、和が20あるいは30を超える足し算のときも、まず20あるいは30になるまで先に叩かせる。氏はこうすることで、10を超える100以下の数はすべて10、20、30といった十位の数と1~9までの数から構成されるという数体系の構造を、その都度、生徒にはっきりと覚えさせられると考えた。また同じ理由から、初めのうちは11"elf"、12"zwölf"という普通の言い方は避け、「1と10」"einzehn"「2と10」"zweizehn"という言い方をした。そしてハンスがその概念に馴染んできたと思われる段階になって初めて、普通の言い方に変えた。

以上のように、フォン・オステン氏の語った教授方法はすべて見事なまでに考え抜かれていて、おそらく未開人を指導する際にも使えよう。それはともかく、氏の教授方法を知ることについての、われわれの直接的な関心事は、そうすれば氏やその支持者たちが確信を持って〔今のハンスには思考力が備わっているからあれこれのことができるのだ、と〕言っているそれらの行動が、実際にどのようにして成立したのかがよりよく理解できるのではないかという点なのだ。

補遺II——「九月鑑定書」（1904年9月12日付）

署名者たちは、フォン・オステン氏所有のウマの、質問されたときにしてみせる行動が、トリックつまり意図的な扶助[87]あるいは意図的な影響力の行使によってなされているのか否か、その問題に決着をつけるために参集した。そして適切な予防措置を講じて調査し、その結果をもとに〔他の、観察したり体験したりした事柄等を加味して〕充分に吟味した末に、たとえ署名者の大方が知っている、このウマにそのような行動をさせている2人の人柄を考慮に入れずとも、トリックという推測は完全に否定されざるを得ない、と署名者たちは全会一致で確信するに至った。そのことをここに表明しておく。〔調査の際、フォン・オステン氏がどのような質問をウマに与えたときも、〕注意深く見守ったにもかかわらず、氏の手であれ足であれ、どの1本たりとも動いたようには見えず、目の動きや他の身振りさらには音声とて何も生じたようには感じられず、このウマにとって合図となり得るようなものはまったく見つからなかったのである。また、フォン・オステン氏が質問している際にその場に居合わせる人々が不随意に[88]してしまうその動きが関与している可能性をも排除するために、プロイセン王国委員会評議員ブッシュ氏のみが立ち会ってフォン・オステン氏に質問してもらうことも試してみた。その結果はブッシュ氏のその道の専門家としての判断に従えば、従来の一般的な訓練で用いられてきたような性質の合図によるトリックはまったく使われてはいないと見なさざるを得ないものだったのである。さらに、このウマに質問するフォン・オステン氏自身がその答えを知ることができないようにして試す実験も行われた[89]。そのうえ〔つまりそういった今回の調査結果以外にも〕、フォン・オステン氏およびシリングス氏の両名がいない、ほんの束の間に他の人たちが口々に1問ずつ質問したようなときにも正しい答えが返ってくるのを署名者の多くが目撃したり、なかには自身が実際にそのような体験をしたりしていることも明らかになった。しかもそのとき質問する者が答えを知らなかったり、あるいは答えを思い違いしていた場合もあったのである。さらに、このウマを仕込んだ方法についても、すでに署名者たちの一部の者がフォン・オステン氏から聴取したものをもとに検討したが、それは小学校の教授手法を手本にしたものであって、明らかに訓練とは本質的に異なっている。これら諸々の事実を総括的に勘案すると、現在知られている類の無意図的な合図の存在すらも否定せざるを得ない。このように署名者たち全員が一人の例外もなく、いかに外観が類似していようとも他のどの既存の事例とも根本的に異なっており、しかも従来の意味での訓練がなされた形跡はまったく認められないと明確に判断しているからには、この事例は本格的で綿密な科学的調査をするに値するものといえよう。

ベルリンにて　　　　　１９０４年９月12日

パウル・ブッシュ	サーカス支配人、プロイセン王国委員会評議員
オットー・カステル・リューデンハウゼン伯	退役大尉
A・グラボー博士	元視学官
ロベルト・ハーン	市立小学校教諭
ルートヴィッヒ・ヘック博士	動物園園長
オスカル・ハインロト博士	ベルリン動物園園長補佐
リヒャルト・カント博士	
F・W・フォン・ケラー	退役陸軍少佐
トーマス・ケーリング	退役陸軍少将
ミースナー博士	獣医、王立獣医大学非常勤講師
ナゲル教授・博士	ベルリン大学生理学研究所感覚生理学部長
C・シュトゥンプフ博士・教授	枢密顧問官大学、心理学研究所所長、科学アカデミー会員
ヘンリー・ズェルモント	

補遺III――9月の委員会における調査記録の要約(90)

9月11日から12日にかけてハンス事例を解明するための集まりが開かれ、両日とも4時間にわたって調査が行われた。ところが非常に困ったことに、フォン・オステン氏自身が、〔自分が故意に合図を与えているのだと世間から疑われているのだから〕初めから氏の不在という条件下でハンスを使って調査すべしと言い出し、頑として譲ろうとしなかった。この条件は根本的にはすでに、ペテンや嘘を言うはずのないシリングス氏なるひとかどの人物がフォン・オステン氏に取って代わって質問し、それでもハンスが正しく答えたことで満たされてはいる。シリングス氏も当初はトリックが使われているのだろうとすっかり疑ってかかっていたのだが、一週間程してハンスの扱いに慣れると、いつでも答えが得られるようになったのである。ところが、今ではシリングス氏も多くの人々から疑惑の目で見られているから、他の誰かが質問して、それでも正しい答えが得られるのかどうか試してみなければならない。そこで、カステル伯がこの集まりに先立って数日間、繰り返し試してみたが、その結果は、2人への疑惑を晴らすのにまったく役に立たないというのではないにしても、いま一つ確かではなく人々を充分に納得させられるようなものではなかった。

フォン・オステン氏にカステル伯ではハンスがはかばかしく答えないと伝えると、状況はいよいよ悪化し、破局的になってしまった。氏が断固たる口調で次のように言い放ったのである。「申し入れた条件は世間の人々が求めていることなのだから守られなければならない。またも調査に協力などしたら、トリックという嫌疑を晴らせはしないのである。ハンスが新しい質問者に慣れるまで幾週間かかろうとも、待つほかはあるまい」。

ところが意外な成り行きから、この窮地を脱することができた。たまたま委員の一人ミースナー博士が、その前日「りこうなローザ」を見に行き、首尾よくトリックを見破ることができたと言ったのである。それが効を奏して、事態は好転した。フォン・オステン氏は、そのようにトリックの探査にかけて保証つきの能力の持ち主のもとでなら、どのような検査でも喜んで受けようと言い、こう語ったのである。「私はその見世物の男とは違って、〔思考力によってではなく与えられる痛みに反射的に反応させるようにするための〕棒もムチも持ってはいない。どんな検査だって受けよう」。

そこで委員会はフォン・オステン氏を交えずに協議し、まず、氏にごく一般的で簡単な応答行動をさせてもらって、氏自身をよく観察することにした。詳しく言うと、委員の一人一人が、フォン・オステン氏の身体の各部位（頭、殊に目、右手、左手など）を分担して注視し、さらにトリックの看破にかけては右に出る者のないブッシュ氏が、フォン・オステン氏の行動全般に目を配ることにしたのである。

まずは、フォン・オステン氏に調査当日やその日の前後の、日付および曜日を問う問題や、様々な計算問題、さらに百玉計算器のある1本の棒に通された玉の数を数える問題等を出して、ハンスに足で叩いて答えさせてもらった。途中、何回かはグラボー元視学官とハーン教諭が試しに氏に代わって同様の質問をしてみた。ハンスはどの場合にもすべて正しく答えた。

この後の、フォン・オステン氏抜きでの討論で、ブッシュ氏はいかなる類のものであれ、目で捉えられるような合図は何も送られてはいなかったと言い、他の、身体の各部位を担当した委員たちも口々に合図らしきものは見えなかったと報告した。ブッシュ氏はまた、観衆の方にも注意を払っていたが、何も合図らしきものは認められなかったと断言した。けれどもブッシュ氏は、なおもフォン・オステン氏に要請して、自分と氏以外誰もウマの傍らにいないようにして氏に次々と問題を投げかけてもらい、その様子を観察することにした。

その際には4種類のテストが行われた。初めに、前に述べたと同様のテストが行われた。さらに今回は、色布を使って次のようにして、色の識別のテストもなされた。まず求められた色の布が、一列に並んだ色布列の中で何番目の位置にあるかを叩いて答えさせ、その後で求められた色の布を口にくわえて持ってくるように命じたのだ。さらに、ハンスに写真を見せて、離れて立っている5人の男性のなかから、その写真の人物を選び出し歩いて行って示すように命令するテストも行われた。そして最後に、「ネズミ」"Rat"、「ブッシュ」"Busch"等の単語を、それぞれのアルファベットに振られた数に相当する回数だけ叩かせる方法で綴らせるところも見せてもらった。〔他には誰もいなくても〕いずれの場合もハンスは概して正しく答えた。

この後の討議でも、ブッシュ氏は合図らしきものはどんなに微細なものも認められなかったと語っている。色布を持ってくる問題、それも布と布の間隔が非常に狭められた場合や、写真で見せられた人物の方に近づいて行く問題となると、トリックが使われている可能性は皆無なのではないかとも述べている。

翌9月12日、フォン・オステン氏はさらに2種類の実験への参加に同意した。

実験1　フォン・オステン氏以外の者がハンスに質問することにし、氏自身はその姿がハンスからまったく見えないように質問者の背後で前屈の姿勢をとって隠れ、時々声をかけて氏がそこにいることをハンスにわからせるようにする。そうすれば、少なくとも飼い主がそこにいて答えを待っていることに気づきはしても、もし合図が送られ、それに応じて叩いているのであれば、必要不可欠な合図を受け取ることはできはしない。

実験2　フォン・オステン氏が不在の状態で、他の誰かがハンスに数を1つ告げて、その数だけ叩かせる。それからすぐにその人は退場し、入れ替わりにフォン・オステン氏が入って来て、前の人が告げた数（この数は、フォン・オステン氏には知らされない）を、例えば4倍しなさいとか、その数から3引きなさいとか言って、ハンスに計算させる。フォン・オステン氏はこの方法について、氏自身が答えを知らないことにハンスがなんとなく気づき、バカげた答えを返しかねないから極めて問題だと言った。

実験1では、ときにはハーン教諭が、ときにはカステル伯が簡単な算数の問題を訊ねた。ハンスからはごく少数の例外を除いて、ほぼ全問で正答が出た。さらにフォン・オステン氏に馬小屋に隠れてもらって、カステル伯が人や窓の数を数える問題を含む多くの問題を出したところ、すべてに正答が返ってきた。

第1と第2の実験の間に、次のようなテストを行った。6人の委員の名前を、それぞれ別個の6枚の厚紙・カードに書いて紐に吊しておき、フォン・オステン氏が6人のなかの1人を指さしながら「この人の名前が書いてあるのは、左から何番目のカードか?」と順々に訊ねた。6回とも叩く数は正しかったが、そのカードのところへ歩いて行けという命令に対しては概ね正しく応じはしたものの、全問正解というわけにはいかなかった。

このテストの後の討議で、ブッシュ氏はどうしてハンスにこういった応答行動ができるのか自分には見当もつかないと言った。今度も他の委員も誰一人として、何も合図らしいものを見つけられなかった。

では今度は実験2の、繰り返し行われた重要なテストについて述べよう。最初にフォン・オステン氏が不在の状態で、誰かがハンスに数を告げておくのであるが、それは誰でもいいわけではなく告げた数だけ確実に叩かせられる人でなければならないので、シリングス氏(これまでまだ、この集まりのテストには参加していない)にその役を引き受けてもらった。まず初めにフォン・オステン氏が委員の一人に伴われて家の中に入り、次にシリングス氏がある数を告げ、その数だけ叩かせて、その後すぐにフォン・オステン氏と顔を合わせることなく姿を消した。

そのようにして、テストは5回行われた。その結果は5回とも、実験1とはまったく違って一度も正答は得られはしなかったが、実に驚くべきものだった。ハンスはまるで判で押したように、フォン・オステン氏の命令に従って計算することなく、シリングス氏が告げた数の回数だけ叩いたのである。それは最初から2問目まで、シリングス氏がテストの手順について思い違いをしていて、「この数を、お前はフォン・オステン氏に示すのだ」と指図したから、その影響でそうなったのかもしれない。

最終討議では、両日の調査結果や、多くの委員たちのこれまでの経験をもとに検討した結果、全会一致の結論に達し、それを鑑定書[91]として公表することになった。この結論は、両日の調査で得られた「1例たりとも、偶然やトリックで正答が出たと思われるテストはなかった」という結果からだけではなく、これまでに多くの委員たちが名誉と良心に基づいて語ったり報告している観察結果ないしは目撃情報(その全部ではないが多くは調査記録に書き留められている)のすべてを充分に考慮した末に出されたものなのである。そうした後者の例の1つは、カステル伯が語った話だ。この集まりに先立つ8日間に繰り返し試し、その質問回数のわりには伯の得た正答の数は少なかったのだが、その伯でさえも(フォン・オステン氏がその場にいない状態で)ハンスから全部で40回ほど正答を得ていて、そのなかには、一瞬、彼自身が思い違いをしていたにもかかわらず正答が出たものもあったそうだ。同じような話が他の数人の委員からも報告された。彼らは今回の調査以前に何回となく、フォン・オステン、シリングスの両氏が共にちょっとその場を離れた間に、ハンスが周りにいる人々からの質問に正しく答えるのを目撃したというのである。また、シュトゥンプフ教授が記したフォン・オステン氏のハンスへの教授法についての詳細な報告書[92]も委員会に提示され参照された。これは教授が、実際にフォン・オステン氏が応答行動をさせながら語ったことを記録したものだ。こういった諸々の検証結果や事実に基づいて検討した結果、委員会はこの事例についてその確信するところを表明する義務があると考えるに至ったわけである。けれども、鑑定書ではハンスの応答行動についての否定的な側面つまりトリックは決して使われてはいないという見解だけを表明するにとどめ、それらの行動が何に基づいて起こるのかについては、一切言葉を謹むことにした。なぜならば、そこにはもっと綿密に調査しなければわからないような多くの要因が絡み合って働いている可能性があるように思えたからである。

補遺Ⅳ——「十二月鑑定書」（1904年12月9日付）

過去数週間にわたって、私はE・フォン・ホルンボステル博士、そして哲学・医学博士候補生のO・プフングスト氏と共に、『りこうなハンス』の応答行動の謎を実験によって解明しようと試みた。われわれは飼い主も馬丁も不在の状態でもハンスを自由に使うことができた。結果は次の通りである。

実験の場にいる人全員が〔ハンスに〕提示される問題の答えを知らない場合には、例えば書いてある数字を読ませたり対象の数を数えさせたりしたいときに居合わせた人たち、殊に質問者に見えないようにすると、ハンスは期待される通りのことをしない〔つまり叩き始めはするものの、その打数は正しくない〕。要するに、ハンスは数を数えることも、読むことも、計算することもできないのだ。

また、ハンスに充分な大きさの一対の目隠し革を装着して、問題の答えを知っている人たち殊に質問者を見ることができないようにしておくと、期待通りのことをしない〔つまり叩き始めようとさえもしない〕。要するに視覚的な扶助が必要なのである。

しかし、その視覚的扶助は意図的に与える必要がない——これこそがこの事例のなによりの特徴であり、人々の興味をかき立ててしまった原因である。その証拠に、ハンスはフォン・オステン氏がいなくても、かなり多くの人に正しい答えを返しており、殊にシリングス氏そして後にはプフングスト氏もしばらく試すうちに必ずといっていいほど正しい答えが得られるようになっているのである。しかも合図が発見された後でも両者共、決して合図を送ろうなどと意識していなくても正しい答えが得られているのだ。

これらの事実は、私の見る限り、この事例を次のように解釈しなければ説明がつかない。例えば算数の問題の場合なら、ハンスは長期間にわたって仕込まれていくにつれて、自分が叩いている間に教師が自らの思考に伴って無意識のうちにその身体の姿勢をごく微かに変化させるのに注意を凝らすことを学習し、その変化を終わりの合図として利用することを習得したに違いない、と。ハンスの注意をこれら〔教師の身体の変化〕の方へ辛抱強く向けさせたその動因は、正しく答えたときだけ必ず与えられるニンジンやパンといった褒美である。なぜウマが、教師の期待とは程遠く、そして誰も予期だにしていないかった、この種の自律的な活動をするようになったのか。また、なぜ極めて微細な動きをかくも確実に知覚できるのか。これらの点は依然として謎のままである。

このように、質問者の無意識のあれこれの動きが、ハンスのいろいろな反応を引き起こしているのだが、殊にフォン・オステン氏が算数の問題をさせているときの「終わりの合図となる動き」は非常に微細だ。それは、これまで〔他の事例を観察して〕幾度となく、それが意識的なものであれ無意識的なものであれ合図を見抜いたことのある人たちでさえ捉えることができなかったのも致し方ないと思えるほどである。ところが、プフングスト氏はフォン・オステン氏を直接、観察するうちにその動きのみならず、このウマの他の、あれこれの応答行動のもとになっている動きをも見つけ出すことができたのだ。これまで彼は瞬間的に生ずる視覚印象について種々の実験を実験室で行っていたので、そういった微細な動きに対する観察力が研ぎ澄まされ鋭敏になっていたのである。さらに彼はそれらの、氏を含めた質問者の動きがどういう性質のものかも突き止め、ついには、これまでは彼自身も無意識のうちに、つまり無意図的に発していた動きを意図的な動きに変えて、それによってウマを操作できるようになった。今や彼は、それがハンスの、どの表出形式の行動〔つまりどの種の応答行動〕であろうと、それに対応する動きをするだけで、質問も命令も一切与えなくても、随意に引き出すこともできるのだ。それどころか意図的に動こうとしなくても、例えば叩かせたい数にできるだけ注意を集中するだけで、ひとりでにその不可欠な動きが生じるのである。こういった観察や実験の結果は不随意運動の研究に大きく貢献するものと思われるが、その詳細は彼が程なく上梓する予定の本の中で、われわれの実験の経過や、ハンスの諸応答行動のメカニズム等と共に記されるはずである。その本が出版されるまでは、いかにも確かな論拠ありげなハンス自身が思考しているとする説を完全に覆すというわけにいくまいが、この鑑定書によってだけでも、そういう問題ではないことが多少なりと理解されるよう願っている。

けれども多分、ハンスに思考力があると信じて疑わない人々は、われわれが実験する前は〔ハンスは〕

自分で考えていたのに、われわれが実験したがために人間の動きに反応するように訓練されてしまい、思考力が損なわれてしまったのだと主張するだろう。だが、そのような見方は否定されるほかない。というのは、ハンスが大観衆を前にしてフォン・オステン氏の出す小数の計算問題や日付を当てるといった暦の問題等々に返答するその鮮やかさ〔つまり正答率の高さや素早さ〕が今も以前とまったく変わっていないからである。そのことを私は氏の中庭へ入ることを断られているので、信頼のおける人に確かめてもらったのだ。たとえ氏の質問に同じ鮮やかさで答えているとしても、それは以前とはまったく違う方法によって得られるものでしかないというのは言いがかりに過ぎまい。

ところが反対に、どの応答行動でも意図的に合図を送ることによって正しい答えを導き出せ、しかも多少変化させたことまでできることが明らかになったがために新たに、初めからフォン・オステン氏はハンスをそうした合図に反応するように訓練したのではないかと疑い出す人も多いかもしれない。だが、もし事例が成立するまでの過程を〔訓練ではない〕他の方法によるということで充分に説明がつくのであれば、これまでその経歴に傷ひとつない老人を、手の込んだ嘘を捏造したなどと咎める権利など誰にもありはしない。この事例はまさにそういった例で、ハンスの思考力によるという説でも、トリックが使われているという説でもない、第3の説が成り立つのである。

さて、われわれの調査結果は、不随意運動についての研究への貢献以外には、何を科学にもたらし、何を現今の一般的な世界観にもたらすことになろうか？――この調査結果はわれわれの動物の心に関する見解について、多くの人が望みあるいは恐れたような方向に一変させるようなものではない。むしろ反対の方向へ導くものといえよう。たとえフォン・オステン氏がしたように日々、比類ない忍耐力をもって、あのように非常に巧みに4年間にもわたって指導し鍛えても概念思考の片鱗すら生じないのであれば、動物に概念思考をもたらすことはできないという古代哲学から連綿として受け継がれている見解通りと考えるほかあるまい。そのことが動物界のうち少なくとも有蹄動物程度の発展段階までのものについては正しいことが、壮大な実験によって裏づけられたというわけである。その意味で、フォン・オステン氏の努力は、とんでもない自己欺瞞のもとになされたとはいえ、科学にとって無意味なことではない。それに、もう一度、イヌやサルに概念思考力をもたらす実験をしてみようという人にとっては、われわれが今回知り得た、人間の内面の動きによって生じる無意図的な合図を事前に考慮に入れることによって、これまで誰も気がつかなかった障害のその一つを避けることができるのである。

それにしても、多の人々が9月11、12日に参集した委員会の主張について誤解しているようなので、あらためて述べておきたい。この委員会もこのウマに知的能力があるなどと認めてはいない。そもそも「九月鑑定書(補遺II)」の中にそのような文言は一言たりとも記されてはいないのである。委員会はトリックが使われているか否かだけに焦点をしぼって調査し、その結果、意図的な合図という見方を退け、純科学的な立場からの実証的な調査がなされて当然だと表明しただけなのだ。それに、シリングス氏にしても、彼はしばらくの間、彼独自の観察結果に基づいてハンスには概念思考力があると確信してはいたものの、今では〔この「十二月鑑定書」のもとになった〕われわれの実証的調査に基づく説明を率直に受け入れているのである。本鑑定書が公表されたなら、また様々な異論や反論が新聞雑誌等を賑わせることだろう。そのような論争に私はあえて関わるつもりはないが、もし、われわれと見解を異にする人々が単なる当て推量に基づいて主張するのでないならば、耳を傾けようし、納得がいけばその説の擁護者にだってなろう。ともあれ他説を批判し反論しようというなら、厳密な手法に則って体系的な実験を行い、かつその実験結果をその都度、その場で詳細に記録して、それらをもとに主張する労を惜しんではならないのである。どのような条件下でなされた実験の結果なのか、詳細な記録を提示することもせず、記憶だけを頼りになされる言説などで証明できることは何一つありはしないのだ。

1904年12月9日　ベルリンにて

カール・シュトゥンプフ教授・博士

◉註釈

序文

（i）　1904年9月22日付の『フランクフルター・ツァイトゥンク』紙にはこう書かれている。「（無意識のうちにウマに扶助が与えられているのかという）質問に対して、シュトゥンプフ教授は実に明解に次のように答えた。『9月12日付の鑑定書の中で、われわれは非常に慎重に、調教師たちが訓練（調教）の際に意識的に用いるような扶助は決して用いられてはいないと説明し、けれども無意識のうちにしてしまう扶助については、これまでに知られているような類のものしか否定はできないと述べているのである。われわれの任務は、意図的に扶助を与えるトリックでないことや、従来から知られている類の扶助はそれが無意図的なものであれ何一つ与えられていないことの確認をもって完了したのである』」。そして記者は（人間が）無意識のうちに動物を習慣づけしてしまうことや動物の自己訓練について言及した末に、こう結論づけている。「フォン・オステン氏のウマは、飼い主から実に回りくどい、人間の理性を発達させるのには適合した方法によって蹄で地面を掻いて〔訳註：本文や補遺編の「足で叩く」と同じことを意味している〕正しい答えを示すように教育されたのだ。したがって氏は善意だった〔つまり人々を欺きペテンにかけるつもりなど微塵もなかった〕のである。しかし、このウマが前記の面倒な手続を通して実際に習得したのは、理性に基づくようなこととはまったく異質な、ウマ生来の能力いうなればウマの理性により見合ったことなのである。つまり、このウマは、われわれのみならずその教師であるフォン・オステン氏でさえも今もって見つけ出せないでいるのだからおそらくかなり微細な、ウマの何らかの感覚に働きかける扶助によって、人間が自分にいつ蹄を掻き始め、またどの瞬間に掻きやめることを望んでいるか知ることを習得させられたのだ。」

（ii）「〈読心術師〉がその眼前で起きている、登壇してきた人の無意識のうちにする動きを、いかに微細で何気ないものであろうと〔手で触れるなり目で観察するなりして〕察知しそれによって〔心を読むかのような〕業をしていることから、それが〔ヒトであれウマであれ〕反応する側 Reagent が鋭敏なら、どんな動きでも合図として利用できることがわかろう。しかしハンスの場合は、読心術師とは違って〔質問者の〕身体のどこにも触れる必要がないのだから、質問者からの視覚的または聴覚的な告知情報が関わっているに違いない。とはいえまだ、その証拠は見つかってはいない」。これは『ターク』紙に記載された私の談話だが、ここから一体どう解釈したら、ほとんど感知できないほど微細な視覚的合図の存在を私が完全に否定したなどと結論づけられるのだろうか。論理に則って文章を読み下せないような人ならいざしらず、人並みあるいはそれ以上の理性の持ち主たちがそのように解釈するとはなんとも解せないことだ。私はただ**ハンス事例ではこれまでのところまだ、微細な視覚的または聴覚的な告知情報の存在は立証されてはいない**というその時点での事実を述べたまでである。

第1章

（1） 本書は一般向けに書かれたものなので、参考までに概説しておく。

（2） 〔訳註〕現在の多くの動物心理学や動物行動学の論文や著作ではほぼ必ず、「動物にも意識"consciousness"があるのか」という問い方がなされ、1911年に上梓された、原著（1907年）の英訳書でもそう訳されている。しかし古代から、少なくとも17世紀にデカルトが「心の座は意識にある」あるいは「内省の対象である意識が心を表す」と唱えるまでは、「動物にも心があるのか」という問い方がなされてきたに違いない。この部分は、その問題を古代からの歴史的な流れの中で考察し説明しようとしているのだから、独原文の"Seele"は第一義通り「心」と訳されるべきだろう。また、註（74）から考えて「意識」であろうはずがないという見方もあろうが、その場合は質問者側の特有の変化の生じる源を特定しない表現にしたというだけのことだ。ちなみに、心は様々な観点からの区分ないしは構成要素が考えられているが、原著では「心」"Seele"を「知性ないしは理性という知的側面と意志的側面そして情的側面を総合したもの」というように捉えていて、そのうちの知的および意志的側面については"Geist""Geistsleben""geistig"（本書では日本語の「精神」の第二義に基づいて「精神」「精神的」と訳す）が用いられている。情的側面については"Gefühl"（感情）が総称する用語として使われているが、それが感覚的感情を意味する場合もあり、より高度な感情を動的ないしは強さを考慮して"Affekt"（情動）と"Gemüt"

"Gemütsbewegung"（いずれも情緒）に分けているようだ。"Affekt" よりも "Gemüt" "Gemütsbewegung" を上位感情と捉えてもいるようである。

（3）〔訳註〕感覚（ドイツ語では "Sinnsempfindung" および "Empfindung"、英語では "sensation"）とは、外界あるいは自己内部に生ずる刺激つまり情報が感覚器 "sense organ" によって受容され、それによって生ずる興奮が比較的抹消的にのみ処理されたもので、想像などの心的経験つまり複雑な中枢処理によって加工される前の段階の（主観的）経験像、さらにその過程ないしは機能や構造なども意味する。感覚器つまり感覚受容器は目や耳といった一般に五官と呼ばれるものだけではなく、筋肉や腱そして各種内蔵器等にも備わっている。それらの刺激受容器の種類によって、感覚は視覚、聴覚、嗅覚、味覚、皮膚感覚（触覚、圧覚、痛感、温感、冷感）のいわゆる五感と運動感覚（受容器は筋肉や腱）、平衡感覚（内耳の前庭器官の有毛繊維）、内蔵感覚（各内臓器）の8種類に分類される。このように感覚の種類を問題にするときは、日本語では同じ「感覚」でもドイツ語では "Sinn"、英語では "sense" が使われる。

（4）〔訳註〕感覚の記憶像（ドイツ語では "Gedachtnisbild von Empfindung"、英語では "memory image of sensation"）とは、以前に生じた感覚とそれに伴う感情のうち、瞬時に消えるのではなく（記憶作用によって）短期的ないしは長期的に保持されるようになった主観的な像であり、他の心的経験つまり中枢加工のなされていないものを意味しているようだ。記憶は当然、心的作用であるから記憶像も心に生じた像であるが、特に心の中の像つまり心的イメージであることを示すために記憶心像ということもある。

（5）観念（ドイツ語では "Vorstellung"、英語では "idea"）とは、以前に生じた感覚や感情さらに他の心的経験の残留像であり、そこには〔本質的な特徴のほかに〕偶然に捉えられた様々な特徴も含まれている。よって観念は、直観的・具体的である（例えば「飼葉桶のところに立っている長い尾をした毛並みのよいオスの黒ウマ」といったように、特定の状況下にいる特定のウマについての記憶なのだ）。一方、概念（ドイツ語では "Begriff"、英語では "concept"）とは、観念から非本質的な特徴を捨象し、本質的な特徴のみを抽出・抽象してまとめた心的形成物である。それゆえ、概念は直観的・具体的ではない。例えば、何ら特定しない「ウマ」は概念であるが、雄ウマや黒ウマは概念ではない〔蛇足ながら、人は「ウマ」と口では言えても、黒くも茶色くもないウマを思い浮かべることはできない。だから本書の実験でも、それが著者自身であれ他の人であれ、質問者役は「観念」を抱くあるいは喚起するのであって、決して「概念」の喚起を自己に課したり他に依頼したりしてはいないのである〕。

（6）〔訳註〕感覚的単独観念（ドイツ語では"sinnlich Einzlvorstellungen"、英語では"individual sensations and sensation-images"）とは、ある個物についての感覚とそれに随伴する感情が主体で、他の心的経験つまり想像などによって感覚内容を加工したものはほとんど含まれない記憶像のことであろう。

（7）この章で挙げる例はすべて、ハンスを使って試したり観察したりした様々な人たちがすでに新聞・雑誌等で報告しているものからの引用である。

（8）〔訳註〕原語は"Tafel"。辞書には「板、黒板、石板、（小さな）板状のもの」と書かれている。当時ドイツの小学校等では、いわゆるノートの代わりに「石板」が用いられていたという。ところが、第2章の実験では初めから"Karton"「厚紙、ボール紙」、さらには"Papptafel"（実はこういう単語はどの辞書にも出ていないが、前後の単語から推測すると少なくとも「紙製の板」を意味するようだ。おそらく両者は色はともかく同じような紙製の厚い板つまり厚紙ないしはカードのことだろう）が出てくる。しかし、補遺Iの「教授器材」のところには、この場合のようにして使われたらしい"Tafel"については言及されていない（そこには、同じ"Tafel"でも、1つは口絵写真にはっきりと写っている、文字と番号が書かれている大きな「黒板」としか見えないものと、もう1つは写真には写っていない、幾枚かの数字が1つずつ貼りつけられたそれがあると書かれているだけだ。後者は「木の板」あるいは「石板」と考えてもおかしくはない）。こういった実験の場合、必要以上に条件を変更するとは思えないし、1本の紐にそれを5枚も6枚もぶら下げる場合があることを考慮すると石や木の板でできたものとは思えないので、「厚紙」と訳しておく。ただし、フォン・オステン氏やシリングス氏たちが随時、「3＋2」とか「5、3、8」といった問題を書き込んで、それを手で掲げて示すときには石板が使われた可能性も否定しきれない。

（9）〔訳註〕ドイツ・アルファベットは英語等で使われるラテン文字とは異なるが、読者に理解していただきよいように本書ではすべてラテン文字で、それも飼い主が小文字しか教えなかったと言っているので小文字の活字体で例示する。

(10) 実はここには"vorgeblasen"「あらかじめ吹かれた」としか書かれていない。第2章や補遺Iの教授器材の部分を読むと、その楽器が"Kinderharmonika"「子供用のハルモニカ」であることがわかる。"Harmonika"とは何か。英訳は「オルガン」。しかし邦訳者には8鍵しかない(子供用ピアノならともかく)子供用オルガンというもの自体、まして、それを大の男が奏するとなると想像だにできない。そんなに幅が狭ければ、安定性を考えたら当然高さも低かろう。いったい、どうやって空気を吹き(取り)込むのだろうか。このようなわずかな数の鍵からなる鍵盤を備え、かつ「吹く、吹きつける」といわれる方法で奏する、しかも誰もが無理なく空気を取り込める楽器としては(子供用)手風琴かアコーディオンしか考えられない。しかし、手持ちや図書館のどの独和辞典や音楽関係書そしてドイツ留学経験のある音楽家にあたっても、アコーディオンとは書かれていなかったし、そういう答えは返ってこなかった。けれども、1822年にドイツでアコーディオンの原型となるものが誕生し、以来、改良が重ねられ、当時、西欧でかなり流行したということが判明したので「子供用のアコーディオン」に一応決めたところ、なんと2、3の新しい独和辞典には「アコーディオン」という訳も出ている。

(11) 本書で引用する論文・文献等については、後掲の参考文献一覧を参照されたい。

第2章

(12) 〔訳註〕質問者が答えを知っているか否かがポイントとなる、いわゆるブラインド・テストつまり盲検法であろう。他の部分での3ヵ所の記述から推測すると、この実験法そのものは決してプフングストが考案したのではなく、人間を被験者としてのそれはすでによく使われていたようだ。この実験法は「(ハンスに質問する)実験者が答えを知らない」テスト群と「知っている」テスト群(両テストは1回ごとに交互に行われる)からなっているが、原著では、当実験の主体が「知らない」テスト群であるためか、それらのテストと実験方法の呼称とが区別されずに同じ"unwissentlich Versuche"で表されている。理解しやすいように両者を区別して訳した(辞書には"Versuch"について「試験、テスト」いずれの訳も記載されている)。この、問題のウマを使っての(いうなれば現場実験での)「知らない試験法」による実験は、テントの使用によって適時に外部から合図となる可能性のある諸々の刺激を送れない、つまりトリックが成立し得るような刺激を遮断したうえでなされている。すなわち、まぎれもなく「二重盲検法」"double blind test"が施行されているのである。なお、他の実験方法によるテストの際も、本質が明確になるまでは、テントによる外部からの適時の刺激の遮断は重要である。

(13) 以下の、第2章の実験では常に、実験者と質問者を同じ意味で用いている。〔訳註〕実験者には、実験を企画し、実験の目的に通じていてテスト状況を観察し、それらの結果を総括するだけで実際のテストには参加しない研究者と、実験のテストに直接、参加する人ないしは研究者との2通りある。著者プフングストは両方を兼ねていて、フォン・オステン氏をはじめ他の質問者は後者の意味での実験者である。つまり、氏がこれまで通りのやり方でハンスに応答させるのであれ、テントの中でのそれは実験であり、氏は実験者である。もちろん、フォン・オステン氏がテントの外でこれまで通りのやり方でハンスに応答させるのは実験ではないし、氏は実験者ではない。テントの外で、これまで氏が行ってきた通りの方法で、氏以外の人が、氏が居合わせないという条件下で試すことも不充分な条件下ながら実験である。シュトゥンプフ教授は、ことシリングス氏の場合については実験とは見なしていないようである。ちなみに、原著では調査とは、眼前で起こっている現象をあるがままの条件下で、ひたすら注意深く見聞きするいわゆる観察と、何か特別の工夫をこらした条件下でテストする実験とからなっているもののようだ。ただし、実験の結果を見ることも観察"Beobachtung"であり、その観察結果の事実は"Beobachtung (en)"(en 複数)と表現されている。

(14) 〔訳註〕口絵を見ると、文字一覧表が記された黒板の手前に、比較的小さな黒板あるいは石板とおぼしきものに字が書かれているから、そのような黒っぽい地の上に白墨で字を書いて練習させたこともあるのだろうから、かような設定なら字が読めるということをはなから否定はできないので、黒い厚紙を使用したのではないだろうか。

(15) 〔訳註〕原語は"Anregung"。これは"anregen"「活気を与える、活発にする、興奮させる」という動詞からの派生名詞で、辞書には「賦活化、興奮、刺激」といった訳が書かれている。一般に「刺激」と訳される"Reiz"が「人や動物といった生活体にある感覚器を通して受容され、行動の基礎となる情報を形成する外界の事物またはエネルギー」であるのに対して、この"Anregung"は、本来は「生活体の内部に起こる興奮によって生ずる事物またはエネルギー」を意味するようだ。つまり、質問者の"Anregung"に基づいて生ずる何かが、ハンスにとっては"Reiz"だということだろう。ちなみに原文では、"Anregung"に「質問者の」という制限は付されてはいないが、これまで行った諸々の「知らない試験」によって質問者当人が答えを知っているか否かがハンスの正答率を左右するといえることが明確になっているから、この実験時の興奮する主体は、テントの中に居合わせる他の調査関係者（記録係のホルンボステル博士、ときにはシュトゥンプフ教授もいる）ではなく、実験者すなわち質問者と見なしていい。なお、同じ"Anregung"が第5章で1ヵ所「質問者が調子に乗る、つまり精神物理学的な慣性を克服するための興奮によるエネルギー」という意味で用いられているが、本質的には同じことだろう。

(16) これまでハンス問題に言及している論文や記事等ではいずれも、著者つまり本文執筆者がここ以降で「合図」"Zeichen"〔英訳では"sign"〕という言葉で表現していることを「扶助」〔馬術専門用語〕"Hilfen"〔英訳では"aids"〕の一部として捉え、そう呼んでいる。だが私は、フォン・ザンデン4と同様に、この2つの言葉を次のように明確に区別して使いたい。まず「扶助」とは、ウマの体に直接的に（すなわち接触によって）、しかもウマの生理的な運動メカニズムに則って与えられる作用だけを意味し、ウマが人間の要求通りに動けるように、文字通りウマを「扶助」するのである。他方、「合図」は、ウマの身体に必ずしも直接的に与えられるのではなく（直接的な場合も間接的な場合もある）、しかもウマの身体の構造や生理に配慮することなく選び出されて与えられる作用であり、その作用と結果的にウマがするようになった行動との間には、（ウマの）生理的な関連性はまったくなく、調教師によって恣意的に結びつけられているだけである。したがって私が定義した意味での「扶助」とは、騎手が手綱を比較的強く引いたり（手綱扶助 Zügelhilfen）、その大腿部で締めつけたり（大腿扶助 Schenkelhilfen）、騎座位置を変えたり（臀部扶助 Gesäßhilfen）、さらに騎座体重を転移させたりする（体重扶助 Gewichtshilfen）ことや、馬車の御者が手綱を比較的強く引くこと（手綱扶助）である。しかし、手綱をほんの微かに引くこと（手綱牽引 Zügelanzug）は「扶助」ではなく「合図」である。ムチの使用は、それが婦人用に〔横座りして騎乗するように調教された〕馬に乗ったり調馬索で調教したりするときのように、拍車をあてたり大腿部で締めつけたりする代わりに使われる場合だけは「扶助」だが、そうでなければ「合図」だ。調教師がただ頭や手を動かすだけなら、それらは「合図」にほかならず、また掛け声もすべて「合図」である。

（17）〔訳註〕本書では、身体という言葉を「目鼻といった顔貌部分を有する頭部と、四肢を含む胴体とからなる肉体」という意味で用いている。

（18）〔訳註〕本書で「合図」と訳しているドイツ語 "Zeichen"（註（16）参照）および英語の "sign" には、もともと第一義として、この事例に則していえば、質問者の心の動きに従って不随意に（より一般的な表現を使えば、「無意図的に」、「知らず知らずのうちに」、質問者の）頭がピクッと動いたり、頭と胴体が前傾したり左や右に向いてしまったり、さらには瞳の位置が変化したりするといった徴候・標識という意味がある。それに対して「信号」（原語は "Signal"）は、第一義的に、人がある特定のメッセージを込めて随意的に（つまり意図的に）様々に動いたり、あるいは音を発したりすることを意味している。この本文でも、質問者から「これで自分が期待する数まできたから終わりにせよ」といったメッセージを伝えようとするものという意味で使われているようだ。

（19）〔訳注〕原文 "diese Bewegungen des Fragestellers" 通りの訳。これは決して「質問者の、一連の動き」ではない。すぐ後に記されている、第1および第2の要件に関する検証部分で、シリングス氏の動き（これとて2㎜以下のことだが）以外はフォン・オステン氏やプフングストを含めて誰の動きも「微細だ」としきりに述べられているのだが、前記のフォン・オステン氏を観察して見つけた氏（実験者）の行動の描写部分で「微細」とされている動きは、「実験者の頭の、ピクッとする上方への動き」だけなのである。「動き」が複数になっているのは、質問者役を務めているところを幾度、観察しても必ずといえるほど頻繁に現れるからだ。合図といえるためには繰り返し現れることが必須条件なのである。この項の初めに書かれた「真に有効な〔つまりキーポイントとなる〕合図」（"eigentlich wirksamen Zeichen"。直訳通りの「真に有効な」では真意が伝わらないと思うので「キーポイントとなる」と付記し、以降、すべてそう訳すことにした）も、この動き、つまり「ハンスに叩くのを中断させ、右足を元に戻させてしまう」動きだけをさしている。ここは本書で最も重要な点なので、詳しく述べておきたい。実験者フォン・オステン氏が「前傾した」のは「頭と上体」であり、それは"wenig"「わずかに」と形容されている(後記の、身体の前傾角度と叩く速度との関係に言及している部分で、大きな数のときは深く前傾すると書かれており、測定実験もかなり大きな角度でもなされている。第6章で初めて、これも「合図」だと明記され「大きい合図」とされている。〈答え〉を示す器官である足を思わず見ようとしてする前傾の動きは人によってはかなり大きいこともあり得ようし、氏自身も大きいから気づいていたと書かれている)。また「頭と上体を正常な高さまで上げた」のは「かなり大きな動き」だと記されている。そして第2の要件の部分で、マトシュカ伯とシリングス氏が叩く動きに拍子を合わせているという部分では、明確に「ピクッとするように上へ上げること」"rückartigen Erhebung"と書かれている。さらに第3の要件についての検証実験の本文および原註でも「頭がピクッとすること」"Kopfrück"と記されている。実は少し後ろの「(4) 合図の随意な操作による決定的な確認」の部分で分析されるまでは、キーポイントとなる動きは「上方へ」の動き、つまり垂直的な上への動きと水平方向への動きの合成された動きという曖昧な捉え方がなされているのだが、そこに至って、有効なのは「垂直的な上への動き」であることが明確になるのである。端的にいえば、この章だけではなく以下の章において著者が問題にしているのは、ほとんど「叩く応答行動」であり、しかも、この「質問者の頭のピクッとする上への動き」なのである。それについての確認・立証こそが原著の眼目で、「前傾する」ことや「頭と上体を正常な高さまで上げる」ことの役割についてはあまり重視していないのだ。

(20)〔訳註〕原文は"willkurliche Zeichengebung"、直訳すると「自らの意志による、あるいは随意な合図の付与・送信」。序文や補遺編の筆者であるシュトゥンプフ教授が終始、unabsichtliche(あるいはabsichtliche) Zeichen"つまり「無意図的な(あるいは意図的な)合図」を使っているのに対して、本文の執筆者であるプフングストは、質問する人からの合図に直接、関係することについては必ず"unwillkurliche"あるいは"willkurliche"を用いている。すなわち"unwillkurliche Zeichen"「不随意な合図」および"willkurliche Zeichen"「随意な合図」としている。それは多分、「そのつもりもなく(知らず知らずのうちに)してしまう」動きによる合図が、結局は不随意運動・無意志運動"unwillkurliche Bewegung"によるという認識に基づいてのことだろう(ただし、質問者の不随意運動も随意運動"willkurliche Bewegung"も随意筋の運動であろう。不随意運動すなわち不随意筋の運動ではないのである)。しかしそれだけではなく、註(74)に書かれているように、著者は彼自身の内観の結果から「実験者の頭の、ピクッとする上への動き」等の合図となる動きないしは姿勢等は「無意識」ではなく「意識内」で生じているのだと感じているのだけれども、原著に記した研究だけでは断定できないので、予断を与えてはいけないと考え、意識内で起こることを意味しているように受け取られかねない「無意図的」"unabsichtlich"という表現を避けたのだろうと訳者は推測している。したがって"willkurliche"は「意図的な(意図的に)、故意に」と訳していいと思うが、できる限り「随意に、随意的に」とした(英訳でもこれらに相当する"voluntarily"や"involuntarily"が使われている)。もちろん、これらの合図となる不随意運動に直接関係しないことについては"absichtlich" "unabsichtlich"が用いられている。ハンス事例のこの調査報告書から広く知られるようになった「ハンス効果」ひいては「実験者効果」(「訳者のことば」参照)や、さらにその問題から派生した、現代心理学の重要なテーマである「非言語コミュニケーション」について述べている研究書や辞典等では、訳者が見た限りではどれも「無意図的な合図」あるいは「無意識の合図」という表現が用いられているが、少なくとも原著を翻訳したりそこから引用するにあたっては、この研究の主眼となった動き・運動ひいては姿勢等の合図について「無意識な(に)」"unbewußt"という表現を使うことは許されないと思う。

(21) フォン・オステン氏はハンスに質問するとき大抵、フエルトで作られた柔らかい感じの、広いつばの付いたいわゆるソフト帽(中折れ帽)を被っている。当然、帽子のつばは頭と共に動き、つばの縁の動きは頭自体のそれより拡大されたものとなる(その拡大度は約3対2〔つまり1・5倍〕であろう。この値は後に、私が図像法によって〔他の人々の動きの大きさを測定したその値と、氏の動きについての私の目測値とを比較勘案して〕算定したのである)。しかし氏の頭の動きは帽子を被っていなくても、しかも1・5m位離れたところからでも見て取れた。また、〔カーテンを引くかのようにして何かで〕頭を額のあたりまで隠しても、眉を見ていれば、必ずこの頭の動きが起こったことがわかる。シリングス氏を含め他の者は、質問するとき何も被らないか、被ったとしても小さな縁なし帽である。〔訳註〕質問者の動きの大きさを図像法によって測定ないしは観測する実験は「十二月鑑定書」の公表後になされた。そのときにはすでに、この鑑定書の結果に怒った氏から絶縁状が突きつけられていたので、氏の動きの大きさを図像法によって測定することはできなかったのだ。

(22) このような、ある動きの起きた刻限をその動きに対する人間の反応によって測定する反応試験に詳しい人のために付記しておく。質問者の頭のピクッと上がる動きに対して測定者が反応するには、その動きが非常に微細なので、感覚を極度に研ぎすませていなければならなかった。充分に感覚が鋭敏なときには、遅過ぎはもちろん、早まって反応してしまうことも決してなかった。ウマの右足を戻す動きに反応してストップウォッチの竜頭を押すのも、ハンスの叩く音（静かで、ほとんど聞こえない）に基づいてではなく、質問者の頭の動きの場合と同様、視覚にのみ基づく反応つまり視覚反応によってなされた。ストップウォッチは前もって、両方とも念入りに点検し調整しておいた。しかも測定に際しては、2個のストップウォッチの竜頭の機能による定常的な誤差を排除するために、1度目の測定テストと2度目のテストではストップウォッチを交換して、つまり1回目のテストでウマの測定者が使ったストップウォッチを、2回目のテストでは質問者の測定者が用いるというようにした。また、2人の測定者が測定した時間には当然、各人に固有の反応時間が含まれているはずなので、それによって生ずる定常的な誤差を排除するために、ウマの動きを測定したら、次はその人は質問者の動きを測定するというように役割を交替するようにした。正確を期するために、その後、〔第4章で述べる〕実験室実験の際に、測定者すべて（ホルンボステル、プフングスト、シューマン、シュトゥンプフ）の反応時間を、ストップウォッチ同様入念に調整したヒップ式クロノスコープ（時間微測計）を用いて測定した。詳しく言うと、このクロノスコープの着いた特殊な装置を使って、4人の測定者一人一人について、実際に質問者の頭にピクッとする動きが起こってから、それに〔測定者が〕反応して竜頭を押すまでの時間と、実際にハンス役〔第4章では人間がハンス役となって実験が行われている〕が右足を戻す動きを模した動きをしてから、それに反応して竜頭を押すまでの時間を測定したのである。個々の測定者の、ピクッとする質問者の頭の動きへの反応時間と、ハンス役の右足を戻す動きを模した動きへの反応時間を比較し、さらに4人の、質問者の頭の動きへの反応時間同士を比較し、さらにハンス役の右足を戻す動きを模した動きへの反応時間同士を比べてみた。それらの差は最大でも0・1（＝1／10）秒を超えはしなかった。だから、ウマの右足を戻す動きについての測定値はいかなる補正も必要としない。

(23)〔訳註〕同じ測定実験の結果のうち、2つ目の表から「正」すなわち質問者の動きが先と出たテストの結果だけ（つまりは質問者がフォン・オステン氏で、測定者がホルンボステルとシュトゥンプフの場合のそれぞれの実験Ⅰの結果だけを除外した残り全部）を取り出して両表の数値から計算してみると、「正」と出た、すなわち正確に測定できたと思われるテスト回数はほぼ127回となる（全体の測定回数は196回）。

(24) これに相当する人間の反応時間については、139頁を参照されたい。動物の反応時間を測定した例は、これまでのところアメリカのE・W・ウエイヤー5が複数の犬を使って行った1例だけである。しかしよく検討してみると、予想通り、その測定はとても満足できるようなものではない。

(25)〔訳註〕神経細胞は核を含む細胞体とそれから出ている突起（樹状突起と軸索）からなっている。これが神経の働きのうえで1単位を構成するという意味からニューロンと呼ぶことがある。ニューロンが伝える感覚の信号や運動の命令をインパルス（神経衝撃）という。現在では1つのニューロン内での情報の伝達は電線などを伝わるパルス信号に似た電気的現象によって、次のニューロンへの伝達点であるシナプスでの伝達は化学物質によってなされること（1948年）がわかっている。けれども、この原著が上梓された1907年当時は、その約40年前にデュ・ボア・レモンによって神経や筋肉の電流現象が突き止められ検出されていただけだから、ここのインパルスは神経の電気的現象という意味で使われているのであろう。

(26)〔訳註〕原文ではここでの「1／4から1／2mまで」といったように大抵、分数でしかもメートル単位で書かれているが、一般の日本人には馴染まないと思うので、できる限り少数に変換し、mと㎝を併用して記す。

(27)〔訳註〕質問者の頭の頂点とハンスの右目の角膜の頂点とを結ぶ想像上の線のその延長上を順々に後退さったということだろう。ただし質問者によって習慣的に立つ位置が違うから、ハンスの角膜の頂点に接する想像上の線あるいはハンスの身体の正中面との角度は質問者ごとに異なるはずだ。

(28) ただし、シリングス氏は当時すでに幾度となく「質問者は答えを知らないのに、他のその場に居合わせた人は答えを知っている」状態で、そのときまで質問したことのない人の協力を得てテストし、そういった未経験の、質問者でない人でも影響を及ぼすことができるという結果を得ている。それらの場合の実験条件は次の通りだった。場所は馬小屋で、シリングス氏は未経験の協力者1人と共にハンスの横に立つ。大抵は第三者は居合わせてはいない。そしてシリングス氏自身はできる限り「部外者」の状態、つまり受け身の気持ちでいるようにして、協力者に1から20までの毎回、異なった数を次々と念じてもらう。念じている数が何なのかは、協力者しか知らない。そういう状態でシリングス氏がハンスに協力者の思っている数だけ叩けと命令した。すると、協力者が驚愕したばかりかシリングス氏さえ少なからず驚いたことに、ハンスは大半のテストで正しく答えたのである。例を3つ挙げておこう。1つは船医ザンダー氏が手紙で知らせてきたもので、彼が協力者として試したとき4回のテストのうち3回で正答が出たという。また別の科学的教養のある2人に協力してもらった場合も同程度に正答が出ている。3例目は第3章の初めの部分(97頁参照)で述べるように、私自身がまったく初めてハンスを見に行き、その場でシリングス氏に誘われて試したときに経験したこと。それまで、私は質問したことがないどころか、フォン・オステン氏が質問して答えさせているところとて見たこともないのに、私が思った通りの数が幾度も返ってきたのである。いずれの場合も同じメカニズムによって正答が出たのだ。シリングス氏がハンスが叩くのを見ようとして思わず身体を前傾させるからハンスは叩き始め、協力者のほうはハンスが叩いているうちに自分の期待した数に達したと思った瞬間に、これまた当人自身が少しも気づかぬうちに微かに頭を上げてしまう。するとハンスはそれを見て叩くのを中断してしまうのである。ところが、後に私が同じような実験をハーン教諭と行ってみたときは、これまで教諭は幾度となくハンスに質問してますますの割合で正答を得ていたのに、その影響が及ぶことはほとんどなかった。当時すでに私は謎を解明していたが、教諭にはその正体を明かさずに試した。まず、ハーン教諭にハンスの前に立って次々と異なった数を念じてもらい、私が「「ハーン教諭はいくつを思っているか?」と」質問する、つまり叩き始めさせることにしたのだ。12回のテストのうち正答が出たのは2回だけで、残り10回はハーン教諭が思っていた数より多かったのである。例えば

2が正答のところを21と叩いた。明らかにハンスは私の「終わりの徴候・合図」となる動きを待っていたのだ。次に役割を交代して、私がハンスに数を「課する」ことにし、教諭が〔「プフングストさんはいくつを思っているか？」〕と質問した。ハンスは一度たりとも答え始めようとさえしなかった。教諭が1人だけで質問したときには、まずまずの正答率で答えているのにである。それは、そのときすでに私がハンスに応答させている時間が他の誰よりも、それこそシリングス氏よりも長くなっていたので、ハンスに対して大きな影響力を持つようになっており、私が傍らにいると他の人には（フォン・オステン氏とても必ずしも例外とはいえない）注意を向けなくなっていたのである。この影響力を「ラポール」"Rapport"（信頼感）と呼びたがる人も多いだろうが、私はそれが催眠現象に関連のある言葉だから避けたい。事例の原因が催眠でないのは明らかなのに、そのような曖昧な名前をつけて、その原因までも曖昧なもののように解されたくないのである。

(29) 〔訳註〕一般には「7掛ける7はいくつか？」と訳されよう。だが、補遺Ⅰの算数の教授法によれば、フォン・オステン氏は特に「倍」ということに注意を払っているから、氏自身も「7の7倍はいくつか？」という質問の仕方をしているはずだし、また他の人にもそれを強要していたはずなので、このように訳しておく。

(30) 〔訳註〕原語は"der Fragende"つまり質問を言うなり思うなりしている最中の人。第3章の「著者の内観」を読むとわかるように、この場合の合図は質問を言うなり思うなりしている最中に発してしまうのである。この少し前で、この場合の合図の発見に著者の内観も役に立ったと記しているから、その内観結果を踏まえて特に、質問する人を総称的に意味するときや質問する行為自体は合図に直接係わっていないときに用いられる"der Fragesteller"ではなく、この単語を使っているのであろう。したがって、著者は次の〔　〕内のような思いを込めているものと思われる。この種の応答行動について述べている部分では繰り返し用いられている。

(31) 〔訳注〕原文は"die Haltung des Fragestellers"「質問者の体勢」。詳しくは註（49）参照のこと。

(32) 〔訳註〕位置ごとに何回ずつテストしたのか正確な数は原文にも書かれていない。だから、中央の位置が掛け声で特に誘導しやすいと解釈することはできない。表に記されている成功総回数42回との差である6回は併用してもついに成功しなかったということかもしれない。

第3章

(33) 今、私が例えば「いいえ」"Nein"という言葉をはっきりと思うと、それは次の3通りの方法で心に表れてくる可能性がある。1つは、「いいえ」の**視覚像**が浮かぶ、つまり筆記体あるいは活字体の「いいえ」という文字が眼前に書かれてあるかのように見える。2つ目は、その**聴覚像**が生じる、つまり自分が今言っているわけではないのに、誰かが「いいえ」と言っている声が心の中で聞こえる。3つ目は、**発語像**（発語運動感覚像）あるいは**書記像**（書記運動感覚像）が甦る、つまり自分自身が今「いいえ」と言ったり書いたりしているかのような運動感覚が想起される、ということである。要するに私は「いいえ」という言葉のみならず他のいかなる言葉についても、その視覚心像、聴覚心像あるいは運動感覚心像を喚起し得るのである。もっとも聴覚心像と運動感覚心像とは、実際には決して完全に分離させて別々に喚起することはできない[6]。だが、それでもいずれか一方をより強く喚起することはできる。このように大概の人の観念は聴覚=運動感覚的要素と視覚的要素からなる混合物であり、場合によっていずれかの要素が優先的に生じるものらしい。ほとんどの場合に視覚像のみが想起されるといったように、視覚的要素が常に優先的である（著者は大抵の場合そうである）という人は少ない。はっきりと運動感覚像が優先する人となると、これはもうごく稀といってよいだろう。〔訳註〕「心像」（心の中の像。心的イメージともいう）は"Vorstelle"の訳で、英語では"imagery"あるいは"(mental) image"。現在では学習あるいは思考、想像等の際に、どの心像がある程度、優先的に働くかは、人によって異なると考えられており、その個人差を表象型という。視覚心像型、聴覚心像型あるいは運動感覚型、さらに混合型に分ける場合が多い（註(74)参照）。

第4章

(34) 〔訳註〕原語は"Ausdrucksbewegung"。一般には、内的心理的過程が窺い知られ得る可視的身体的運動として（肉体の）外側に現れたものをさし、そこには胴体と頭部（顔を含む）そして四肢からなる身体のその表面上に見られる諸運動から歩行や音声、話し方さらには筆記までも内包されている。これまで本書では「はい」「上」の観念を抱いたときの不随意運動に対してのみ使われているが、実は計数や算数の問題や色布やカードの問題の場合に生ずる不随意運動もすべて表出運動なのである。

(35) 〔訳註〕原著では、この言葉は使われていない。だが、たとえハンスが色布や単語の書かれた厚紙のカード(文字カード)を自分で思考したうえで拾ってきたり鼻で示したりするにせよ、そうではなく第2章で明らかにした通り、指示ないしは合図に従っているだけにせよ、それは選び出すつまり選択という行動である。今後、記述を簡単明瞭にするために用いることにする。

(36) 「(大まかな)身振りは、完全にではないが民族や人種を問わずほぼ一致している」と最初に指摘したのはチャールズ・ダーウィン7である。殊に肯定と否定の表現となると差異はほとんどなく、大抵は肯定なら、顔を縦に振る(点頭する)、つまり顔を相手の方へ向ける動作をし、否定なら、顔を横に振る、つまり繰り返し顔を背ける動作をするのだ8。こういった動作が、決して前もって学習させられたわけではないのに、ローラ・ブリッジマンという盲聾唖者にも見られるという報告がなされている9(しかし、一般には子供時分に模倣によって獲得されているのではないだろうか。なにしろ生後一年未満の子供には見られないのだから)。サル言語についての研究者ガルナー10は、サルも同じような身振りをすると記しているが、彼の報告は信用できないから、これ以上は言及しない。私のこの実験の結果は、「はい」や「いいえ」等々の観念を抱くだけでも、前記のような表出運動が極めて微かにではあるが生じがちであることを示している。しかし私は、たとえフランスの生理学者フェレ11や、アメリカの心理学者ウィリアム・ジェームズ12をはじめ多くの研究者たちが「あらゆる思考・観念は筋肉運動と結びついている(いわゆる観念運動連合原理)」と唱えていようとも、今述べた私の実験の結果によって、そういった関係があらゆる観念についていえるほど普遍的なことだと立証されたなどとは思っていない。

(37) 〔訳註〕おそらく静止している対象の姿形や位置の視知覚能力を意味する、静止視力ないしは形態視力のことであろう。それに対して「動きに対する感度」は動き・運動を視知覚する能力、つまり動態視力あるいは動体視力のことであろう。

(38) いわゆる読心術師の業にしても周知の通り、前もって打ち合わせてあるといったトリックの駆使によるものでない限り、不随意運動の知覚がそのもとになっている。といっても読心術師の場合には大抵、その不随意運動を触覚で知覚している。つまり読心術師は、被験者の手に触って、その手の震えで心の動きを知るのである。だが非常にすぐれた少数の読心術師の場合には、大胆にも、被験者に直接触れずに、聴覚印象たとえば足音13や思わず漏らす囁き14、〔被験者の〕呼吸の変化15、見物人のざわめきなどから読み取ったりすることもある。またある程度ではあるが、視覚的記号・特徴、例えば被験者の身体の向きや姿勢、それに眼や唇の動きといった表情をも参考にしていることも確かだ16。人体から発する熱さえも読み取る材料になっているらしい17。こういった知見や〔種々の微細な動きの認知に関する〕私の本来の研究での体験から考えると、人間は本章で述べた動きどころかもっと微細な動きすら知覚でき、それをもとに途方もないことをやってのけられるはずだ。実際、多くの、いわゆるテレパシーの実験（つまり、ある人間から別の人間への思考の移転ないしは伝達が、われわれが知っている感覚による媒介抜きでなされるとされている）にしても、そういった顕微鏡的に微細な動きが一役かっていればこそ首尾よくいくのだろう。主にイギリスやアメリカで膨大な量の「証拠物件あるいは事例」が集積されているということだが、私にはいかなるテレパシー現象も間違った実験に基づく未証明の仮説だとしか考えられない。

(39) 〔訳註〕原文には、この3人が①の際の被験者たちなのか、それともまったく別の3人なのか明確には書かれていない。けれども、②の実験を①の被験者を使ってテストしてみないはずがないし、また、この章で後述する「図像法による実験」のところで被験者アレシュ君とカイム君は哲学科の学生と書かれているし（B君については不明。おそらく哲学科の学生ではあっても、視覚心像が一般的な現れ方をする人ではないから、被験者としては不適当とされ、その後の実験では除外されたのだろう。当時はまだ心理学が哲学から独立して日が浅く、心理学科は哲学科に所属していたに違いない）、さらに他の心理学者に被験者になってもらったとしたら、他の被験者と同様にせめて省略名ぐらい書かれているはずだから、おそらくこの3人のことだろう。次々頁（128頁）の「内観経験の豊かな心理学専攻の学生たち"wholgeubten Psychologen"（心理学者という意味もある）」も、誰か別の「心理学者」を連れて来たのではなく、アレシュ君とカイム君をさしているのだと思う。なにせ第4章後半の図像法による実験でも彼らを被験者として使い続けているのである。ちなみに「問題のない」という文言は原文にはない。

(40)〔訳註〕原語は"geistig normale"で、当然ながら、〔 〕内のようなことは書かれてはいない。"geistig"の訳について、辞書には「精神の、精神的、心的な、知的な、霊的な」と記されている。だが、ドイツ語では、少なくとも原著では"Geist"あるいは"geistig"は心の中の「理性的ないしは知的あるいは意志的な部分」をさしていると解釈しないと、ここの部分も、そして「結論」の章でも論が成り立たない〔註(2)参照のこと〕。また、原著で"normale"「正常」とは、第4章の後半の図像解析の部分を読むとよくわかるように、テストに臨むがために多少なりと緊張しているとか、特に知性や理性を働かすべく構えているとかいった状態ではないことを意味しているようだ。決して「精神異常(者)ではない」という意味ではない。

(41)〔訳註〕原著には、レバー(梃子棒)がこの装置の支柱への固定点を支点として2本のアームつまり記録レバーと動態捕捉レバーからなっている、という書き方はされていない。しかし少し後のところで「記録レバー」という言葉が2度程使われ、さらに「2本のアームからなっている」という記述もある。だから訳者がわかりやすいように、同一レバーの、動きを捉えるほうのアームに「動態捕捉レバー」という仮称を与えた。

(42) この装置における記録用機器は、ヘリング式キモグラフ(煤煙筒動態記録器。下図参照)である。フェルトを敷いた盤の上に静置されており、そのドラム(円筒)部分には長さ2・5mの〔つまり円周分の長さの〕煤煙紙(カーボン紙)が巻きつけられている。呼吸曲線はマレー式呼吸運動測定器を用いて、あるときは胸郭の呼吸運動を、あるときは腹部の呼吸運動を捕捉し前記キモグラフ上に記録

キモグラフ

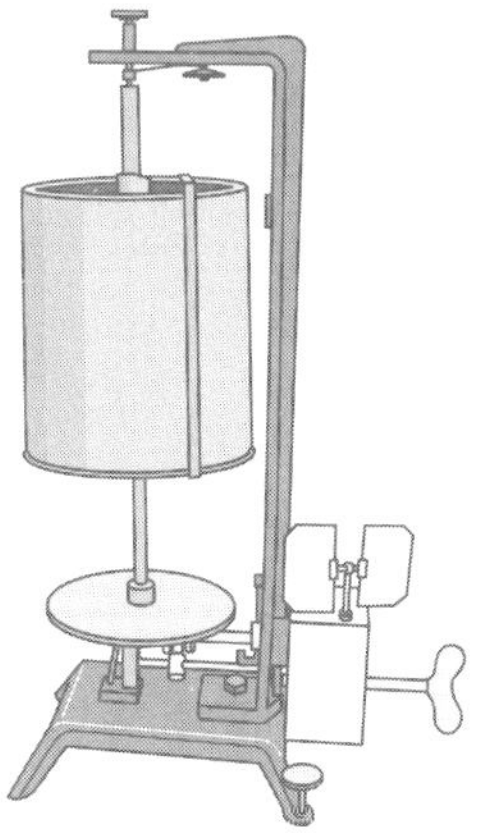

したのであるが、両方同時に記録したことはない。呼吸運動そのものの記録が当該実験の本来の目的ではなく、あくまでも付随的なことだからであり、また同時に両方を記録すると、それでなくても複雑な実験がますます複雑になる恐れもあったからである。時間はジャケット式クロノグラフ〔図形的時間記録器〕を用いて記録した。〔ハンス役の叩く数や、質問者役の頭の動きと私の反応との関係を〕よりいっそう明確に捉えるために、100ヘルツに調整したベルンシュタイン式音響型電流遮断器を使用することにした。しかし、これを使うにはキモグラフのドラムの回転を速くしなければならないため、各記録線が間延びしてしまいがちで、例示するのに適切でない場合も生じてしまった。どの記録レバーにも、位置微調節装置がついている。それらの記録レバーの先端は〔カーボン紙つまり記録紙〕に軽く触れるように接し、上から順々にあたかも垂線に沿っているかのように並んでおり、呼吸記録レバー以外は同時に記録を開始する。記録レバーの長さが比較的長く、かつ動域が狭い〔つまり各線の上下動が小さい〕から、ドラムの回転軸のたわみや、記録面〔走査面〕が湾曲していることによる誤差は非常に小さい。だから、理論上はともかく実際上、すべての線の変化・動きは同時間軸上にあると見なせる。呼吸曲線だけは先に記録を開始していて、ここに掲載した各記録図の曲線よりも実際には少し余分に記録されている。例えば図8と図9では7・5㎜、図10では2㎜、図11では4・5㎜分だけ左側に曲線がすでに描かれている。〔時々見られることだが、呼吸が非常に深い場合、つまりレバーの動域が大きくなる場合には当然、ドラムの回転軸のたわみによる誤差も考慮に入れなければならない〕。掲載した記録図は、亜鉛製版によって実物大の大きさに印刷されている。ただ本書の紙面の都合上、記録図の上下の余白は多少切り詰めてある。〔訳註〕実は原著では、記録図という言葉は使われておらず、"Kurven"と曲線の複数つまり曲線の集合体としてのみ書かれている。だが日本語では単複を表示できずわかりにくいため、そのように訳した。

(43) これに対して、私自身の表出運動の強さは、合図の正体を見抜く以前と変わらない。表出運動を抑えることは、合図が何か知る以前も知った後も、こういう実験の際ばかりではなくハンスに向かったときも〔57頁参照〕、私には非常に難しく、抑えようにも抑えられないのである。といっても、私自身の動きを自分で曲線として記録することはできようはずもないから、私自身が質問者役となった場合の記録データがないので、納得していただけるような証拠はない。

(44) 脈動に伴って頭が微かに動いているのであるが、これは最近まで一種の脈管系の病気の徴候(いわゆるムセット症候)と見なされていた。しかし現在では、H・フレンケル19によって、健康な人でもありがちな所見であることが立証されている。今回の実験で私も、そういった(縦方向に動く場合も横方向に動く場合もある)動きがその大きさに多少の差はあるものの、どの被験者の曲線にも見られることに気がついた。最も顕著だったのは若い内科医の場合だが、彼の循環器系統は健康そのものである。私は大抵の場合、この脈動による頭の微かな動きを直接目で見るだけでも苦もなく数えることができた。対照のために、橈骨の動脈の脈動をその都度、同時に測定した。多血質気味の人の場合には特に容易に観察できる。

(45) 〔訳註〕原語は"mittlere Variation"であって"mittlere Abweichung"ではない。しかし、ここの文脈から考えると平均偏差つまり「測定(観測)値の平均との距離(これを偏差という)の絶対値の総和を測定(観測)値の個数で割ったもの」のことであろう。

(46) 〔訳註〕実験室実験は、フォン・オステン氏から絶縁状を突きつけられた後で行われている。

(47) そのために、特に次のような一連の実験を行った。各被験者に、できるだけ微細かつ均一に素早く頭を上げるように指示しておき、その動きの大きさをこの装置で記録することで客観的に測定し、同時に私が自分の目でその動きを見て査定(目測)したのである。両者を比較検討した結果、どのように微細な動きであっても、その大きさを私が正確に目測していることが立証された。それにまた、フォン・オステン氏の動きが少なくとも平常の状況の場合(239頁参照)には、これまで観察したり測定したりした誰にもまして非常に均一でもあるので、氏の動きのおおよその値は0・2㎜以下と言いきれるのである。

(48) 〔訳註〕原文は"zeimlich starken und zugleich ökonomisch Konzentration"。注意集中で生じた緊張が2打目あたりでいきなり爆発したりすることなく、少しずつ分散されて使われるという意味だろう。見ての通り原文には「分配」という言葉はない。第5章223〜224頁参照のこと。

(49) 〔訳註〕原語は"Haltung"。辞書には「姿勢、態度、振る舞い、落ち着き」と記されている。そして元の動詞

"halten"には「保持する、支える、中止する」といった意味がある。原著では「質問者の、ハンスを叩かせ始めてしまう前傾の姿勢や完全に叩きやめさせてしまう真っ直ぐな姿勢、色布を選択させるときの全身や頭（鼻）そして眼の瞳の左右いずれかへの向き・位置、頷かせるときの頭の上向きの状態」など、表出運動の後で、それによって変化した身体の状態が（ピクッとする動きに比べれば）長く残っているその静的状況ないしは姿を総括する用語として使われている。したがって、表出運動に対応させて「静的形態的表出」と訳せなくもないが、この言葉には絵画や彫刻といったものまで含まれることがあるということだし、それに著者がわざわざこの単語を使って「止まった状態の形」にこだわった意にもう少し沿うために、基本的には「体勢」と訳すことにした。しかし「体勢」はいささかこなれが悪い言葉なので、できる限り「姿勢」や「身体の向き」あるいは「眼の位置・向き」といったように訳すようにした。ちなみに、色布選択のときの有効な指示が、本章で人間がハンス役を務めた結果、主に質問者の眼の向き、つまり瞳の位置（第5章183頁参照）らしいことが判明したものの、実際にハンスの場合もそれらが有効な指示なのか否かは、そのことがわかったときにはもはやハンスを使うことができなくなっており試していないため、あくまでも推測に過ぎない。また、当事例の合図はすべて一般的な意味での「態度」と見なすこともでき、原著の英訳（"attitude"）から引用した著作のなかには「態度」と訳しているものもあるが、「態度」は心理学上はあくまでも「心の中の傾向」を意味するのであって、世間一般で使われるように身体外面に現れたことまでも含むものではない。後者は心理学では「表出」あるいは「表出行動」と呼ばれる。

第5章

(50)〔訳註〕第2章で「質問者からの刺激」と訳した単語と同じである（註(15)参照）。

(51)〔訳註〕「9月委員会の調査記録の要約」は補遺Ⅲとして収録されているが、その元の調査記録自体は原著にも収載されていない。

(52)アメリカの著名な学者であるシエーラー教授24が、人間の言葉を理解し文字も読めるという評判のブタについて報告している。そのブタは3歳ぐらいで、ヴァージニアの農夫に飼われているということだが、数字の書かれた小カードが目の前に並べられると、それを組み合わせて年月日を示したり、名前が1つずつ書かれた多くのカードのなかから飼い主に言われた名前を選び出したりもできるのだという。いかなる種類の合図も使われてはいない、と教授は記している（シエーラーがそう結論づけるに至ったのは、例えば、ブタにはよく知られているように非常に発達した嗅覚があるから、それが一役かっているのかもしれないと思って、自分自身の「極めて鋭敏な嗅覚」でカードを1枚ずつ嗅いでみた！〔が、何の臭いもしなかった〕といった検査結果に基づいてのことだという）。私には、とてもそうは思えない。なにせ、この農夫が見世物用に動物を仕込むプロだという噂を耳にしているから、いよいよもって疑わしい。ロンドンでも、同じように文字を読んだり綴ったりすることができ、さらに時計を見て時間を言い当てたりするブタが見世物になっているそうだ[25]。このブタとシエーラー教授の述べているブタとが同一のブタかどうかわからないが、いずれにせよ機械的に合図に反応するように仕込まれたに相違あるまい。

(53) りこうなハンスの信じられないような芸当と同じように、一連の神秘的に見える現象、例えばテーブル傾転降霊術や叩音降霊術、棒占術といったものはどれも、テーブルや棒に直接関与している者（意識的な詐欺行為である場合も多いが、当然それは除外してのことである）の無自覚的な、筋肉の不随意運動によってなされていることは、すでに科学的に立証されている。もちろん、この筋肉の不随意運動が生命のない対象（テーブル、棒）に作用する場合と、本書で扱っている事例のように有機体つまりウマに作用する場合とでは違っている。前者の場合はその運動が対象に直接、機械的〔つまり物理的〕に作用して叩くといったような形で現れるのであり、ハンス事例では視覚刺激として作用しているのである。そのような相違点はあるにしても、私が以下やその他のところで述べる若干の、これまで顧みられなかった降霊術や棒占術などについての観察記録を読めば、いかに両者の現象が類似しているか、換言すれば、いかに両者において質問者が重要な役割を担っているか、それに対して質問者が使うテーブルやウマといった〈道具〉の役割がいかに小さいかがわかろう。

以下に記す2例は、人が信じることやそれによって生じる「期待に基づく緊張」の重要性を如実に示している。最初の例は棒占術についてのもので、１６９６年に出版されたP・ルブラン神父の書簡集[26]からの引用である。あるところに宝探しをしている男がいて、ある日、彼は一人の老女から野原の、とある場所に宝が埋まっているという話を耳にしたことがあると聞き及んだ。かねてすぐれた棒占術師として知られているその男は、早速その場所に行って占い棒で占ってみることにした。果たせるかな、男が老女の告げたその場所を踏むや否や、その手に持つ占い棒は下を向いた。男はその動き具合から、同所の地下3・5m程のところに、かなりの量の金銀や銅が埋まっていると占った。農夫を呼んで来て穴を掘らせ、他人に秘密を知られてはならないと深さ3m程に至ったところで追い返し、残り50cm程は自分で掘った。けれどもなんたることか、何も出てはこなかった。その穴の中で男がまた占い棒を取り出してみると、再び棒が動き、今度は上をさすではないか。では、宝物は地中から消え去ってしまったのだろうか。男は落胆して穴から這い上がると、3度目の占いをした。すると、また下をさした。そこで再び穴の底に下りはしたものの、不意に男は良心の呵責を感じ（17世紀においては、占いの棒が動くのは悪魔の仕業と見なす人が多かったのである）、恐ろしくなって叫んだ。「神様、どうかお許し下さい。今後は誓って、悪魔や占い棒と関わったり致しません」。そう言いながらも、もう一度棒を手に取り試してみた。**棒は動かない**。男はぞっとした。棒を動かしていたのは確かに悪魔に違いない。男は十字を切ると、逃げ出した。だが、二、三百歩も行かないうちに、本当に棒は自分のためにはもう動いて占ってはくれないのだろうか、という思いに駆られ、試しに硬貨を地面に投げ、傍らの灌木の枝を折って手に持った。すると枝は硬貨の方をさして動いて、男を狂喜させたそうだ。

2番目の例は、19世紀初頭の、ミュンヘンの著名な物理学者リッテルの論文27からの引用である。彼はかねて自然哲学や形而上学に強く興味を抱いていたので、占い棒と同じような働きをするとされている、いわゆる〈天秤の棹〉"Balancier"を用いて実験を行った。〈天秤の棹〉というのは1本の細長い金属製の棒のことで、それを真っ直ぐに立てた指の先端に水平に乗せて、平衡を保たせて使う。当時、この金属棒は近くに何か他の金属があると、指の先〔つまり支柱〕を軸として旋回し始めるとされていた。リッテルは、その頃、占い棒を用いて温泉や鉱脈を発見する能力の持ち主として有名なイタリア人のカムペッティを被験者として、繰り返しテストを行った。テストは、カムペッティが左手の中指〔を支柱とした〕先端に〈天秤の棹〉を水平に乗せながら、他方の右手でそばに置いてある別の亜鉛板または錫板に触るという方法でなされ、触るたびに彼は何回目かを大声で言った。その結果は次のようで、そこには驚くべき規則性が見られた（もちろんカムペッティが信頼できない人間だという根拠は何もない。またリッテルは、自分がカムペッティに意図的に何か示唆したりはしていないと述べている）。最初にカムペッティが亜鉛板（あるいは錫板）に触ったときは〈天秤の棹〉は左に回り、2回目は右へ回った。3回目は動かない。4回目にはまた左へ、5回目は右に、6回目は静止している等々。つまり〈天秤の棹〉は左へ回ったら次は右へ回るといったように交互に回り、動かないのは3の倍数（3、6、9、15、21など）のときのみである。それなのにリッテルはためらいもせず、カムペッティが数をはっきり数えなかったり、うわの空で唱えたときには〈天秤の棹〉の動向に影響を与えられず動かないのだと記し、いとも安易にすべては電気のなせる業だとしている（18、19世紀においては、電気が16、17世紀における悪魔と同じような役割を担わされていた）。

これら2つの事例を読むと、それらがどんなにシリングス氏のフランス語の話とよく似ているかわかろう。ハンスに質問する人間や、〈天秤の棹〉を指の先に乗せる人間、さらには占い棒を扱う占い師、こういう人たち自らが成功を確信しているときは首尾よくいき、確信していないときは失敗するのである。

(54) フランスの研究者ヴァシッドとルソーが、ソーンダイクが見つけ出した例を引用し30、そのとき1500の信号を115と誤記し、さらにエトリンガー31がその間違った数値を引き写し、そのうえ、この2人のフランス人の調査結果だと書き加えもしたのだ。

(55) 〔訳註〕原語"einpragen"「記銘」を現代心理学では「入力された刺激が中枢的内的処理が可能な形式に変換され記憶表象として貯蔵される過程をいう」と定義しているようだが、原著では「色名が色彩と連合すること」といった意味ではないだろうか。

(56) 哺乳類の色覚についての実験に基づく研究はあまりなされてはいないらしく、たかだか6例程しか報告されてはいない。そのうち次の3例は特筆に値する。1つは、アメリカのキンナマン33が2匹のアカゲザル Rhesus = Affe を使って研究したもの。2つ目は、ヒムステットとナゲル34によるプードル Pudel の色覚に関する研究で、短いものだが、体系的で非常にすぐれたものである。2人は、プードルが練習によって、どんな色調のどんな明度の赤でも間違いなく他の色と識別できるようになることを突き止めた。ナゲル教授が直接、語ってくれたところによると、その後も研究は続けられ、青や緑も識別できることが立証されたということだ。3つ目は、ダール35のオナガザル属のサル Cercopithecus (Chlorocebus) griseoviridis Desm. を使っての研究である。まだ正式に発表されていないので、今回、教授から直接、実験記録を見せてもらった。近々、論文にまとめて発表されるとのことだ。これらの研究ではすべて、その研究対象となった動物に色覚が認められるという結論に達している。ただ最後のオナガザル属のサルの場合についてのみ、黒と濃い青との識別ができないという特徴が見られた。さらに実験を重ねて、この点も解明されるよう期待している。

(57) ウマの眼は人間の眼より大きい(より正確にいえば、網膜と水晶体の結節点との間の距離が人間のそれより長い)から、外界の対象の網膜上に結ばれる像も人間の場合よりも大きいのであるが、そのことから、何の根拠もないのに、ウマにはすべての対象が大きく見えるのだと一般にいわれている。そう考えれば、どのような見方よりも、ウマの驚きやすさについてよく説明がつくと人々は思っているのだ。しかし、そのような見方は根本的な点で間違っている。網膜上の像が即、知覚像となるということは決してなく、神経組織の中で種々の変化の過程を経て知覚像になるのである。

(58) 〔訳注〕すぐ後の記述から著者が、第4章で著者がハンス役をしたときに最終的な手掛かりとした眼の向き、つまり瞳の位置がハンスの場合も手掛かり、つまり合図となっていると考えていることがわかる(しかし、著者の、あるいは他の人間の、ハンス役になった際の手掛かりが眼の位置だと判明したときは、もうハンスを使わせてもらえなくなり試せなくなっていたから、ハンスの場合については推測である)。ともあれ、この、瞳の位置の変化はピクッとする頭の動きに比べればはるかに大きいから、こう記しているのだろう。

(59) 〔訳注〕叩かせる場合や頭を振らせる場合の、質問者とハンスとの間の距離は大抵25〜50cmある。それに対して、色布選択の場合は両者がほとんど肩を並べるようにして立つからだろう。

(60) 〔訳注〕原文は"der Wahrnehmung von Bewegungen"で、直訳すれば「いろいろな動きの知覚」。一般に対象の動き・運動の知覚は、註（38）に書かれている読心術師のように、主に視覚を介してではあっても、他のいろいろな感覚を通してもなされる。しかし、この事例ではすでに、いずれの応答行動の際も合図と見なせるものは視覚的に知覚されていることが明らかになっているから、もちろんこれは動きの「視知覚」である。当然なので著者は「動きの知覚」としかしていないのだろうが、誤解のないように、そして2ヵ所で「視知覚」"Gesichtswahrnehmung"と書かれていることでもあるし、結局は「視力」の問題になるので、ここも他の場合も「動き（運動）の視知覚」と訳しておく。

（61）〔訳註〕原語は"butzenscheibenformig"。"Butzensceibe"は昔、欧米で明かり取りの丸窓などに鉛の枠にはめて使われていた、小さな緑色の円形のガラス板のこと。その形状は真ん中が塊状に盛り上がり、その盛り上がった塊状部分を中心に同心円が幾重にもとり巻いているようになっている。

（62）実際にハンスの水晶体がどういう状態にあるのかはわからない〔第2章のハンスを使っての調査の間にその眼を検査する暇はなかったし、その後、ハンスの使用を断られてしまったので検査できなかったからである〕。残念ながら今後も検査できそうにないが、もしわかればそれなりに興味深いことではある。けれども、それによってハンスの視知覚力についての見解を変えなければならないなどということはあるまい。というのは2〜3ジオプター以上の近視のウマや、1ジオプター以下の遠視のウマなど、これまでのところ見つかっておらず、どうやらそのようなウマはいそうにないからである。だから、たとえハンスが近眼あるいは遠視だとしても、その程度のことで特にすぐれた視知覚力を有するようになるとは思えない。フォン・オステン氏によると、ハンスは以前、ひどく臆病に思えるような様子を示すことがあったそうだが、それが本当に臆病と見なせるようなものだったのかどうか判然としない。それに臆病だからといって目に障害があるともいえはしない。というのは、極端に臆病なウマの多くが、その目にいかなる種類の欠陥も有していないということが明らかになっているからである。

（63）181頁からここまで述べてきたことに関して、特に専門家のために多少付け加えておく。ウマの眼の水晶体の屈折率の測定結果の大方は今もって、あまり信頼のおけるものではないようだ。網膜検影法によって測定する場合にはまだ研究者の間で決着のつかない「異常な」影が生じてしまうし、屈折検眼鏡を使用する場合には調査する際に眼の奥のどの部分を対象領域とするかがこれまでのところ特定されていないので、研究者によってかなりまちまちな結果が出てしまいがちだからである。181頁に記したように、リーゲルは徹底的にウマの眼を調査した結果、1904年にウマの眼は〔近眼でも遠眼でも乱視でもなく〕正眼だと発表している。けれども当時、彼は1902年にチュルン[42]が発見したウマの眼の網膜中心野の円形部分の存在を知らなかったらしい。それはともかく、特にヒルシュベルク[43]やベルリン[44]が強く主張している屈折組織の異常による強い乱視は、ごく普通に見られるものなのだろうか。そうだとしたら、一般によく見られるようなウマの水晶体の単一な屈折率の測定結果（大抵は、0・5ジオプター単位までも詳しく）など、何の意味もないということになろうし、そもそも、〔本当に普通に見られるのなら〕それらの測定をした研究者たちがそういった乱視に言及しないはずはあるまい。ベルリン[45]やバイヤー[46]は、非点収差による網膜上の像の不鮮明さは、ウマの眼の楕円形の瞳孔が光の小開口経のスリットとして機能し部分的に補正されると信じている（下図参照）。だが、ウマの瞳孔の幅が広いことを考えると、私には単なる憶測に過ぎないように思える。

ウマとネコの瞳孔

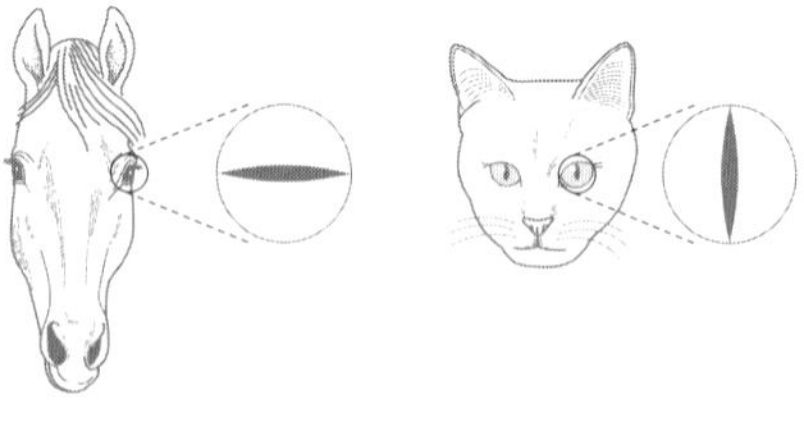

ともあれ、ベルリンの言う「中央の盛り上がった円盤状」水晶体による動きの偏向に基づく乱視説について、もう少し記しておこう。彼は検眼鏡によって観察される、そういう乱視の眼科学的な徴候として、次の2点を挙げている。1つは円環状の反射。2つ目は、眼底上の任意の各点が観察している側（あるいは観察されている側）の眼を動かすと弓状の軌跡を描いて移動すること。だが彼は、そのうち円環状の反射という徴候は、後者の弓状の移動という徴候のようにそう頻繁に見られるものではないと述べている。実際、私の知る限り、円環状の反射に言及しているのはバイヤー[47]とリーゲル[48]だけであり、しかも彼らは、そういう反射は近視のウマにし

か見られないとしている。つまり数が少ないのである（シュヴェンディマン[48b]が報告した「中央塊状隆起円盤状」水晶体というのは、彼の論文の記述から推測すると、私には老化により硬化症をきたした水晶体ではないかと思われてならない。かねてベルリンは、「円盤ガラス状」水晶体と硬化症の水晶体とを混同しないよう再三、注意を促している[48c]）。もう一方の、動きの弓状の軌跡という特徴を観察したという報告は、これまでのところベルリン自身のそれしかない。それにしても、網膜上の移動軌跡の拡大についての、ベルリン[49]の計算値はいい加減だ。彼は「刺激を受ける神経要素〔細胞〕の数、つまりは網膜上の像の大きさということであるが、それは乱視の目の場合のほうが正常な目の場合よりも207倍も多い」と言っているが、「207多い」とすべきである。しかもこの207という数値は、ベルリンが半円を描くほどに偏向すると仮定して計算した1例にしか当てはまらない。すなわち乱視でない場合に刺激を受ける要素〔細胞〕数を364と想定すると、そのπ／2倍の要素〔細胞〕すなわち571個が刺激を受けるというのである。したがって、バイヤー[50]がかの有名なテキストに書き、かつ一般に認められていようとも、「ベルリンの計算によれば、乱視の眼はそうでない眼よりも〈207倍〉も多くの神経要素〔細胞〕が刺激を受ける」という見方は正しくないのだ。

最後に、私がジーモン博士と共に行った検査や実験について少し加筆しておく。まず生きている9頭のウマの眼を検査した場合について。主にヴォルフの電気検眼鏡を用いて、特定の1点がどう動くか調べたが、どのウマの場合も垂直な軌跡しか描かなかった。アトロピンは点眼していない。次に実験室実験の場合について。実験を始める前にまず、ウマから採取した眼球をただちに以下のように処理しておいた。初めに眼球のまわりの脂肪と筋肉組織を除去し、次いでその後ろの部分を切り落として、角膜と水晶体からなる前の部分を、金属製の円筒の一方の開口部に被せるようにして固定する。さらに、その円筒の反対側の開口部に円板状の擦りガラスをはめる。全体の長さはウマの眼の奥行きとほぼ同じ長さにし、そこにウマの硝子体液の屈折率とまったく同じ屈折率（1.336）を持つ生理食塩水を注入する。その内圧は液量を調節して、角膜に皺が寄らず、かつ張り過ぎない程度とする。光源（ネルンスト・ランプのフィラメント）は、まず視軸（図18、19参照）上の、眼から1・2m離れた距離のところに置く。さらに、この1・2mの位置で視軸に垂直な平面を想定して、その平面上を〔直線的に〕移動させるのであるが、その際、必ず視軸と垂線との交差点を通るようにする。すると眼からの距離は様々になる。（光源の）移動距離はその交差点を中心として水平方向でも垂直方向でも毎回1・5mとする。この移動距離であれば、〔眼が対象の両端を見こむ角度である〕視角が64度以下ということはない。〔光源の直線的な動きにつれて、擦りガラス上の〕結像の点が弓状の軌跡を描くかどうかは、望遠鏡のレンズ上の照準用の十字線を目印にして確かめる。もし眼球を前述のような細工を施さずにそのまま用い、同じように光源を動かして、〔網膜をその一部とする〕強膜上に生ずる動きを脈絡膜と強膜を通して観察したら（強い光源を使えば難しいことではない）、その動きの軌跡は当然、光源が視軸上にないときには周縁の凸面部に向かって湾曲しているように見えるだろうし、しかも視軸から離れれば離れる程いよいよ大きく曲がって見えよう。

（64）〔訳註〕ウマおよびウシの網膜に関する２００６年時点での見解について記しておく（図20、図21参照。ウマとウシの眼は基本的に同じようだと研究者の間では考えられているらしい。残念ながら、ウマの網膜中心野の図は見つけ出せなかった）。ウマやウシの網膜の視細胞について、明暗の判別機能を有する桿状体だけではなく、色の判別機能を有する錐状体の存在も認めている場合が多いが、後者の存在を認めずに、ウシやウマは色盲であるとしている場合も少なくない。実用性が低いため、あまり研究されていないというのが実情のようである。ヒトの網膜で静止（形態）視力の最も強い「黄斑」に相当する動物のその部分は「中心野」と呼ばれる（ヒトの黄斑とは違って、その中心に窪みつまり中心窩はない）。イヌ、ヒツジ等のそれは円形をしているので正円中心野 Area centralis rotunda と呼ばれる。それに対して、ウマ、ウシ、ブタ、ウサギ等のそれは全体に横線状に見えるので線条中心野 Area centralis striaeformis と呼ばれるが、耳側の端が円形になっている。横線状部分は、網膜（眼底部）の鼻側の端から盲点（視神経小乳頭突起あるいは視神経円板）の少し上を横切って網膜を横断するように走り円形部分に至る。その横線状部分は単眼視の際に働き、その端にある円形部分は双眼視のとき使われるものと考えられている。なお本章の註（63）で、著者がリーゲルの「ウマの眼は正眼」という研究結果に対して、彼はウマの眼の線条中心野の円形部分の存在を知らなかったらしい、となぜ言及しているのか、訳者にはその理由がわからない。

(65)〔訳註〕原註(57)に書かれていることと同様に、水晶体の結節点から視軸が網膜と交わる点までの距離が人間の場合より長いという意味だろう。

(66) すでに述べたように、ベルリン説を熱烈に支持しているケーニッヒシェーファー(そもそも彼は円盤ガラス状水晶体の乱視といわゆる通常の乱視とを混同している)は、円盤ガラス状水晶体の乱視だけではなく、いやそれ以上に、眼球の視神経が脳に貫入する場所である視神経小乳頭状突起つまり盲点の形が重要な役割を果たしているのだと主張している[54]。盲点(ここには脳につながる視神経繊維の束があるのみで、いかなる種類の光感受性の細胞もないのでそう呼ばれる)は、人間の場合はほぼ円形であるが、動物によって様々な形をしている。彼は、盲点がその眼球の全体の大きさとの比率から見て細長ければ長いほど、眼の鋭敏さが優っているのだと考えている。すなわち、哺乳動物を眼の鋭敏さの低いものから高いものへと順に並べてみると、その順序は同じ哺乳動物を盲点が円形のものから順に長いもの、ついには非常に細長いものへと並べた場合の順序とよく合致するというのである(そうすると、モルモットの眼が最も鋭敏ということになる)。しかし、このような説ではハンスの動態知覚力の鋭敏さを充分には説明できないと思う。そもそもケーニッヒシェーファーが「眼の鋭敏さ」"Scharfaugigkeit"という言葉をどのような意味で使っているのか明確ではないのだ。一体、一般にいう視力〔静止視力〕のことなのか(この問題に関する彼の論文では、1ヵ所そのような意味で使われているところがある)、それとも動態視知覚力(動態視力)のことなのか(実は彼はこの意味で使っているつもりなのだろう)、はたまた両方の意味を込めているのかわからないのである。それに、動物の視知覚に関する知識やデータが今もって極めて少ないのだから、そもそも盲点やら視知覚力によって動物を分類しようとすること自体、どう考えても無理というものだろう。また彼がその論拠の一つとしている、狩りでのいろいろな経験とても、そういう説の証拠としては弱いのではないか。これまでのところ、ただ一つ確かなことは、その小乳頭状突起が他のすべてのウマとは違って非常に細長い楕円形をしているとはとても考えられないのに、ハンスには卓越した動態視知覚力が備わっているということだけである。たとえケーニッヒシェーファーが盲点の形が細長くなるにつれて「眼の鋭敏さ」が増すという説をいくら唱え続けようとも、「眼の鋭敏さ」と盲点(つまり直接、見えるということに関与していないところなのである）の形とがどのように関連しているのかが示されない限り、ハンスの鋭い動態視知覚力を説明する一助ともなりはすまい。

(67) 〔訳注〕原語は"Beobachtungsgabe"。この場合は、視知覚力と注意力の総合した能力という意味だろう。

(68) 暗示が**ウマ**に有効に働いたとされた例は、ルーエ氏61から報告されたものしかない。彼は暗示だけで、自分で育てた生後半年の雑種の雌の仔ウマに極めて短時間のうちに、自分の望む物を持ってこさせられるようになったと記している。ルーエが何を持ってこさせたいのかを仔ウマに伝えようとして、その対象（例えばハンカチーフ）のことに彼の全エネルギーを傾注し注意集中すると同時に、身体が少し前傾した状態になったのだという。それを3回練習しただけで、始めてから15分位しか経たぬうちに早くもルーエ氏は目的を達成し、10回目以降になると仔ウマはまったく間違わなくなったそうだ。しかし、ルーエ氏がどんな身振りもせずじっと身体が動かないようにしたり、無関心を決めこんだり、他のことを考えたりすると、たちまち仔ウマは持ってこられなくなったということだ。だから彼は、訓練する人の脳とウマの脳との間に、それがどういうものか説明はつかないものの、直接的な結びつきが生じたに違いないとしている。私は暗示ではなく次のようなことだと思っている。「人間と仔ウマとの間に直接的なつながりができたのではなく、訓練者の強い注意集中（tension de la pensee 思考による緊張）の結果生じた体勢（attitude un peu baissee 少し前傾した姿勢）や動き（gestes 身振り・しぐさ）という中間項が介在して、両者を結びつけているのだ」。ウマについてだけではなく、すべての動物についてこう言えよう。たとえ暗示という概念の定義が人によってどんなに違っていようとも、それがどのような〔動物の〕行動であれ、暗示によると見なすのが妥当だとか、いわんやそう考える必要があるという事実は、これまでのところただの一例たりとも見つかってはいない。ただし、定義を途方もなく広げて、どのような命令でも、どのような観念の喚起も暗示だということにした場合は別である。しかしそうしたならば、暗示は単に誰でも知っていることを新しく言い換えたに過ぎないことになって62、特別な意義などないどころか言及するに値しなくなってさえしまおう（ウマ一般の、いわゆる催眠が以前よりも取り沙汰されることが多くなっているが、その問題についてはここでは述べず、できるだけ早く他の機会に詳しく説明するつもりである）。〔訳註〕第

7章に記されているように、著者は単純な観念は動物にも認めている。けれども、現代心理学が「暗示」を対人的な影響の一種としているのと同様、彼は「暗示」がいかに人によって定義が異なり多義的であろうと、知性ある人間同士なればこそ、より高度な内容についての推測が可能だから人間の間では成立するものと見なしているのであろう。

(69)〔訳註〕原文は"la Cumberlnd"。調べがつかなかったが、多分、以前フランスにキュンベルランという名の有名な読心術師がいたのだと思う。ご存知の方はお教え下さい。

(70)そのような例としては、バビネ66によるイギリスの貴族のウマについての報告が挙げられる。またブルクハルト＝フーティット氏（著名なすぐれた調教師で、これまでに40頭以上ものウマに高等馬術を仕込んだ実績がある）も私に同じようなことを言っていた。よく調教されたウマに乗っていると、ある方向に向きを変えようと思っただけで、そうさせる扶助を自分では与えたつもりはないのに、早くもウマがその方向に動き出すということが度々ある、と。この類のウマの動きに関する話は、トルストイの『アンナ・カレーニナ』67の中にもたくさん出てくる。この作品には、人間の心理とウマの動きとの観察記録の宝庫ともいえるほど、両者の実に微妙な、様々な関係が生き生きと描き出されているのである。あの有名な競馬のくだりでは、愛馬フルーフルーに騎乗したヴロンスキー伯爵が、グラジアートルに乗って先頭を疾駆するマホーチンを追いかける様子がこう描写されている。「ヴロンスキーがマホーチンを追い抜こうと思った途端、フルーフルーは主人の意を解したのか、まだ何の刺激も与えていないのに、ぐっと速度を上げた。フルーフルーは有利な、綱に近い内側に廻ってグラジアートルに近づき始めたのであるが、マホーチンは譲らない。ヴロンスキーが外側を大きく廻って抜くしかないと思ったときにはすでに、フルーフルーは向きを変え、外側からグラジアートルを抜こうとしていた」〔ドイツ語訳から邦訳〕。同じような例は枚挙にいとまがない。乗り手が自分のウマはここしばらく特有の悪い癖を出さなくなったなと思った途端、不思議なことにウマがそれをしてしまうという話も珍しくはない。また、障害物をうまく越えられるだろうかという乗り手の懸念が原因となって、ウマが嫌がって逃げ出したり転倒したりすることもしばしばである。

(71) ウマの調教に関する実用書の著者(ロイゼット71、ボーシェ72、フォン・アルニム73など)はみな、手綱や調馬索の有無に関係なく、掛け声は調教の有効な手段であるとしている。だが大抵、掛け声と共に何か動作もするように勧めているので、掛け声が実際どの程度効果があるのか明らかではない。これらの実用書以外の次の3例のような場合も、聴覚への作用が語られているが、とてもそれが有効に働いたのだとは思えない。

1例目は、ミーハン74が〔ハンスについて述べた論文の中で〕言及している、1890年代の初めにロンドンで見世物になっていたウマについてのこと。「このウマは足で叩いて、まるで数を数えたり、算数の問題を解いたり、言葉も多少なりと理解しているかのようなことをあれこれやって見せているが、実際は調教師が出す合図に応えているだけなのである。調教師自身が私に種明かしをしてくれたところによると、足で叩く場合には調教師の動きが合図となり、頷いたり頭を横に振る場合には調教師の声の抑揚が合図になっているのだ」。後者の頭を振らせる場合に、言葉と結びついた不随意運動のみが有効な合図ではないというのなら、この調教師は大衆を欺いているのみならず自己欺瞞に陥っているのではないか?

2つ目は、著名な馬学者シュポール大佐75の以下のような話であるが、これもまた多分に疑わしい。ウマはすぐに次のような命令を習熟するのだという。例えば「左—足」「右—足」という命令に応じて、左や右の足を上げるようになる。詳しく言うと、ウマの前に立って命令すれば左右いずれかの前足を上げるし、ウマの後足近くに立って命令すれば左右いずれかの後足を上げるそうだ。さらに「左(あるいは右)前足」「左(あるいは右)後足」という命令にも難なく従う。言葉以外の合図あるいは扶助は必要ない」というのである。ウマのこのような行動は、たとえそれがどんなに微細であろうと人間の指示する動きがあって初めて可能なのではないだろうか?

3例目のレディング76の記しているウマの話も、明らかにこの点について誤解していると思う。このウマは彼の計算によれば19歳で、ここ13年来、このウマ1頭だけで馬車(一頭立ての馬車)を引いており、種々様々なことをよく弁えているのだという。例えば、机や郵便局、学校、教会墓地、りんご、草といった数多くの単語の意味を知ってるし、多くの人の名前も住所もそらんじている。このウマにあらかじめ、ある家の前で止まるように言っておくと、乗り手がそれ以上何もしなくても、その家の前でちゃんと止まるそうだ。嬉しさのあまり、飼い主のレディングは、このウマにはすぐれた理解力が備わっているので「ちゃんと見分けがつく」のだと信じ込んでいる。こういった勘違いを起こさせるそもそもの原因が何か、つまり手綱による扶助なのか、あるいは頭か腕いずれかの動きなのか、入念に調べさえすれば当然、突き止めることができたはずである。

最後に、ウマの調教に聴覚を活用するための2種類の提案を紹介しておくが、充分慎重を期す必要があると言っておこう。1つは、先に記したシュポール大佐[77]からのものである。辛抱強く仕込めば、ウマは（人間が）唇を丸めて上下に離す音に応えて、例えば1回鳴らすと歩き出し、2回鳴らすとトロットに、3回ではギャロップで走るといったようなことが比較的容易にできるようになるという。また長く伸ばして1回「プースート（おーいー）」と言うと、ギャロップからトロットになり、2回言うと止まるようになるそうだ。もう1つは、かつてフランス獣医界の重鎮であったドゥクロワ[78]のもっと極端な提案で、ムチを使わないで済むようにという優しい配慮から、ウマに命令する万国共通語を作ろうというのである。彼はそれを「世界馬共通語」と名づけた。「進め」「右」「左」「止まれ」は、彼の共通語ではそれぞれ「イー！」「アー！」「エー！」「オー！」だ。また、これらを組み合わせると8つの言葉ができる。「イー！イー！」で「トロット」、「エー！エー！」で「左へ廻れ」（「エー！」が1回なら「左へ進め」）。「オー！オー！」は「後退せよ！」という具合である。ドゥクロワの思惑によれば、この共通語はほんの数回練習させればウマに仕込めるはずだった。彼はメダルまで用意し、フランス国立動物協会（会長はドゥクロワ）はその成果を最初に披露した御者や騎手に授与するつもりでいる。だがあれから8年経つが、メダルを手にした者がいるという話を聞いたことはない。これからは、こういった提言はもっと慎重になされることだろう。なかでも特に御者や騎乗者の不随意運動と、ウマ同士の真似（なにしろ熟練した人が乗ればその1頭のウマが、不馴れな人が乗る10頭のウマの手本となり得るのである）という2つの誤解を生む原因に対して、大いに注意が払われるようになるに違いない。

(72) シリングス教授の体験と本質的な点ですべて一致している話が、ノワゼ将軍[79]によって伝えられている。それは19世紀の中頃のある日、とあるフランスの城で、叩音で答えるテーブルを主役として起こった出来事である。その見事な応答ぶりで評判を呼んでいるテーブルの周りにはそれを囲んで幾人かの好奇心旺盛な婦人たちが腰かけていた。そして、その同じ部屋の反対側にはフランス・アカデミー会員である1人の学者が座っていた。婦人たちがその学者に、どうか一度テーブルに何か簡単な数学の問題を出してみて下さいと頼んだので、彼は4の3乗根(立方根)を訊ねた。テーブルの周りの婦人たちのなかにはその答えを知っている者は一人もいなかった。即座にテーブルはコツコツと叩いて6と答えた。この答えは間違いと却下され、テーブルはもう一回やり直しを命じられた。が、またもや6と答えた。哀れにもテーブルはひどく罵られねばならなかった。そのとき突然、これまでじっと離れて座っていた学者が、そのテーブルのそばに歩み寄りつつ告白した。「テーブルが悪いのではなく、私が問題を言い間違えていたのです。質問しようと思っていたのは4の3乗だったのに、4の3乗根と言ってしまいました。それなのになんとテーブルは私が思っていた問題の答え(つまり64)のその最初の数6と叩いたのです」。

誰でもすぐ気がつくように、この出来事とシリングス教授の話は様々な点で類似している。その第1は、いずれの場合も、協力者たち(〔算数の問題を出したフランスの学者やアコーディオンを鳴らした教授ではなく〕今述べた事例の婦人たちやハンスの音楽の場合のフォン・オステン氏)には、繰り返し間違った数が叩かれたように思われたこと。そのような答えを導き出す主導権を握っていたのは、とてもテーブルやハンスの示す答えに関係あるようには見えない人だったのである(フランスの学者は質問はしても、テーブルのところには座っていない。シリングス教授はアコーディオンで問題の音を鳴らした〔だけとしか当人も傍らの人も思っていない〕。しかしフォン・オステン氏はハンスに叩き始めさせている)。2つ目は、いずれの場合も、質問者は自分が考えていたりあらかじめ人に告げたりしておいた問題とは違った問題を出していること(フランスの学者はうっかり言い間違えたのだが、シリングス教授は意図的にそうした)。3つ目は、どちらの場合にも返ってきた答えは、実際に口で言われた問題にとっては正しくなかったり、あらかじめ告げられていた音の数とは違っていたけれども、質問者が心に思っていた問題にとっては正しかったり実際に鳴らされた音通りだったこと。つまり質問者が本当に心に思っていた数通りだったということ。ウマもテーブルも間違っているように見えたのに、実は正しかったのである。

さて、これらをどう解釈するか。なんと叩音テーブルの出来事に対するノワゼ将軍の解釈は、これぞ思考移転すなわち「テレパシー」(310頁第4章の註(38)参照)の恰好の例にほかならないというものだった。「質問者はテーブルの叩音にひたすら注意を向けており、一方、テーブルの周りに座っている人たち〔婦人たち〕は質問者に注意を集中している。だから、質問者の考えが、目や耳などの仲介なしに直接に、ということは口に出された言葉が間違っていようとも、それに影響されることなしにテーブルの周りの人たちに伝わったのだ」と記しているのである。私はノワゼ将軍の説明には賛成できない。こう考えたほうがより自然だ。「テーブルがコツコツと期待している数〔つまりその数を示す最初の数字の数〕だけ鳴ると、その瞬間に質問者の緊張が弛緩してその身体が動く、その動きにテーブルを囲んでいる協力者たちが反応した」。教授も将軍もハンスの絶対音感とかテレパシーで片づけてしまい、それ以上、真剣に本当の原因あるいは理由を追究してみようとしていない(読心術師のなかにさえも、彼らと同じような人がいたりするそうだ80)。たとえ理由を追究しようと思い立ったとて、どうせ彼らに批判的に自己を観察したり検証したりできるとか、慎重に事態を見極められるとは思えはしないものの、なんということだろう。要するに、ノワゼ将軍の例とシリングス教授の例とは、その報告者たちがそれぞれの出来事をどう解釈すべきか真剣に追究しようとしなかった点まで瓜二つなのである。

(73) フリューゲル教授82が、『ショーラース・ファミリエンブラット』(ベルリン・1890年・第8号128頁)に記されていたある実験の記事をもとに、彼の著書の中で、私が行った検査の結果と同じようなことを述べている。その実験はヴェストファーレンおよびリッペ〔共にドイツ北西部地方名〕学術協会動物学部門によって行われ、「軍馬はラッパ信号を理解してはいない」ということを立証したのだという。ウマはたとえどんなによく調教されていようとも、ラッパ信号にはまったく関心を示さないそうだ。しかし、そもそもこの記事自体が話を取り違えて書かれているのだ。同部門の人たちは部門長のレーカー博士も含めてみな、軍馬のラッパ信号の理解について調べる実験が同部門で行われたことなど一度としてないとわれわれに証言したのである。また、これ以外はこの種の実験をしたという例は文献にも出ていないし聞いたこともないから、私の知る限り誰も実施したことはないのである。けれども、ウマの音楽の理解力、殊に拍子がとれるのかどうかについては、同協会によって確かにかつて実験がなされたことがあった（記事の書き手はこの実験と取り違えたのだろう）。実施したのは著名な動物学者にして同協会の創設者である故ランドイス教授[83]で、4頭のサーカスのウマを使ってなされた。そして、ウマには「リズム感はまったく備わっていない」と結論づけられたのである。今日では、ごく少数の例外を除いてすべての専門家が同様な判断を下していて、殊にウマの調教師たちの間では全員一致の見解となっている[84・85]。どのサーカスの芸当を見てもすぐにわかることだが、ウマが音楽の拍子に合わせるのではなく、音楽がウマに合わせているのである。そして高等馬術をこなすウマ[86]といえども、乗り手の扶助があって初めて芸術的なステップを踏むことができるのだ。なにせ、そういうウマの調教・訓練はすべて、音楽なしで行われているのである。だから、今日でも何かというと引き合いに出されるシバリス（イタリア南部にあった古代ギリシャの植民都市）の踊るウマの話も、少なくとも本格的な文献からは姿を消すべきときが来たということになろう。それは、もともとはギリシャの作家、アテナエウス[87]とアエリアン[88]の2人によって記されたもので、次のような話だ。

　享楽的な生活ぶりで、その名を広く知られていたシバリスの住人はかねて、ウマを宴会で縦笛に合わせて踊らせるように仕込んでいた。そこでクロトン（イタリア南部にあった別の古代ギリシャの植民都市）人たちは、シバリスと一戦を交えることになったとき、これを作戦に利用することにした。戦いが始まるとすぐに、笛吹きに命じてシバリスのウマの馴染みの曲を吹かせたのである。かねてその曲に合わせて踊るように仕込まれていたウマたちは、たちまち踊り始め、シバリスの軍隊は混乱に陥ってしまった。こうして、その戦いはクロトンの勝利に終わった、というのである（同じ筋書きの話が、さらに別の古代ギリシャの都市カルディアのウマについても伝えられており、そちらの話のほうがもっと詳細な点にまで明らかだ。そして、3世紀に書かれたユリウス・アフリカヌス[89]の著作には、両方の話が少しずつ入り混じった形で記されている）。最近ではフランスの獣医ゲノン[90]が、多くの軍馬を使って、音楽がウマに及ぼす効果についての調査結果を報告している。彼は厩舎に入ってフルートを吹き、ウマの反応を観察した。そこにいたウマの5分の4は深く感動し、恍惚状態（「魅了」。それを、ためらいもせず一種の催眠状態と解釈した人もいる[91]）といってもいいような様子を示したそうである。ウマたちはこの感情の高まりを、いささか尾籠な話ではあるが、膀胱からの、いやなによりも腸からの排泄で表したということだ。ゲノンはこのときのウマの感情の状態を、「心地よさと驚き、満足と興奮の交錯したもの」と念入りに表現している。そのうえ彼は、ウマのメロディーの好みは、われわれ人間のそれによく似ており、われわれの心を打つ曲であればあるほどウマの心にも適うようだと言っている。だが彼の論文をくまなく読んでも、その証拠となるようなことは何も記されていないし、まったくのところ、目や耳に刺激を与えたという以上の効果をウマにもたらしたと解釈できることは一切見当たらないのである。さらに言えば、今日まで、**いかなる動物であれ、音楽に対する感受性**（つまりメロディー、ハーモニー、リズムを解する力）**が備わっていると立証されたことはない**。もちろん音色が耳に心地よいという程度なら感じとることができるという動物はかなりいはしよう。

（74）そうはいっても、この著書において実験する人間側の心理的諸問題を検討するにあたっては、後述のような本質的あるいは根本的な問題にまで深入りすべきではないと思っている。というのは、それが著書の目的ではなくテーマから逸脱したことであるし、そういった問題がまだまだ議論の余地のある厄介な問題で一般向きではないからでもある。本質的な問題のその要点だけ列挙しておこう。1つ目は、観念や感情生活・活動と不随意運動（いわゆる表出運動）は本来はどのように結びついているのか。つまり観念には本来的にその構成要素として運動が内包されているのか、それとも不随意運動は観念の外側にあって、両者の間には習慣によって連合が形成されているのか。2つ目は、不随運動という刺激 Anregung は観念に伴って感情が生じたときだけしか起こらないのか、それともそれは純粋に知的な状態でも起こるのか。3つ目は、特定の表出運動の生起にはどの程度まで特定の表象型であることが不可欠なのか（第3章の註（33）頁参照）。つまり「上」や「下」等々を思ったり言ったりした際に身振りが生ずるには、観念の、どの要素すなわち心像（例えば視覚心像）が重要なのか。4つ目は、私たちが自分の不随意運動の生起を知らない、つまり無自覚的な場合、その気づかないという理由は不随意運動が本来の意味での「無意識に」起こっているからなのか、それともただ「注意が払われていない（意識の範疇内で焦点化と集中化がなされない）」状態で生じているのか。ほとんどの研究者たちは一様に、厳密な意味での「無意識の」運動と述べている。しかし、私自身の内観の結果から考えると、そうではないような気がする。少し内観の習練を積んだら、私自身の不随意運動を、それも極めて微細な単なる筋肉の緊張すらも詳細に描写することができるようになったからである（同時に客観的な方法によっても検証した）。もちろん、これまで私の実験に協力してくれた被験者たちのなかにはそれを描写できた人は一人もいはしない。それは間違いなく、特定の観念に強く緊張して注意を集中すると同時に、その観念に伴って自分自身に起こる未知の動きを捉えるのがなまやさしいことではないからである。なにしろ、そのように注意力を分散させると、動きが弱まってしまい、そのためいっそう気づきにくくなってしまうのだ。ともあれ私は、自分白身の経験から次のように考えている。こういった動きは**無意識に起こっているのではなく、ただ注意が払われていないだけ**だ。つまり把握（統覚〔意識において、注意作用により認識内容が明白となること〕）が限定されているだけであって、意識の限界外で起こっているのではない（しかし、決して意識や人格が「分裂」したがために生じるのではない。そもそも意識や人格が「分裂」したりはしないのである、これまで実に不適切にもそのような〔病〕名をつけたりしているが）。要するに、私自身は意識での統覚が限定されているために無自覚なのだと考えている。けれども予断を与えてはいけないと思い、これまで「無意識に」とか「注意を払われていない」という言葉を避け、そのような微妙な違いに触れないで済むような表現を用いてきた。〔訳註〕意識や意志のほかに本人には自覚されない心的決定要因が存在することは、古くプラトンの頃から哲学、後には、さらに心理学の分野で問題にされてきており、それに対して17世紀後半にライプニッツが微小表象さらに無意識という名をつけた。それは、意識されない微小知覚が累積される無意識作用のなされるところで、微小知覚が多数累積されて意識に達することがあるということのようだ。プフングストより20年程前に生まれたジャネは、それを心的自動症と呼んでいる。ともあれ、プフングストは「無意識」を認めているようだが、それは現在のわれわれが知っているような、フロイトやユングによって付与された意味合いを持つ「無意識」とは違うだろう。そのような意味合いがおぼろ気ながら与えられたのは1915年以降であり、明確に与えられたのは1930年代に入ってからである。

(75) 今述べたような心的な状態あるいは特質はおそらく、叩音降霊術やテーブル傾転降霊術の霊的な「媒介者たち」

のそれと本質的には共通しているのだろう。いずれの場合も、テーブルやハンスに直接関係している人は非常に注意集中し強く緊張している、つまり神経エネルギーが限られた内容のみに向かっている。そのように注意が限定的な内容のみに向いていると、われわれがこれまで幾度となく目撃してきた通り不随意運動が起こりやすく、しかもその運動に当人も気づきにくいのである（といっても念を押すまでもなく、神経衰弱、ヒステリー、その他諸々の精神病とは何の関係もない）。叩音降霊術等の場合には手が、ハンス事例では頭が動いてしまうのだ。そもそも私たちの頭は頚部背柱の上に載っていて、いつも不安定なバランス状態にあるので、あらゆる種類の運動インパルスにも極めて敏感に反応しがちなのであり、手も不安定な状態にあると不随意運動が起こりやすいのである。試しに、被験者に腰をかけて両手脚を前に水平に伸ばしてもらったり逆立ちして両脚を垂直に上げてもらったりして、手や脚をできるだけ不安定な状態にして実験してみたら、**手や脚にもピクッとする不随意運動**が起こった。実際、いかにハンスの事例と叩音降霊術がよく似ているかは、19世紀の中頃発表された、A・ド・ギャスパラン伯爵94の論文からの左記の抜粋を読めば明らかだろう。この論文は伯爵自身が叩音降霊術とテーブル傾転降霊術について実験した際の詳細な記録に基づいて書かれているのだが、伯爵はわれわれとは違って、関係者の不随意運動によるとは決して考えようとはせず、テーブルと関係者から流れ出る何か神秘的な気韻との、いわば共演ということで説明しようとしている。ともあれ、ハンスが叩いて応答する際にわれわれが観察した事象と非常に類似する点が多々認められる。ここで一言付け加えておくが、私は伯爵のこの論文も他の大方の参考文献と同様、これまでに本書に述べてきた観察や実験そして内観をすべて完了したのち初めて目にしたのである。抜粋文の前に書かれている数字のうち初めの数字は伯爵のフランス語の論文の頁で、2番目の【　】内の数字は本書の中で類似した内容のことが書かれている頁だ。ハンス事例と表現が幾分違うところは、伯爵の論文のフランス語の文を〔訳註：原著ではフランス語のままなのだが、できる限り忠実に邦訳して〕弧内に記しておいた。

49【22】　質問者として特に適した人（「並外れた実験者」）がいるのだが、その人がいないときに他の人が質問しても答えが得られることがある（「成功は、たとえ大成功ではないにしても、不可能ではない」）。

25【249】適した質問者でも、いつでも同じようによい結果が得られるわけではない（「非常に確かな彼らでさえも、いつも同じように成功するわけではない」）。

42【166】質問者が気乗りしないと成功率が著しく低下する。

87・91【167】それに質問者がまず、うまく調子に乗らなければならない（「調子づく」）のだ。そしていったん調子に乗ったら、ごく短時間の中断といえども極力避けるようにしなければならない。

91【101】質問者が充分に緊張しているときだけ、成功する（「強い意志がなければ、何も動かない」）。

210【101】緊張度が低すぎると、打数が多くなり過ぎる（「思っている数だけ鳴り終わった瞬間に、あなたの意志がテーブルに向いていなければ、叩音はいつまでも続く」）。

31【101】だが、強く緊張し過ぎても成功しない（「あまりに強く成功を望み過ぎて、叩音の終わるのが耐えがたい程遅く感じられたら、テーブルはもうそれ以上は活動しない」）。

36【168】適切な調子（「いつもの調子」）に乗れないで、テストがなかなか成功しない場合には、新しい実験や難しい実験にとりかかるのはやめにして、何か簡単で楽しめるような実験をするのがよい（「テーブルは素直ではなかった。叩音はだらけた調子で、つまらなさそうに響いた。そのとき、われわれは名案を思いついて実行に移した。辛抱強く、しかも楽しげに待ったうえで、新しいことを始めたりはせず、くつろいだ気分で解ける楽しい問題ばかりを出し続けたのである。しばらくすると、ついにテーブルの調子が変わって、われわれの命令を待ち受けて弾むように答えた」）。

199【38および98】質問は、声に出してはっきり言う必要はない（「命令する人は、求める叩音の数を声高に言わなくてもよい。自分の隣の人にその数を耳打ちした後は、ただそれを頭の中で考えているだけでよいのだ。ほら！テーブルが命令に従った。大きな声で質問しないからといって、それでテーブルが間違ったためしはない」）。

199【65以下】大きな数を叩くときの速さは、小さな数のときより速い（「われわれの年齢を訊ねると、われわれの頭の中にある年齢の数を示した。そして、思っている数が少しでも多目だと、叩音はこっけいなほど忙しげに鳴った」）。

210【29以下】「質問者が正答を知らない」テストは完全に失敗した（「テーブルは、実験者の頭や心の中にないことは答えない。手足を使うときのように、人間の意に従う以外のことをさせようとすると間違い続けた」）。

28・29・217【74】実験者が2人いて、同時にそれぞれが異なる数をハンスに叩かせようとするときは、ハンスに対する影響力の強いほうが常に勝つ（「一方は大きな数を求め、他方はそれより小さな数を求めた……そう、より強い影響力を持つほうが勝った」。「かくしてAが心の中で叩音を25打鳴らさせようと念じ、Bのほうは18回でやめさせようと思った。Aの影響力のほうが強い、すると25打まで鳴り続けた。……反対に、Bが心の中で13打までと思い、Aは7打でやめさせようと考えた。このたびもAのほうが強い。叩音の数は7で止まった」）。

第6章

(76)〔訳註〕原文には"Unterricht"と"Dressur"と書かれていて、一見すると"Unterricht"（英訳では"instruction"）が"Dressur"「訓練」（243頁参照）の対立概念でもあるかのように思えるが、決してそうではない。当章の初めに明記されているように、著者はいかなる方法でハンスに物事を覚えさせたのか未だ一度たりとも検討していないから、いずれの方法とも偏らない表現として用いている。「仕込み、教授、指導、覚えさせること」といった訳にすべきであって、決して教育とか教育的試み（訓練以外の、主に概念の形成と、その操作を覚えさせるための仕込み方・鍛練法を意味する）というふうに訳すべきではない。「教育」には"Erziehung"（英訳"education"）が用いられている。科学者として当然なことながら、プフングストは第2章以下いずれの章でも、この原則を崩したりせずに、この単語・表現を用いているし、補遺Iの筆者であるシュトゥンプフ教授もそれを厳守して補遺や序文を書いている。

(77) 動物のいわゆる計数能力の問題およびその場合に考慮すべき根本的な点については、別のなるべく早い機会にもっと詳しく述べるつもりである。

(78)〔訳註〕第2章の比較的初めのほうで述べられているように、フォン・オステン氏は人間が心の中で思うその言葉には発語運動による音声が伴っているのだと思っていて、質問を口で言わないときにはその心の中の音声を、耳がいいハンスは聞き取って答えているのだと考えている。そしてウマも人間と同様に、心の中で発語運動をして数の音声を発しているのだと思っているのだが、人間はウマほど耳が鋭敏でないのでその音声を聞き取れないのだと考えているようだ。

(79) ウマの脳の構造だけから推量して、フォン・オステン氏とは反対に、ウマには概念形成力はないと主張している人もいる。たしかに今日の段階では、ウマの脳はサルの脳と比べると、いや、イヌの脳と比べてさえ、かなり未発達な部類に属するといえるのかもしれない。しかし、思考作用のもとをなす神経組織やその作用に関する見解が今もって定まらず、時にはある見解が完全に覆されてしまうこともあるといったように非常に流動的な今日の状況を考えると、いかなる理由に基づくにせよ、そのような結論を出すのはまだ早かろう。だから、フランスの生理学者がウマの脳を解剖した際に、その小ささに驚いて言ったという次の言葉にも、われわれは賛同できない。「これまで、おまえの堂々たる姿や見事な首すじを見ると、一瞬背に乗るのがためらわれたものだが、おまえの脳がどんなに小さいかをこの目で見てしまい、お前が一頭の家畜に過ぎないのを知ってしまったからには、もはやお前を使うに何の躊躇がいろう」98。

(80) このように、対象の方に注意を向けると自然にその方に顔や視線を向けてしまうという、注意と身体(つまり顔貌部分を含む頭や胴体)の向きとの自然な密接なつながりを英語(あるいはフランス語)の"attention"(ドイツ語の"Aufmerksamkeit"「注意」に相当する)は如実に表している。"attention"はまさしくラテン語の"tendere ad ..."つまり「~の方へ身を傾ける」からの派生語なのである。

(81) 棒占術では、「占い棒が、それを手に持つ人間が何もしなくても、隠れた水源や埋蔵物の影響でひとりでに動き出す」と考えられている。これはかなり起源の古い占いなのだが、長いこと科学によって葬り去られていた。ところが近年、キール造船所所長で、海軍省顧問のG・フランツィウス99の論文の中で取り上げられ、今さらのごとく息を吹き返してきた。この棒占術がいかがわしく感じられる理由はなんといっても、次第にどんなものでも占い棒によって見つけられることになっていった点であろう。見つけられるものは最初は金と水(フランツィウスが述べているのは、この2つのみ）だけだった。ただし水はそれが地下を流れているときだけ反応するのだという。となると、例えば都市の地下を走る水道主管の水には影響を受けて動くが、地表を流れるライン川やエルベ川の水では動かないということになる。それが今では、金だけではなく他のいかなる種類の鉱物（例えば石炭や石膏、黄土、赤石灰、硫黄、石油）でも求めに応じて、その在り処を探り出してみせるといわれている。となると、つい今しがた少量の地下水の影響で動いた占い棒が、私が計画を変更して石炭や金を探すことにするとたちまち、たとえ地下に水が多量にあろうと、それには反応しなくなるということになろう。ともあれ占い棒は、そういった鉱物を探し出すだけではなく、殺人犯や殺人現場の方へに向かっても「叩きつけるように傾いて」示すそうだ。盗難があると、泥棒は誰なのか、どの方向に逃げたのかをさし、盗んだ物を見つけ出す。何に触れたかすら知らせる。さらに境界石の本来あるべき位置をも示す。ある人物について知りたいと頼まれれば、その人物の罪を暴き、その持つ特技や才能を教える。どこへ旅行したことがあるか、どんな怪我を負ったことがあるか、お金を持っているかいないか、その額はいくらかといったこともあらわにする。その場にいない人が今何をしているか、どのような服を着ているのか、それは何色かといったことまで見通してしまう。さらには神学や医学、動物学、植物学に関するあらゆる疑問にも答えてくれる。要するに、どのような質問でも答えられないことはないらしいのである[100・101]。棒占術の、こういった現象が純物理学的に説明のつくものでないことは、すでにその出現の初期の段階からいわれている。ただし棒占術が実際に使われたのは長い間、鉱脈の探査に限られてきたようだ。最も早く棒占術を否定する声を上げたのは（あるいはその一人は）、鉱山学のみならず医学哲学にも通じていたG・アグリコラ[102]（1556）であるが、その後も多くの識者が異口同音に否定している。世間では、詐欺とか偶然といった見方もありはしたものの、大方の人は魔法や悪魔の所業だと信じていた。そのため教会も再三にわたって棒占術の使用を禁じている。ともあれ17世紀にはすでに[103・104]、棒占術師の想像力こそが棒占術師の手を動かし、そして棒を動かしめるのだという見方が現れている（"fortassis etiam phantasia manum in motum concitante"「おそらくはまたしても空想が手を運動に駆り立てる」）。この指摘こそが、棒占術を解明するカギを示しているのだが、ここでは詳述しない。そこには心理上の複雑な問題がいろいろ絡んでおり、今後の究明が待たれる。だが、この棒占術の棒とか杖といったものが、第４章で述べた質問者役の頭のピクッとする動きを記録する実験（129～147頁参照）で使用した、３本のレバーの役割を果たしている、つまり占師の表出運動を拡大して表す役割を担っているということは確かだと思う。そうであれば、棒や杖の代わりに、実に様々な道具が使われているのも合点がいく。例えば、熊手、杭、時計のバネや振り子、ハサミやペンチといったもの。また、ナイフとフォークあるいは２本のパイプを縛ったもの、真ん中を開いた本、さらには1本のソーセージの両端を握って少し曲げたものさえ用いられる。いずれも占い棒の役割を「完全に」果たせるのだ。さらに達人になると、棒も何も使わず、ただ自分の両の手の人さし指の先と先を強く押しつけ、たわめるだけでもいいし、両手を身体の前に少し出しその掌を平らにして合わせるなり105、（指を絡ませて）組み合わせるなりしただけでも占えるという106。

（82）〔訳註〕今では"Zoon"（英語では"zoon"）は生物学では一般に「動物の群体を構成する各個員つまり個虫」を意味するのだが、ギリシャ語ではもともと「動物」を意味している（zoo の単数主格）。古代ギリシャでは zoon politikon「人間は政治的な動物である」といったように、"zoon"「動物」に人間も含めて捉えていたのだろう。アリストテレスとても動物の階層化した図のうちに、その最上階に配置しているとはいえ人間をもそこに含めている。だから、ドイツのみならず欧米文明の源流と見なされている古代ギリシャ文明つまり欧米でいう古代においては、「動物」"zoon"は「人間をも含めての動物・生き物」という意味だったのだが、キリスト教が支配的になった時代、殊に中世になると、人間は同じ神による被創造物ながら特別な存在と考えられるようになり、近代に入ってまた古代ギリシャにおけるように考えられるようになったということだろう。

（83）たった1例だが、ハンス事例同様に投機目的で仕込まれたのではない事例が文献に載っていた（この例外的な事例もいうまでもなく、思考力があるかのように見えただけだろう）。それによると、１８４０年頃、フランスの税務署員レオナールなる人物に飼われていた２匹の猟犬が、訓練によっていろいろな芸当をするようになった以外にドミノゲームのやり方も理解していたということだ。飼い主とだけではなく誰とでも、飼い主からの合図や手助けなしにゲームができたそうだ。飼い主は科学的な興味といわばお楽しみから、そのようなことをイヌに仕込んだのであって、金儲けのためではないという。この事例はユアット108とド・タラド109という2人の作家によって別々に報告されているのであるが、2人が互いに相手の報告内容を知らずに記していることは歴然としている。ド・タラドのほうは実際に自分でこの2匹とドミノをやって試してさえおり、イヌにゲームの仕方を覚えさせる方法についても書いている。だが、その記述は信じがたいほど批判的な視点に欠け、こういった問題について多少なりと知識のある人にはとても、あれこれ反論する気にもなれまい。ユアットのほうはこの2匹を見たこともない。それなのに、ゲーム中は対戦相手だけではなく、飼い主も同席していたと書いている。そしてレオナール氏がいたにもかかわらず、イヌは彼から、いかなる微かな「ほのめかし」"Wink（＝intimation）"といえども得てはおらず、独自に状況を観察し計算してゲームをしているのだと断言している。そういう主張は大胆過ぎよう。私が何匹かのイヌとゲームをしようと試みた経験からいっても、とても認められはしない。アシェ＝スプレ110は私と同じようにイヌが計算しているとは思ってはいないものの、対戦相手が口で数を言いながら置いた牌と同じ目数の牌を隣に置いているのだと考えている。つまり今相手が6と言いつつ目数6の牌〔長方形の木や骨あるいは象牙で作られた札で、2つに仕切られ、それぞれにサイコロの目のように1から6までの点が書かれている場合もあれば、一方は無地のままという場合もある〕を置いたら、イヌもその隣に目数6の牌を、目数3の牌ならイヌも目数3の牌を置くといったようにしているのだという。私にはそれでも、イヌの能力を過大に評価しているように思える（というのは、数を数える能力そのものは必要ないにしても、例えば「ろく」という数詞の音声と、6つの目・点からなる特有の集合像つまり〈模様〉との間に連合が充分に成立しているということになるからである）。前記の作家たちは2人とも、対戦相手が数を常に声を出して言っているとは記していない。かのジョン・ラボック卿111が同様のテストをしてみても失敗に終わったということでもあるから、とても私にはイヌに同じ目数の、つまり同じような〈模様〉に見える牌を探し出して合わせることができるなどとは信じられず、このイヌはゲーム中絶えず飼い主から「ほのめかし」を受けていたのだとしか考えられない。それは視覚的なものだったかもしれないし、聴覚的なものも働いていたかもしれないが、いずれにせよ決して不随意的なものではあるまい。というのは、これらのイヌの飼い主のレオナール氏112は動物の訓練に関する本を出版していて、その中で、イヌにどのように訓練を施して様々な芸当ができるようにしたか、その方法を詳しく記しているのに、ドミノゲームについては一言も触れていないからである。イヌが自分で考えてドミノゲームをするようになったと信じていたなら、それこそ真っ先に述べているはずではないか。自分が努力を傾注して得た、この素晴らしい――たとえ、そう思い込んでいただけだとしても――成果について、黙っているはずはない。ともあれ、言及していないということが却って、彼が実に賢明で自己欺瞞に陥るような人ではないことを如実に示している。要するに、この事例はレオナール氏が、そのような話に乗せられやすい周りの人たちをからかったに過ぎないのだろう。

(84) P・ヴァスマン氏(イエズス会)は、その著書『動物界における本能と知性』(Freiburg in Bayern, Herder, 1905)の、つい最近出た第3版の中で、ハンス事例を取り上げ、彼の質問に答えた私の返信から引用している。ところが、引用に誤りがあるので、ここで訂正しておきたい。彼の引用では、「ハンスと他のウマとの差異は、その並外れた観察力だけであり、その観察力は意図的な訓練が生んだ意図せざる副産物である」となっているが、実際は私は「意図的な教育が生んだ意図せざる副産物」と書いたのである。

(85) 〔訳註〕第5章に詳述されているが、この場合はフォン・オステン氏が質問者なのではなく、著者か誰かメカニズムを知った人が意図的に「2の2倍は5」と繰り返し答えさせているのを見て、なぜかと考えることなく意固地と言っているのだろう。

第7章

(86) 著名な博物学者ビュフォン124は、彼独特の華麗ともいえる文体で、いささか悲観的に述べている。「家畜は、人間を楽しませ、人間に奉仕し、人間に虐待される奴隷であり、人間によってその依存してきた本来の環境から引き離されて自然な性質が損なわれ変質させられているのである」。

(87)〔訳註〕おそらく、この補遺II(1904年9月12日付)も、他の署名者たちの意見を入れながらもシュトゥンプフ教授(補遺Iや補遺IIIおよび序文の筆者)が執筆したのだろうが、彼はこの1904年9月当時はまだ、「扶助」と「合図」をプフングストのように明確に区別(註(16)参照)してはいないようだ。当時は一般に、人が意図的であれなんであれウマにある行動をさせるためにすることはすべて「扶助」であって、「合図」はそのうちの特殊例という認識だったようだ。序文に引用されている新聞記事を書いた記者も終始、扶助を使っている。

(88)〔訳註〕直訳は「四肢うちのどれかしら1本の動き、あるいはその他のÄußerungenつまり表示・表明・発語(複数)は何も発見できなかった」。この鑑定書のもとになった補遺III(この集まりの際の調査の記録からの抜粋をさらに要約したもの)を読むと、特に眼に注意したと書かれているから、「眼の動き」もそこに含まれよう。また、この補遺IIの執筆者とおぼしきシュトゥンプフ教授の手になる序文に、教授自身は当時ネーゼルフィスパーつまり「鼻による囁き」のような合図によるのではないかと思っていたと記しているから、「他のÄußerungen」のなかには音声的なものも含まれると解釈していいのではないだろうか。

(89)〔訳註〕この「答えを知らない」テストについての、直接的な結果は原文にも書かれていない。補遺IIIから、その結果が、何回テストしても正しい答えは返ってこず、返ってきたのはシリングス氏がフォン・オステン氏のいない間に告げた数だったということがわかる。この結果からはフォン・オステン氏が合図を送っているのではないことは確かだが、そそっかしい人にはシリングス氏が合図を送っていると勘違いされかねないし、また序文から教授自身もまだ思考力があるのではないかという思いを捨てきれなかったように窺えるから、それ以前にそうと意図しないでなされた「知らない」状態での試みについての目撃情報をさりげなく記すことにしたのかもしれない(本文の場合は「知らない試験」の結果はハンスには思考力が備わってはいないという明確な証拠となった)。この目撃情報の文は"außerdem"「そのうえ、おまけに」という言葉によって前文と関連づけられているから、文章の形の上では、この目撃情報は調査結果以外のトリックでない証拠の一つにもなっている。ともあれ、当時すでに「知らない試験」を実施すること(この場合のそれは不完全な条件下のもの)が調査らしい調査と見なされるための必須条件の一つになっていたことが窺える。

補遺Ⅲ

(90) 9月12日の数日後に、私が委員会の調査記録に基づいて作成した抜粋(「序文」xi頁参照)から、さらに本書出版にあたり紙幅の都合で要点のみを抜き出した要約である。ただし、「序文」vi〜vii頁で触れたように、いわゆるハンス委員会の目的が誤解されているので、要約である補遺Ⅲの結びの部分の文が、調査記録そのものに書かれている結びの文を一字一句変更することなく再録したものであることを申し添えておく。C・シュトンプフ

(91) 〔訳注〕補遺Ⅱの「九月鑑定書」と通称されるもの。

(93) 〔訳注〕原著にも収録されていない、補遺Ⅰのもととなった聴取全記録のことであろう。

訳者のことば——プフングストのハンス事例調査の歴史的意義

本書は、「動物に意識はあるのか」「動物は人間の言葉がわかるのか」といったテーマを扱った著書や心理学史をひもといたとき必ずといっていいほど出会う「ハンス現象」「りこうなハンス現象」とか「賢馬効果」あるいは「りこうなハンス錯誤」ひいては「実験者効果」といった言葉を生むそのもととなった事例の調査報告書 Oskar Pfungst (1907), *Das Pferd der Herrn von Osten (Der Kluge Hans): Ein Beitrag zur experimentellen Tier = und Menschen = Psychologie*, Johann Ambrosius Barth, Lipzig（オスカル・プフングスト著『フォン・オステン氏のウマ（りこうなハンス）——実験動物心理学および実験（人間）心理学への一つの寄与』１９０７年）の初めての邦訳書です。

すなわち、この原著は世界で初めて、動物の被験体にすら実験者の期待が知らず知らずのうちに伝わってしまうことを明確に示した研究書なのです。その影響は動物心理学や動物行動学だけではなく、他の、人間や動物の肉体・身体をその直接的な探究対象とする医学や薬学さらに遺伝学といった諸自然科学における認識や実験手法にも及び、今や社会科学の研究や調査等すら「賢馬効果」あるいは「実験者効果」を考慮せずには妥当な結果は得られないと考えられるようにすらなっています。そして教育の場や一般社会における非言語的な対人期待の伝達（非言語コミュニケーション）の研究を促すことになったのです。ハーバード大学のファーノルドD.Fernald教授は、この、プフングストの業績を心理学史上、フロイトのそれに劣らぬものだ、とその著書*The hans Legacy*『ハンスの遺産』(New Jersey Lawrence Erlbaum Associates, 1984)中で述べています。

さて、この「りこうなハンス」つまり「算数の問題を解き文字を読む」ことができるかのようなハンスという名のウマは、今から100年程前、漱石がロンドンより帰朝し『吾輩は猫である』を著す少し前、ようやくテーブル傾倒降霊術や棒占術といった超常現象の欧米における大ブームが下火になってきた時分の、１９０４年(明治37年)頃、ドイツはベルリンに現れました。この40年程前にダーウィンC.Dawinが『種の起源』(1859)を著したことに端を発した「人間は下等動物から進化してきたのか否か」という知識人たちの間での大論争が、「計算する」ウマへの熱狂的な関心を呼び覚ます素地を一般社会のみならず科学者たちにもたらしていたのでしょう。もともと、動物は鍛え方次第で思考力を有するようになるのか、本来的に動物には思考力の萌芽ないしは素質と見なせるようなものが備わっているのかという問題は、古代からの哲学上の深遠なる課題だったようです。そして当時まだ、アリストテレスの動物観に端を発し、そこにキリスト教会の「人間は神の似姿を与えられた」という見解とがない混ざって「同じ神の創造物ではあっても、人間は動物とは画然と異なった存在」という見方が大勢を占めていたドイツのみならず欧米社会にとっては、その世界観の転換を迫るような衝撃的な事件だったのでしょう。

果たして、このウマはその飼い主であり〈教師〉であるフォン・オステンや当代一流の動物学者や教育学者たちの一部が主張していたように、「(算数や文字に関する質問を)自分で読み考えて質問に答える能力」=思考力=「感覚や感覚記憶像あるいは観念から概念を抽象しそれを操作して判断を下す能力」(2頁参照)を有していたのでしょうか。それとも世間の少なからざる人たちが言っていたように、トリック=計画的な訓練=「特定の合図に習慣的に反応して特定の運動をするように躾けられた」(243頁参照)だけだったのでしょうか。

今、あなたの眼前に威風堂々たる「考える」ウマが現れたら、一体その謎をどういう方法で解明しますか?——この著書の面目あるいは面白さは第2章で展開されているように、当時すでに人間心理の探究にはよく使われていた、特別な道具も装置も要しない実験方法を、なんとウマに対して適用して、わくわくするような見事な論理で謎に迫っていくところにあるのです。現在でも、プフングストの、見事な二重盲検法を駆使した調査方法について、1965年版の英訳再版本(後述)に付された解説の中で、また1981年の「りこうなハンス現象」学会の報告書 *The Clever Hans Phenomenon: Communication with Horses, Whales, Apes, and People*(『りこうなハンス現象——ヒトとヒト同士、ヒトとウマやクジラ、類人猿とのコミュニケーション』)The New York Accademy of Sciences の中で、ハーバード大学のローゼンタール R. Rosenthal 教授は、何かしら不可解な出来事を科学的に調査する方法として今日でも一級のものであり、心理学のみならず生物学や生態学、医学さらには社会学等の研究においても範となり得るものだと述べています。

ハンスがやってのけているのは（第1章参照）、まず例えば「3足す2はいくつか？」と聞かれると即座に右前足を少し前に出して軽く叩き始め、5打叩くと足を元の位置へ戻すこと。また「赤はどれか？」と訊ねられるとあらかじめ並べられた色布の列から赤い布を選び出し口にくわえて持って来、「右はどっちか？」と聞かれると頭を（質問者にとっての）右に一振りして示すことです。かようなことをするようになったのは、飼い主によれば、ニンジンやパンという褒美（強化子・強化刺激）を用いつつ、児童を指導するようにして学ばせたからだというのです。なんとハンスは、サーカスや見世物での「りこうな」イヌや他のウマとは違って、教師の不在中でさえ正しく答えるのです――この事実はハンス事例の一大特徴です。ウマが騎乗している人間の心を読むかのような行動をとることは、昔から洋の東西を問わず知られていますが、それはプフングストも触れている通り、ウマが騎乗している人間の筋肉の動きから人間の期待を知るためです（ビアード G. M. Beard, 1881）。けれどもハンスの場合には、人間に直接触れていないだけではなく、合図なら繰り返し生じているはずの（人間側の）動きも微かな音声も何一つ見つからないのです。

プフングストはハンスの飼われている中庭に行き、不充分な条件下で自分でハンスに主に算数の問題（叩いて応答する問題）を与えて試すうちに、正答であれ誤答であれ何かしらのシステムに則って返ってきているらしく、しかも自分の何かに触発されてなされているらしいこと、そして自分が思っている数や問題の答えを強く意識しているときに正解が返ってきがちなことに早くも気がつきました。そういった事実から彼は「質問者があらかじめ答えを知っているか否か」が重要な要因なのだろうと推測し、当時すでに人間を対象とした心理学実験ではよく使われていた「知らない試験法」（当事例に則していえば「質問者および他の調査関係者全員がハンスへの質問の正答を知らない状態」でハンスに質問するテストと「答えを知っている状態」でのテストを交互に行う実験法。不充分な条件下ながら、シュトゥンプフを中心にしたハンス委員会でも、この試験法による実験はなされています）を充分に予防措置を講じた条件下でウマに対して適用して実験してみることにしたのです。第1の予防措置として、彼は中庭にテントを張ってその中にハンスを入れ、外部からの適時の刺激の付与を不可能な状態にしました（テントで囲い隔離状態だと、例えば地中を通した電線で電気的刺激を与えられているのだとしても、適時には通電できない）。また2つ目の予防措置として「答えを知らない」テストと「知っている」テスト（飼い主がこれまでハンスにさせていたのは、結局はこれなのです）を交互に大量に行うことにしました。そのように正答につながる可能性のある外界からの刺激を二重に遮断した、厳密な二重の目隠し的条件（二重ブラインド条件）下では、ハンスからは正しく答えが返ってきませんでした。ということは、思考力が備わっているのではなく、質問者からの何らかの刺激つまり合図に反応していることになりましょう――プフングストはまずは「知らない試験法」によって、ハンスに「思考力」が備わっていないことを立証したのです。

では、何が実際に合図・刺激として働いているのか。まず、質問者が発しているはずの刺激の種類を特定するために、その受け手であるハンスがどの感覚器官を介して受容しているかを調べてみることにしました。そこで、テントで囲ったまま初めに、ハンスの両目に目隠し革を装着し視覚刺激を遮断して質問する実験を行いました。確実に質問者の姿を見られなかったと思われるときには正答はほとんどなく答え始めすらしなかった場合が多かったのですから、視覚的な刺激つまりハンスが目で捉えることのできる、質問者の変化が不可欠であることは明らかです——著者は「目隠し革実験」によって、ハンスが視覚刺激を受容することが、正しい数だけ叩いたところで中断させるに必須の条件であることを確認したのです。

聴覚刺激の関与の有無は、耳にキャップを被せる、外耳に綿を詰めるといった方法では刺激が確実に遮断されているのか否かわからないので、ずっと実験者側が沈黙したままでいるとか、逆に「やめろ」といった刺激を与えるといった方法で調べ、聴覚刺激が本質的には無関係であることを立証しました。

そのような実験をしている間も、プフングストは自分の心の変化を探る内観を続けていましたが、その方法では自分が何か決定的なことをしているはずなのに、どうしても捉えられないでいました。ところが、フォン・オステン氏を観察しているうちに、この事例のキーポイントともいうべき、ハンスの叩く行動をいったん中止させてしまう「終わりの徴候・合図」を見つけることができたのです。それは、これまでプフングストが彼の本来の研究領域である感覚心理学の実験を数多く手掛けてきたために、ごく微細な動きを知覚する能力が自然に培われていたおかげです――つまり、この発見はプフングストなればこそ可能だった、いわば奇跡に近いことなのです。なにせ当事例以降も、類似の現象は頻繁に見られ、多くの研究者がそれらを調査した結果、実験者がその対象に対して、それが人間であれ動物であれ不随意に無自覚的に影響を及ぼしていること自体は明らかになり、大体の発信チャネルも見当がついた場合でさえも、真の原因が突き止められたことは今もって一例もないのです（ローゼンタール）。しかし、プフングストは他の、普通の人でもこの動きを突き止められ、いつでも検証できる方法、つまり客観的な方法を導入しており、それによって自身が発見したことの正当性を最終確認しています（第4章参照）。

その、発見された「終わりの徴候・合図」は、強い期待感から生じた緊張が「期待している数まで叩いた、これで終わりだ」という安堵感から弛緩して、質問者の頭がごく微かに（大きくても2㎜程度で、0・5㎜以下ということもある）思わず知らず不随意にピクッと上に上がってしまうという動き、つまり微細な不随意（自然表出）運動だったのです（彼は内観の結果から、この動きが「無意識に」なされているのではないと感じているので、本文では決して無意識という言葉を使っていませんし、反対にこれだけでは断定できないと考えて、意識内のことという予断を与えかねない「無意図的な」という表現も使っていません。註（20）および註（74）参照）。さらに、ハンスに叩き始めさせてしまうのが、答えが発せられる器官である蹄を見ようと思わずしてしまうわずかな（もっと大きい場合もある）前傾する動きであり、完全に叩きやめさせるのがピクッとする動きに続いて真っ直ぐな姿勢に戻る比較的大きな動きであることにも気がつきました。要するに、すべては人間心理のなせることだったのです。

それは他の応答行動の場合についてもいえることです。「赤い色布を持ってこい」と命令すれば知らず知らずのうちに、その色の布の方を見つめてしまう、つまり「瞳の位置」が合図になっているのであって、決して色名と色彩とが連合した結果ではありません。それは色布の置かれた位置によってハンスの正答率が異なることから明らかです。ただしこの場合には、掛け声のトーンから質問者の快不快を察知するせいか、それがかなり有効に働きます。また「右はどっちか」と訊ねられて頭を振る場合は、質問者が「右」と思うと無自覚的に右へ頭を微細に動かしてしまうといったことが合図になっているのです。

いずれの場合についてもプフングストは、まずはそれらの動きを故意にすることでハンスを自由自在に操れるか試し、それらが謎の正体であることを立証しました。さらに彼は、自分がハンス役となり他の人々に質問者役になってもらって、質問者の動きをプフングストの目で観察するいわば主観的な方法によって確かめています。最後には先述のように、客観的方法によって、つまり特別な装置を用いて質問者の頭の動き（殊に叩く応答行動の場合の、ピクッとする上への動き）を捕捉し記録する方法によって決定的な確認をしています。端的にいうと、第3章以降の章は第2章の現場実験によって判明した合図、殊に叩かせる場合の「質問者の頭がピクッと上に上がる動き」についての検証にほかなりません。

以上で述べたような、様々な実験の結果得られたデータに対するプフングストの対処法は、オマカムの剃刀あるいは節減の法則つまり「無用な複雑化を避け、最も簡潔な理論をとるべきだという原則」に、また「いかなる事例でも、観察された行動が下位にある心的能力作用の結果として解釈し得る場合は、上位の心的能力作用の結果として解釈してはならない」というロイド・モーガンの公準に則ったものです。その結果、彼はこう結論づけています。

ハンスが質問に答えるかのような応答行動をするようになったのは、厳しい自然環境の中で淘汰されずに生き残ってきたウマ一般がもともと有しているはずの鋭敏な動態（体）視力と、周囲へのたゆまぬ強い注意力とが、4年間の「教育」とみなすべき鍛練によっていよいよ発達させられたがために、質問者の頭や目の微細な動きを片時も見落とすことなく捉えることができるようになったこと、そして微かながら記憶力が備わっていたことによる。記憶力があったればこそ、繰り返し練習しているうちに、非常に鋭敏になった視知覚力で捉えた質問者の動きとハンス自体の幾つかの動きとの間で連合が形成されたのである。さらに（以前はともかく現在の）ハンスの動態視力と注意力つまり観察力が普通の人間のそれをはるかに凌駕しているので、これまでハンスが合図として利用している動きが見破られず「りこう」に見えたのだ。しかし、この調査結果だけから動物には思考力の萌芽すらないとは決していえない、特に系統的にヒトに近い動物の場合はそうである、と。

その、ヒトに近い動物、殊に類人猿について、近年とみに言語を理解するとして話題になっていますが、その問題についてイリノイ大学のシービオック T. Sebeok や心理学者のテッラス H. Terrace らは、一部の人たちのように、すべては類人猿の理性によるのであって、そこにハンス効果がまったく見られないと断言するのはいささか問題ではないかと述べています。また、チューリッヒ大学の動物心理学者ヘディガーH. K. P. Hedigerは、合図への反応について、ハンスやサーカス・見世物のイヌやブタや他のウマ等が示す「りこうな」行動は、あくまでも家畜種だから生じたのであり、すべての本能のうち逃走本能が最も優越している野性種もが同じ合図あるいはキュー（手掛かり）に対して家畜と同様な過程を経て同じような反応を示すようになると考えてはいけない、と述べています。

このプフングストの調査報告書からは様々な教訓が読み取れましょう。まず、有能な科学者も科学的な事柄で間違いを犯すことがあるとか、人間は観察もその結果の解釈も当人の期待に添うようにしてしまいがちなので自己欺瞞に陥りやすいこと。また、知性を誇り冷静な人でさえともすると、この事例の場合のように「ウマが野性の中でウマとして生きていくうえで何の役にも立たない『人間の言葉を使って計算する』能力が、その長い歴史からみればごく近々に人に飼われるようになったに過ぎないその家畜生活にあわせて、にわかに備わるようになるなどということがあろうか」(David Katz (Penguin Books, 1953, First published 1937, Longmans), *Animals and Men: Studies in Comparative Psychology*〔ダビット・カッツ著『動物と人間——比較心理学的研究』〕）と疑いもせず他者の言に惑わされやすいこと。そして期待を抱くとその通りになるように（予言を成就するように）人間は行動しがちであるとか、人間が接する生物の行動に影響を及ぼすことのできる合図あるいはキューは驚くほど微細なことがある、といったことでしょう。そういったことのうち最も重要な教訓は、実験者は自分の期待という（人間の）情緒に沿った行動をしてしまいがちで、そのため動物を対象としたときでさえも期待が伝達されてしまうという事実でしょう。その事実が後に「ハンス現象」あるいは「賢馬効果」「クレバー・ハンス錯誤」と呼ばれるようになったのですが、それはまさにマートンの自己充足的予言（1957）を予言したものといえましょう。

この、人間の期待の動物への伝達をラットを使って追試したローゼンタールら（1963）は、実験者の期待の違いが迷路学習（さらにはスキナー箱による実験でも）に統計的に有意の差を生じさせることを明らかにしています。同じ系統の同じような成育歴を持つラット群から任意に選び出されたラットなのに、「賢くなるように特別な育てられ方をした」といって学生に手渡されたラットは、そうでないラットよりも迷路に対して1・5倍も正しく反応したというのです。期待の差が手での扱い方の差によって媒介され伝達されたのだろうと彼は述べています（後記参照）。また1929年にパブロフは、彼の研究助手が行ったラマルクの獲得形質の遺伝説を検証するための実験結果について、マウスへの（研究助手の）期待の無意図的な伝達によるものであると説明しています。

人間の期待の他の人間への伝達（対人期待の伝達）については、昔から「目は口ほどにものを言い」というのですから誰でも感じていて古くから研究がなされ、ダーウイン（1872）も進化論的立場から表情の研究をしています。1920年代になるとリュクミック C. A. Ruckmick やゲイト G. S. Gate らは顔写真を使って、その表情の表出している情緒や感情を判断させる研究を次々と行い、シュロスバーグH. Schlosberg（1941）やエックマンP. Ekman（1971）は顔面の部分部分の写真を使って感情・情緒を判断するカテゴリー・システムを作ったりしています（例えばFAST）。そういった言語によらない人間同士さらには人間と動物との間のコミュニケーションは、今では非言語コミュニケーションNonverbal Communication: NVCと呼ばれるようになっています。これはまさに「りこうなハンス錯誤」あるいは「ハンス現象」ですが、現在では人間が被験者である場合も含めてそれを「実験者効果」と呼ぶことが多いようです。このような対人期待の「実験者効果」のうち最も有名な事例は、1968年にローゼンタールとジェイコブソンL. Jacobsonが、担任教師の期待が当該生徒に非言語的に影響を及ぼすことを突き止めた「教室内のピクマリオン効果」で、教育心理学者や教師等に多くの問題を投げかけました。さらに1978年、ローゼンタールはルビンD. B. Rubinと共にその影響の効果について定量的な調査を行い、教師の期待がIQにして10点の差をきたす場合もあることを確認しています。ローゼンタールらの研究はさらに非言語的コミュニケーションの発信チャネルの研究やその受信能力、つまり感受性を測定するためにPONS（The Profile of Nonverbal Sensitivity）「非言語的感受性テスト」という検定方法の開発（1979）に向かい、次のようなことを明らかにしています。その感受性は知能とは関係なく、概して女性のほうが高く、感度の高い人はより民主的で人を鼓舞するような態度をとり外向的である。非言語的音声的キューの解読能力のほうが、非言語的視覚的キューのそれよりも先に発達するらしく、若い被験者は概ね映像的キューよりも音声的キューの判断に優れている。

この、対人期待の伝達つまり対人「実験者効果」は、薬剤の効果の検定においても「プラセボー(偽薬)効果」の問題として極めて重要です。第二次大戦中、南方などで腹痛の薬だとして歯磨き粉を渡しても腹痛や下痢が治ることがあったという話はよく知られていましょう。薬効を評価するときは、患者群(被験者群)にどれがプラセボー(偽薬)であるか、どれがこれから薬効を検定しようとしている薬剤か知らせずランダムに割り当て服用させたりして効果を比較する(単目隠し試験、単盲検法)だけではなく、医者などの実験者側の不随意あるいは無意図的・無意識の影響を除去しなければならないと考えられるようにもなってきて、次第に医師もいずれが検定対象薬なのか偽薬なのか知らないという二重目盲検法が用いられるようになってきています。今日ではさらに、実験者側の不随意な影響を完全に除去するために、機械などを開発して実験者のいない状態で実験を行えるような工夫さえなされるようになってきました。

以上のように、人間の期待が非言語的に他の人間へ、そして動物へ伝達されることはまぎれもない事実ではあっても、前記のようにローゼンタールによれば、それがいかなる合図やキューによるのか明確に突き止められたのは当ハンス事例以外には一例もないとのことです。しかし今や、それらの本質が何であるかは明らかなわけです。したがって、「りこうな」イヌやネコの話だけではなく、テレパシーや「こっくりさん」といった一見、超常的に思える現象も、一歩退いて冷静に対応することが求められましょう。テレパシーについては、1938年にケネディJ. L. Kennedyによって、改良されたパラポラ集音器を使用した実験の結果「テレパシーの送り手が正しい答えを無意識のうちに囁いたり、他の何らかの聴覚的キューによる信号を受け手に送ったりしていることは明らかだ」という報告がなされています。つまり明確な合図ないしはキューは不明ではあっても、対人期待の聴覚的伝達にほかならないということになりましょう。

では、実験者からの何らかの感覚刺激を受容した後、被験者あるいは被験体の身体内では、どのようなメカニズムによって、いうなれば心因性の反応ないしは活動が生じているのでしょうか。その実態はまだ推測の域を出ていないようです。シービオックは1981年の前掲の学会報告書において、物心二元論―相互作用論者の立場から概ね以下のように述べています。「脳"brain"は物質的なニューロンからなる構造物ないしはネットワーク・回路網であり、心"mind"は一般に『世界』"the world"(ユクスキュル流にいえば『環境世界』"Umwelt")からの諸記号"signs"(訳者註:現在の日本の心理学界では一般に、伝達の場面で相手に何らかの影響を与える物理的な刺激を記号と表現しています。本書で「合図」と訳している"Zeichen"に相当する英語も"sign"ですが、現在、ウマを扱う現場において必ずしも直接その身体に触れずに操作する場合や一般社会では「合図」のほうが普通に使われているように思えます)ないしは諸表象"representations"からなる一つのシステムなのだと私は考えている」が、そもそも「心の記号がどのようにして表象になるのかもわからないし、その心の記号が脳のネットワークに明記される原理も不明である」。だから「心の記号が身体活動に転化されるメカニズムも明らかではない」。しかし、言葉が人の身体を傷めつけることができること（言葉が心身症を引き起こしたりすること）や、ハイチの民間信仰において呪術師がもたらす死、また催眠によるプラセボー効果などに言及し、それらの事実から、「心の記号が身体の活動に転化されるにはまず副交感神経組織が関与しているのだろう（訳者註：アセチルコリンの関与を意味しているのでしょう）」としています。そして「現在、様々な脳化学物質の分泌によって、例えば、エンドルフィン類（内発性アヘン様物質）によって痛みが緩和されたり、インターフェロンによってウイルス性感染が抑制されたり、ステロイド類によって炎症が緩和されたりするといったようなことが明らかになっているから、心の記号が特定の脳化学物質の介在によって、それらが時にはホルモンのように広範に影響を及ぼして身体に転化されると見なしていいのかもしれない。つまり、キュー（言語的なものも非言語的なものも）も心身症と同様にそういった脳化学物質によって身体に転化されるのだろう」と述べています。そして彼は、ネコやイヌ等、様々な動物にも心身症が見られること（1963年のチェルトクL. Chertokとフォンティン M. Fontaineの論文やベルギーの高名な獣医ブールウェール J. Brouwers (1956) の「獣医学界でも心的要素が人間の医療の場合と同様に重要視されている」という言をもとに）と、「日に幾度も言葉をかけたり抱いたりして、特別な注意を与えた実験者の動物は、コレステロールのような脂肪に由来する沈着物が対照動物と有意の差で少ない」というロバート・ナーレム Robert Nerem の研究結果とから、人間の期待度の差による心因性の活動ないしは行動が動物にも普通に見られると考えていい、と記しています。

また現在では、触られたりする外的な刺激を受けた皮膚自体が、その欠損がパーキンソン病を引き起こすドーパミンの原料となるL-ドーパ（前者が血液脳関門を通過できないのに対して後者は通過可能）を合成することもわかってきたとのことですから（傳田光洋著『皮膚は考える』岩波書店・２００５年）、ローゼンタールらの追試でのラットの学習効果の差は、手での扱いの差による脳化学物質の分泌量の差によるのかもしれません。

さて先述のように、実験科学の正しい発展に大きく貢献し、諸科学における事象の認識に多大な影響を与えたプフングストの「りこうなハンス現象」の発見は現在、どのように評価され扱われているでしょうか。前にその名を挙げたユダヤ系のドイツ人でイギリスに亡命した著名な心理学者ダビット・カッツは、『動物と人間』（1937）の中で、プフングストの調査結果の重要性を縷々解説し、そこから引用しながら動物の行動について説明しています。またすでに述べたように、第二次大戦後ローゼンタールやシービオックらは「りこうなハンス現象」を様々な角度から研究しており、１９６５年には英訳本（後述）を再販し、さらに１９８１年には「りこうなハンス現象」についての先述のような学会を開催したりもしています。そして、それに刺激されてかドイツでも１９８３年にドイツ語初版本通りのものが再販されたのですが、残念ながら今日では欧米でもハンス事例そのものが引用されることは少ないということです。日本では、日本の科学界が70年位前までは近代の科学的認識そのものの発展に関与してこなかったせいか、あるいは日本人の自然観のためか、この発見に対する驚きやその価値がよく理解されていないらしく、冒頭に記しましたように、これまで、ハンス事例調査報告書である原著の翻訳さえなされたことがありません。たしかに「りこうなハンス現象」「賢馬効果」さらには「実験者効果」という言葉自体は日本の心理学辞典をはじめいろいろな動物関連著作に記載されていますが、原著からの引用やそれについての解説にはかなり重大な基本的な間違いが散見されます。例えば、ある心理学辞典では、このウマが質問者の頭の微細な上への動きや瞳の位置を見て反応したのではなく、人間の表情を読み取って答えたと書かれています。また、動物の意識や行動に関するある書物では、ハンスが吐息や鼻孔の広がりに反応したとか、飼い主が傍らにいるときだけ正解したとか記されています。しかし、こういった間違いはひとり日本の書物のみに見られるのではないようです。前記のカッツにしても、彼の引用は正確なほうですが、幾つか重要な点に留意せずになされています。例えばハンスの右足ではなく「左足で叩く」行動について、プフングストが質問者の緊張の完全な弛緩のタイミングの差つまりは真っ直ぐに戻り切らない姿勢がもたらすのだと繰り返し説明しているのに、「一方の足で一位の数を叩き、他方の足では十位の数を叩く」のだとしています。これではまるでハンスに思考力があるようではないでしょうか。また、飼い主は結果的には不成功だったにしろ思考力の醸成を主眼とする「教育」をしたのであり、もし「訓練」したのならトリックになってしまうというのに、そのことを意に介していないかのように、「飼い主の訓練」といった書き方が随所でなされています。他の、ある動物の意識について書かれた訳書などでは、フォン・オステン氏がいるときだけハンスは正しく答えたとか、氏が金銭目当ての興行師だった（ならば誰だって用心したでしょう）などと記されており、当該事例の基本的な問題についても理解していないだけではなく、なぜ当時の人々が熱狂したのか社会心理学的さらには哲学的問題意識に欠けるような引用が多々なされています。今や私は、それがいかなる領域の書物であれ他の人の研究結果から引用することの難しさと、引用を信じることの恐ろしさとを自戒を込めて声を大にして言わずにはいられません。

最後に、その後のフォン・オステン氏とハンスの運命について記しておきましょう。フォン・オステンは、前に触れたファーノルドの *The Hans legacy*（『ハンスの遺産』）によれば、プフングストの報告にすっかり落胆し、ハンスを呪って「一生、荷駄馬として酷使されればいいのだ」と早々に宝石商クラール K. Krall に売り払い、その身は傷心のあまりか肝臓病に罹り、1909年6月29日に亡くなったそうです。一方、売られたハンスは同じ *The Hans legacy* によれば、クラールの下で他の2頭のウマと共に「エルベルフェルトのウマ」として、いっそう高度な数学を解く〈芸当〉を披露し続けたということです。しかし、これはこれで動物心理学史上、有名な事例のウマたちのなかに本当にハンスが含まれていたのかどうか実は確かではありません。他の「エルベルフェルトのウマ」に言及している本では、そのようなことは書かれていないのです。ただしクラールの著書 *Denkende Tiere: Beiträge zur Tierseelenkunde auf Grund eigner Versuche*（『考える動物たち——特異な実験に基づく動物心理学への寄与』）(1912)、あるいはE・スタンフォードE. C. Stanford の Psychic reseach in the animal field: Hans and the Elberfeld horses（「動物にかかわる人間の心理の研究——ハンスとエルベルフェルトのウマたちの場合」）(*American journal of Psychology,* 1914, 25) には触れられているのかもしれません。

邦訳のテキストとして用いたのは、１９８３年にFachbuchhandlung Für Psychologie GMBH (Frankfurt am Main) 社から再版されたものです。１９０７年に上梓されたドイツ語初版本を忠実に再現したと書かれています。アメリカのシカゴ大学心理学部のフェロー（当時）、カール・ラーン Carl L. Rahn によって英訳がなされ、１９１１年に Henry Holt and Company (New York) から出版されており、１９６５年にも改訳なしのまま同じ出版社から再版されています。実は私は初め英訳本からの邦訳を試みたのですが、どうしても論の流れのうえで重要な文が抜けているように思われ、また（ハンスの）思考力の有無を決する重要な試験法の説明が曖昧に感じられ、さらに、同じ欧米言語間であっても、省略を旨とするドイツ語から英語にほぼ直訳されているせいか、内容が明確に理解できない文章も少なからずあって、ドイツ語の原典を使うことにしました。実際、英訳文には、最も重要な第2章において、原著の眼目ともいうべき「叩いて応答する場合」のキーポイントとなる合図についての、検証すべき要件の1つが抜けており、そのため論が途中で飛躍したかたちになっています。また思考力か否かを決定するための「知らない試験法」の説明が2ヵ所に分割されかつ簡略化されており、さらに第6章の「訓練か否か、つまり当事例はペテンか否か」を最終的に判断するための方法である「情況証拠法」という用語が脱落している等々の不備がいくつもありました。

ハンスの名はかろうじて残りながら、かくも諸科学の実験手法だけではなく各方面の認識に対して甚大な影響を及ぼした事例の調査報告書の著者プフングストの名が、その業績をフロイトにも劣らぬとも讃えられさえするその人の名が「ダーウィンの進化論」や「パブロフの条件反射」といったように残らなかったのは不可解というほかありません。その名誉を回復したいとの強い願いもさることながら、著者が「考える」ウマという途方もない被験体を目の前にしてもなお、冷静に観察し、調べるべき課題を論理的に腑分けして、それをもとに実験していく見事さと楽しさ、そして観察と実験で得られた諸々のデータを可能な限り簡潔な理論によって、(ウマの)比較的下位の心的能力による作用の結果として解釈すべく努める素晴らしさとを多くの方々、殊に中学高学年から大学教養過程の青少年の皆さん方に知っていただくのは非常に意義があることだと信じています。一般の方々にとっても、今日でもしばしば世間を騒がす何かしら超常的に見える現象を目にしたとき、まずは一歩引いて充分に見極める姿勢を保つ一助となるのではないかと思っています。　前記のような事情から上梓に至るまで十有余年もかかってしまいましたが、その間、温かく励まし続けてくれました夫や娘たちに本書を捧げたいと思います。そして、判明した謎は単純なことながら、そこに至るまで紆余曲折に満ち実に複雑な原著の内容と拙訳を評価して編集し出版して下さった現代人文社、殊に西村吉世江様に心から厚く厚く感謝申し上げます。

２００７年初春

秦　和子

106. Barrett, W. F. On the so-called Divining Rod, or Virgula Divina. Proceedings of the Society for Psychical Research, London, 1897, Bd.[=vol.]13, S.177 f.
107. Theophanes. Chronographia. Paris, Typographia Regia, 1655, S.189 f.
108. Youatt, W. The Dog. London, Ch. Knight and Co., 1845, S.108 ff.
109. Tarade, E. de. Traité de l'élevage et de l'éducation du chien. Paris, E. Lacroix (1866), S.113 ff.
110. Hachet=Souplet, P. Die Dressur der Tiere. フランス語より O. Marschall v. Bieberstein による訳, Leipzig, O. Klemm, 1898, S.36 f.
111. Lubbock, Sir J. 上記59の S.280 f. 参照のこと。
112. Léonard, A. Essai sur l'éducation des animaux, le chien pris pour type. Lille, Leleux, 1842,　S.81-185.
113. Meehan, J. 上記74の S.602参照のこと。
114. Franconi〈Gärtner〉. Die Dressur der Kunstpferde. Jahrbuch fur Pferdezucht, Pferdekenntnis, Pferdehandel usw. auf das Jahr 1835, Weimar und Ilmenau, 1835, Jahrg.11, S.329.
115. Loiset, B. 上記71の S.130参照のこと。
116. Hachet=Souplet, 上記110の S.91参照のこと。
117. Knickenberg, F. Der Hund und sein "Verstand". Cöthen〈Anhalt〉, P. Schettlers Erben, 1905, S.129 f.
118. Lang, R. Geheimnisse zur künstlichen Abrichtung der Hunde, neu bearbeitet[改訂版]. Augsburg and Leipzig, A. Bäumer, S.46 f.
119. Franconi〈Gärtner〉. 上記114の S.326 f. 参照。
120. Tennecker, S. v. Erinnerungen aus meinem Leben. Altona, I. F. Hammerich, 1838, Bd.1, S.21 f.（表紙では著者名は F. v. Tennecker と表記されているが，それは誤り）
121. Loiset, B. 上記71の S.132参照。
122. D－. Über die Abrichtung der kleinen Kunstpferde zu dem Zählen mit dem Fusse, Kopfschütteln und dgl. Zeitung für die Pferdezucht, den Pferdehandel, die Pferdekenntnis usw., Tübingen, 1804, Bd.4, S.51.
123. Lang, R. 上記118の S.52 f. 参照。
124. Buffon, Cte.〔伯爵〕de, et L. Daubenton. Histoire naturelle, générale et particulière. Paris, Imprimerie royale, 1753, Bd.4, S.169.

訳註：内容は原著通りであるが，文字はドイツ文字ではなくラテン文字に変更した。また原著では、著者名や雑誌名をイタリック体ないしは何かしら特別な方法で区別して書かれてはいないので、間違いを犯さぬようすべて同一の書体で記した。Jahrg.（定期刊行物の1年分をさすらしい）と Buch と Bd.（Band）はいずれも日本語では「巻」になるが，どう使い分けているのか判然としないので，原文通り記載してある。Nr.（Nummer）と Heft についても，いずれも日本語では「号」となるが，使い分けが判然としないので，原文通り記載してある。S. は「頁」，ff. は，「以下数頁」，f. は，「当頁と次頁」という意味。参照文献の原本が英文であるものについては，当著書の英訳本を参照して [vol] 等の訳注を付けた。

84. Foveau De Courmelles. Les facultés mentales des animaux, Paris, J. B. Baillière et fils, 1890, S.142.
85. Zürn, F. A. Die intellektuellen Eigenschaften (Geist und Seele) der Pferde. "Unsere Pferde" シリーズの第8号。Stuttgart, Schickhardt und Ebner, 1899, S.26.
86. Fillis, J. Tagebuch der Dressur. J. Halperson が G. Goebel の協力のもとにフランス語より翻訳。Stuttgart, Schickhardt und Ebner, 1906, S.322 f.
87. Athenaeus. Dipnosophistae. Buch 12, 520c. hrsg. von［編集］G. Kaibel. Leipzig, B. G. Teubner, 1890, Bd.3, 148f.［邦訳はアテナイオス（柳沼重剛訳）『食卓の賢人たち』全5冊・京都大学学術出版会・1997～2004年］
88. Aelianus, Cl. De natura animalium. Buch 16, 23. hrsg. von［編集］R. Hercher. Leipzig, B. G. Teubner, 1864, Bd.1, S.401.
89. Julius Africanus, S. Κεστοι, Kap. 14. Veterum Mathematicorum Opera, Paris, Typographia Regia, 1693収録, S.293.
90. Guénon, A. Influence de la musique sur les animaux et en particulier sur le cheval. (Châlons-sur-Marne), 1898, S.83 ff.
91. Lépinay. L'hypnotisme chez le cheval. Revue de l'hypnotisme, Paris, 1903, Jahrg.18, Nr.5, S.152 f.
92. Fillis, J. Grundsätze der Dressur und Reitkunst. フランス語からの G. Goebel による訳。3 Aufl.［第3版］, Stuttgart, Schickhardt und Ebner, 1905, S.10 f.
93. Manouvrier, L. Mouvements divers et sueur palmaire consécutifs à des images mentales. Revue philosophique, Paris, 1886, Bd.22, S.204 ff.
94. Gasparin, Cte.〔伯爵〕A. d e. Des tables tournantes, du surnaturel en général et des esprits. 2 Aufl.［第2版］, Paris, E. Dentu, 1855, Bd.1, Teil 1.
95. Rivers, W. H. R. und E. Kraepelin. Über Ermüdung und Erholung. Psychologische Arbeiten, hrsg. von［編集］E. Kraepelin, Leipzig, 1895, Bd.1, S.636 f.
96. 〈Carpenter, W. B.〉 Spiritualism and its Recent Converts. Quarterly Review, London, 1871, Bd.[=vol.]131, Nr.262, S.312.
97. Darwin, Chas. 上記7の S.48を参照のこと。
98. Saint-Ange, de. Cours d'hippologie. 2 Aufl.［第2版］, Paris, chez Dumaine et chez Leneveu and Saumur, chez Mlle. Niverlet et chez Mlle. Duhosse, 1854, Bd.1, S.101.
99. Franzius, G. Die Wünschelrute. Zentralblatt der Bauverwaltung, Berlin, 1905, Jahrg.25, Nr.74, S.461 f.
100. Ménestrier, Cl. Fr. La philosophie des images énigmatiques. Lyon, J. Guerrier, 1694, S.483 f.
101. 〈Lebrun, P.〉 Histoire critique des pratiques superstitieuses, qui ont séduit les peuples et embarassé les sçavans. Paris (et Amsterdam), 1702, S.42.
102. Agricola, G. De re metallica libri XII, eiusdem de animantibus subterraneis liber. Basel, Froben, 1556, Buch 2, S.27 f.［邦訳はアゴリコラ（三枝博音訳著, 山崎俊雄編）『近世技術の集大成―デ・レ・メタリカー全訳とその研究』岩崎学術出版社・1968年］
103. Schott, C. Magia universalis nature et artis. Würzburg, J. G. Schönwetters Erben, 1659, Teil 4, Buch 4, S.430.
104. Schott, C. Physica curiosa, sive mirabilia naturae et artis. Würzburg, 1662, Teil 2, Buch 12, S.1532.
105. Zeidler, J. G. Pantomysterium, oder das Neue vom Jahre in der Wünschelruthe, etc. Hall in Magdeburg 〈= Halle a. S.〉, Renger, 1700, Kap. 2. S.47.

1888, S.284 f. に引用（原本は私家版であり，市場に出たことはない。よって私も見ることができなかった）。
60. Lubbock, Sir J. Ebenda［同上］, S.285.
61. Rouhet, G. L'entrainement complet et expérimental de l'homme avec étude sur la voix articulée, suivi de recherches physiologiques et pratiques sur le cheval. Paris, Libraires associés, および Bordeaux, Feret et fils, 1902, S.517 ff.
62. Lipps, Th. Zur Psychologie der Suggestion. Leipzig, J. A. Barth, 1897, S.5 f.
63. Zell, Th. 上記1の S.40 f. 参照のこと。
64. Zborzill, E. 上記の56の S.23参照のこと。
65. Beard, G. M. Physiology of Mind-Reading. Popular Science Monthly, New York, February 1877［英訳本には Vol.10, pp.472とあり］. The Journal of Science, and Annals of Astronomy, Biology, Geology, etc., London, 1881, Serie 3, Bd.[=Vol.3], S.418に再登載。
66. Babinet. Les tables tournantes au point de vue de la mécanique et de la physiologie. Revue des deux mondes, Paris, 1854, Jahrg. 24, Bd.5, S.409 f.
67. Tolstoi, L. N. Anna Karenina. W. P. Graff によるロシア語原本からのドイツ語訳。2 Aufl.［第2版］, Berlin, R. Wilhelmi, 1886, Bd.1, S.233.（2版目の翻訳は手を入れられていて，初版より良くなっている）［トルストイ『アンナ・カレーニナ』瀬沼夏葉，米川正夫，原卓等，多数の訳者が邦訳を出している］
68. Goldbeck. Besitzen die Tiere, speziell Hunde, Verstand oder nicht? Deutsche tierärztliche Wochenschrift, Hannover, 1902, Jahrg.10, Nr.20, S.202.
69. Menault, E. L'intelligence des animaux. 4 Aufl.［第4版］, Paris, Hachette et Cie., 1872, S.233.
70. Lebon, G. L'equitation actuelle et ses principes. 3 Aufl.［第3版］, Paris, Firmin-Didot et Cie., 1895, S.120 und S.288.
71. Loiset, B. Praktischer Unterricht in Kunstdarstellungen mit Pferden. Nue Herausgegeben［新版］. Stuttgart, Schickhardt u. Ebner, 1884, S.69 f. und 98 ff.
72. Baucher, F. Dictionnaire raisonne d'equitation. 2 Aufl.［第2版］, Paris, chez l'auteur, 1851, S.291 ff.
73. Arnim, v. Praktische Anleitung zur Bearbeitung des Pferdes an der Longe. 2nd Edition, Leipzig, Zuckschwerdt und Co., 1896, S.18 f. und S.39 f.
74. Meehan, J. The Berlin "Thinking" Horse. Nature, London, 1904, Bd.[=vol.]70, Nr.1825, S.602.
75. Spohr. Die Logik in der Reitkunst. Teil 2［第2部］. "Unsere Pferde" シリーズの第32号。Stuttgart, Schickhardt und Ebner, 1904, S.29 f.
76. Redding, T. B. The Intelligence of a Horse. Science, New York, 1892, Bd.[=vol.]20, Nr.500, S.133 f.
77. Spohr. Die naturgemäsze Gesundheitspflege der Pferde. 4 Aufl.［第4版］, Hannover, Schmorl u. v. Seefeld Nachf., 1904, S.164.
78. Decroix, E. Projet de langage phonétique universel pour la conduite des animaux. Bulletin de la Société nationale d'Acclimatation de France, Paris, 1898, Jahrg.44, S.241 ff.
79. Noizet, Général. Etudes philosophiques. Paris, H. Plon, 1864, Bd.1, S.471 ff.
80. Beard, G. M. 上記65の Bd.10, S.471を参照のこと。
81. LeBon, G. 上記70の S.120を参照のこと。
82. Flügel, O. Das Seelenleben der Tiere. 3 Aufl.［第3版］, Langensalza, H. Beyer und Söhne, 1897, S.50 f.
83. Landois, H. Über das musikalische Gehör der Pferde. Zeitshrift für Veterinärkunde, Berlin, 1889, Jahrg.1, Nr.6. S.237 ff.

37. Riegel. Untersuchungen über die Ametropie der Pferde. Monatshefte für praktische Tierheilkunde, Stuttgart, 1904, Bd.16, Heft 1, S.31 ff.
38. Berlin, R. Über die Schätzung der Entfernungen bei Tieren. Zeitschrift für vergleichende Augenheilkunde, Wiesbaden, 1891, Bd.7, Heft 1, S.5 f.
39. Berlin, R. Über ablenkenden Linsen=Astigmatismus und seinen Einfluss auf das Empfinden von Bewegung. Ebenda [同上], 1887, Bd.5, Heft 1, S.7 ff.
40. Schleich, G. Das Sehvermögen der höheren Tiere. Tübingen, F. Pietzcker, 1896, S.24.
41. Königshöfer. Über das Äugen des Wildes. Monatshefte des Allgemeinen Deutschen Jagdschutz=Vereins, Berlin, 1898, Jahrg.3, Nr.17, S.250 f.
42. Zürn, J. Vergleichend histologische Untersuchungen über die Retina und die Area centralis retinae der Haussäugetiere. Archiv fur Anatomie und Physiologie, Anatomische Abteilung, Leipzig, 1902, Supplementband [補巻], S.116 ff.
43. Hirschberg, J. Zur vergleichenden Ophthalmoskopie. Archiv für Anatomie und Physiologie, Physiologische Abteilung, Leipzig, 1882, S.96.
44. Berlin, R., 上記39の S.4参照のこと。
45. Berlin, R., Über den physikalisch=optischen Bau des Pferdeauges. Zeitschrift fur vergleichende Augenheilkunde, Leipzig, 1882, Jahrg.1, Heft 1, S.32.
46. Bayer, J. Tierärztliche Augenheilkunde. J. Bayer と E. Fröhner による Das Handbuch der Tierärztlichen Chirurgie und Geburtshilfe の Bd.5. Wien und Leipzig, W. Braumüller, 1900, S.459.
47. 同上, S.475。
48a. Riegel, 上記37の S.35参照。
48b. Schwendimann, F. Untersuchungen über den Zustand der Augen bei scheuen Pferden. Archiv für wissentschaftliche und praktische Tierheilkunde, Berlin, 1903, Bd.29, Heft 6, S.566.
48c. Berlin, R. Refraktion und Refraktionsanomalien von Tieraugen. Tageblatt der 52. Versammulung deutscher Naturforscher und Ärzte in Baden-Baden, 1879, S.348. 上記45の S.28 f. および上記39の S.13も参照のこと。
49. Berlin,R, 上記39の S.9参照。
50. Bayer, J., 上記46の S.460 f. 参照。
51. Zürn, J., 上記42の S.114.
52. Chievitz, J. H. Über das Vorkommen der Area centralis retinae in den vier höheren Wirbeltierklassen. Archiv für Anatomie und Physiologie, Anatomische Abteilung, Leipzig, 1891, Heft 4-6, S.329.
53. Zürn, J., 上記42の S.140参照。
54. Königshöfer, 上記41の S.251 ff. 参照。
55. Tennecker, S. v. Bemerkungen und Erfahrungen über den Charakter und das Temperament, sowie über die geistigen Eigenschaften des Pferdes überhaupt. Beiträge zur Naturund Heilkunde von Friedreich und Hesselbach, Würzburg, 1825, Bd.1, S.110 f.
56. Zborzill, E. Die mnemonische Dressur des Hundes. Berlin, S. Mode (1865), S.21.
57. Müller, Ad. und K. Tiere der Heimat. 3 Aufl. [第3版], Cassel, Th. Fischer, 1897, Buch 1, S.70.
58. Hutchinson, W. N. Dog Breaking. 6 Aufl. [第6版], London, J. Murray, 1876, S.105 f.
59. Huggins, Lady M. Kepler: a Biography. Sir J. Lubbock が On the Senses, Instincts, and Intelligence of Animals. Lon don, Kegan Paul, Trench and Co.,

für Psychologie und Physiologie der Sinnesorgane, Leipzig, 1898, Bd.16, S.280 ff.
19. Frenkel, H. Des secousses rhythmiques de la tête chez les aortiques et chez les personnes saines. Revue de Médecine, Paris, 1902, Jahrg.22, Nr.7, S.617 ff.
20. Zoneff, P. and E. Meumann. Über Begleiterscheinungen psychischer Vorgänge in Atem und Puls. Philosophische Studien, hrsg. von［編集］W. Wundt, Leipzig, 1903, Bd.18, S.3.
21. Müller, G. E. und A. Pilzecker. Experimentelle Beiträge zur Lehre vom Gedächtniss. Zeitschrift fur Psychologie und Physiologie der Sinnesorgane, Leipzig, 1900, Ergänzungsband［補遺編］1 , S.58 ff.
22. Kraepelin, E. Der psychologische Versuch in der Psychiatrie. Psychologische Arbeiten, hrsg. von demselben［編集］E. Kraepelin, Leipzig, 1895, Bd.1, S.50 ff.
23. Amberg, E. Über den Einfluss von Arbeitspausen auf die geistige Leistungsfähigkeit. Ebenda［同上］, S.374 ff.
24. Shaler, N. S. Domesticated animals. London, Smith Elder & Co., 1896, S.143 ff.
25. Coupin, H. L'esprit des animaux domestiques. La Revue, Paris, 1903, 1 Vierteiljahr［第１四半期］, Bd.44, S.586.
26. 〈Lebrun, P.〉. Lettres qui découvrent l'illusion des philosophes sur la baguette, et qui détruisent leurs systèmes. Paris, J. Boudot, 1696, S.239 ff.
27. Notice sur un nouvel instrument, dont Mr. Ritter, membre de l'académie de Munich s'est servi dans les expériences qu'il a récemment faites avec Mr. Campetti etc. Bibliothèque Brittannique, Sciences et Arts, Genève, 1807, Bd.35, S.91.
28. Zell, Th. Tierfabeln und andere Irrtümer in der Tierkunde. 2 Aufl.［第２版］. Stuttgart, Kosmos(1905), S.38.
29. Thorndike, E. L. Animal Intelligence. Psychological Review, Lancaster, Pa. and New York, 1898, Monograph Supplements, Bd.[vol.]2, Nr.4, S.95.
30. Vaschide, N. et P. Rousseau. Études expérimentales sur la vie mentale des animaux. Revue scientifique, Paris, 1903, Serie 4, Bd.19, Nr.25, S.782.
31. Ettlinger, M. Sind die Tiere vernünftig? Hochland, Munich and Kempten, 1904, Jahrg.2, Heft 2, S.223.
32. Romanes, G. J. On the Mental Faculties of the Bald Chimpanzee (Anthropopithecus calvus). Proceedings of the Scientific Meetings of the Zoological Society of London, 1889, S.320 ff.
33. Kinnaman, A. J. Mental Life of two Macacus rhesus Monkeys in Captivity. American Journal of Psychology, Worcester, Mass., 1902, Bd.[=vol.]13, Nr.[=No.]1, S.139 ff.
34. Himstedt, Fr. and W. A. Nagel. Versuche über die Reizwirkung verschiedener Strahlenarten auf Menschen= und Tieraugen. Festschrift der Albrecht=Ludwigs=Universität in Freiburg zum 50 jährigen Regierungs=Jubiläum Sr. Konigl. Hoheit des Groszherzogs Friedrich. Freiburg i. Br., C. A. Wagner, 1902, S.272 ff.
35. Dahl, F. Naturwissenschaftliche Wochenschrift, Jena, 1905, Neue Folge［新しいシリーズ］, Bd.4, Nr.48, S.767 ff.
36. Corte, Claudio. Il cavallerizzo. Di nuove dall'auttore stesso corretto ed emendato. Venezia, G. Ziletti, 1573, Buch1, Kap.6, Blatt 8.（私は1562年に出た初版本を見ることができなかった。Graesse, Trésor de livres rares, 1861, Bd.2, S.277参照）

参考文献

ある話や文言の実際の筆者あるいは主張者名が不明の場合は，引用者あるいは編者名を〈　〉カッコ内に記してある。

1. Zell, Th. Das rechnende Pferd. Ein Gutachten über den "Klugen Hans" auf Grund eigener Beobachtungen. Berlin, R. Dietze, 1904.
2. Freund, F. Der "kluge" Hans? Ein Beitrag zur Aufklärung. Berlin, Boll und Pickardt, 1904.
3. Hansen, F. C. C. und A. Lehmann. Über unwillkürliches Flüstern. Philosophische Studien, hrsg. Von W. Wundt, Leipzig, 1895, Bd.11, S.471 ff.
4. Sanden, S. V. Über Aktivität und Passivität des Reiters und seiner Hülfen. Deutsche hippologische Presse, Berlin, 1896, Jahrg.12, Nr.11, S.117 ff. und Nr.12, S.128 ff.
5. Weyer, E. M. Some Experiments on the Reaction-Time of a Dog. Studies from the Yale Psychological Laboratory, New Haven, Conn., 1895, Bd.3, S.96 f.
6. Dodge, R. Die motorischen Wortvorstellungen. Halle a. S., M. Niemeyer, 1896, S.40 und 77.
7. Darwin, Chas. The Expression of the Emotions in Man and Animals. New York, D. Appleton & Co., 1873, 273 ff.［邦訳はダーウィン（浜中浜太郎訳）『人及び動物の表情について』岩波文庫・1931年］
8. Wundt, W. Völkerpsychologie. Leipzig, W. Engelmann, 1900, Bd.1, Teil 1, S.175 f.［ヴント『民族心理学』第8巻の邦訳はあるが、第1巻の邦訳はないようである］
9. Lieber, F. On the Vocal Sounds of Laura Bridgeman. Smithsonian Contributions to Knowledge, Washington, 1851, Bd.2, Artikel 2, S.11 f.（ローラ自身は自分の名前をBridgmanと綴っている）
10. Garner, R. L. Die Sprache den Affen. Aus dem Engl. übersetzt von Wm. Marshall, Leipzig, H. Seemann Nachf., 1900, S.44 ff.［英訳版によれば，これはThe Speech of Monkeys. New York, Chas. Webster & Co., 1892, 57 ff.のドイツ語訳］
11. Féré, Ch. Sensation et mouvement. Paris, F. Alcan, 1887, S.102 f.
12. James, W. The Principles of Psychology. London, Macmilllan and Co., 1890, Bd.2[vol.], S.372 und 381.
13. Beard, G. M. The History of Muscle-Reading. Journal of Science, and Annals of Astronomy, Biology, Geology, etc., London, 1881, Serie 3, Bd.3, S.558 f.
14. Laurent, L. Les procédés des liseurs de pensées. Journal de psychologie normale et pathologique, Paris, 1905, Jahrg.2, Nr.6, S.489 f.
15. Guicciardi, G. e G. C. FERRARI. Il lettore del pensiero "John Dalton". Rivista sperimentale di Freniatria ecc., Reggio nell' Emilia, 1898, Bd.24, S.209.
16. Tarchanoff, J. de. Hypnotisme, suggestion et lecture de pensées. 原本ロシア語からのE. Jauberによるフランス語訳。2. Aufl［第2版］. Paris, G. Masson, 1893, S.153 ff.
17. Preyer, W. Telepathie und Geisterseherei in England. Deutsche Rundschau, Berlin, 1886, Jahrg.12, Heft.4, S.40.
18. Sommer, R. Dreidimensionale Analyse von Ausdrucksbewegungen. Zeitschrift

オスカル・プフングスト　Oskar Pfungst

１８７４年、ドイツのフランクフルト・アム・マインで生まれる。ミュンヘン大学で人文科学を修め、次いでベルリン大学（現フンボルト大学）で医学と心理学を学び、さらに同大学付属心理学研究所で感覚心理学の研究に従事。動物心理学の研究の成果により多くの大学に招聘され講師等を務めた。後年、フランクフルト大学より医学博士号を授与される。著書の大部分は動物心理学のもので、第一次大戦後は主にサルの孤立効果やイヌの音声の調子の記憶、オオカミの行動、ハトの帰巣行動、チンパンジーの行動などを実験的手法で研究した。１９３２年、没。

秦 和子　しんの・かずこ

１９３９（昭和14）年生まれ。共立薬科大学卒。旧厚生省付属旧国立予防衛生研究所（現国立感染症研究所）にて厚生甲上級（現１級）技官として生物物理学の研究に従事。共訳に、岳真也編訳『現代インド短篇小説集』（彩流社・１９９２年）がある。百科辞典や『20世紀の歴史』シリーズ（平凡社）のほか、医学関係著書や論文の翻訳に多くかかわる。

ウマはなぜ「計算」できたのか

「りこうなハンス効果」の発見

2007年3月10日　第1版第1刷

[著　者] オスカル・プフングスト
[訳　者] 秦 和子
[発行人] 成澤壽信
[編集人] 西村吉世江
[発行所] 株式会社 現代人文社
〒160-0016　東京都新宿区信濃町20　佐藤ビル201
振替　00130-3-52366
電話　03-5379-0307（代表）　FAX　03-5379-5388
E-Mail　henshu@genjin.jp（編集）　hanbai@genjin.jp（販売）
http://www.genjin.jp
[発売所] 株式会社 大学図書
[印刷所] 株式会社 シナノ
[装　丁] 加藤英一郎

Printed in Japan　　ISBN978-4-87798-331-4 C1011